ZHIYE JINENG PEIXUN JIANDING JIAOCAI

■ 职业技能培训鉴定教材 ■

计算机操作员

JISUANJI CAOZUOYUAN

（中级）

主　编　林　琳

编　者　邱丽双　谢寿衡　刘晋英

主　审　刘力平

审　稿　陈　捷　黄培周

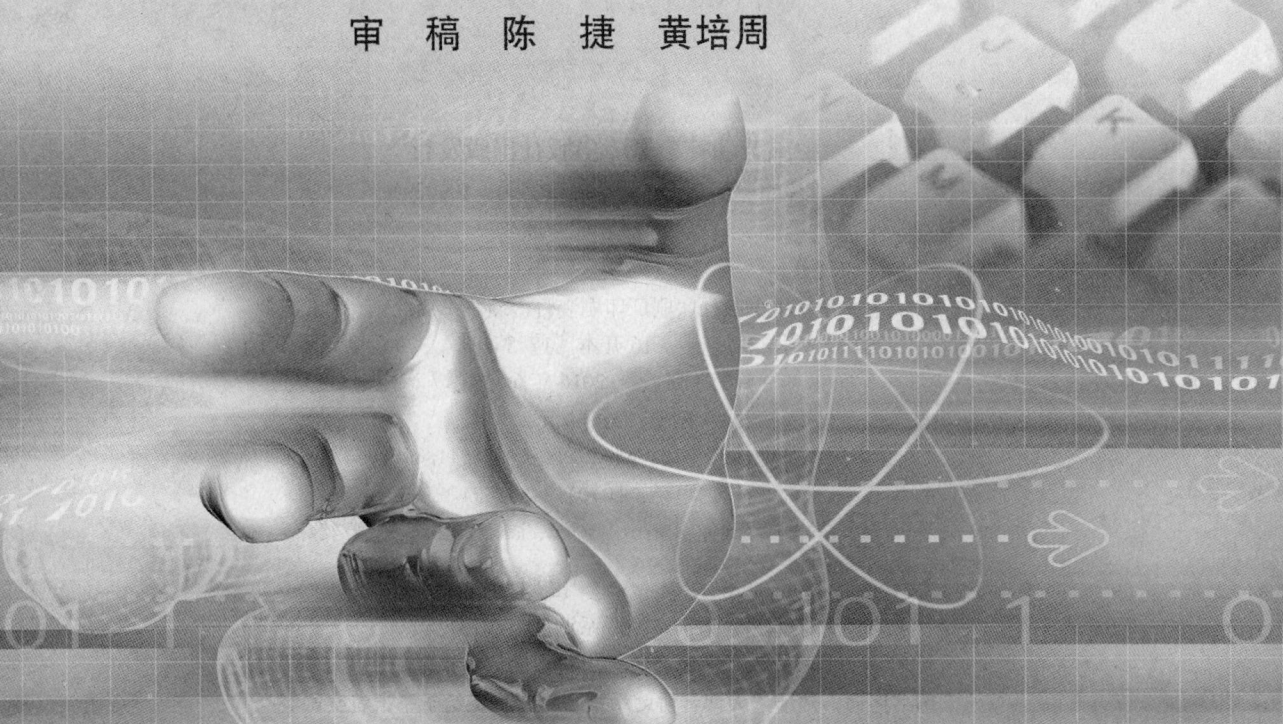

中国劳动社会保障出版社

图书在版编目（CIP）数据

计算机操作员：中级/劳动和社会保障部教材办公室组织编写. —北京：中国劳动社会保障出版社，2008

职业技能培训鉴定教材

ISBN 978-7-5045-6673-7

Ⅰ.计… Ⅱ.劳… Ⅲ.电子计算机-职业技能鉴定-教材 Ⅳ.TP3

中国版本图书馆CIP数据核字（2008）第016171号

中国劳动社会保障出版社出版发行

（北京市惠新东街1号 邮政编码：100029）

出 版 人：张梦欣

*

中国铁道出版社印刷厂印刷装订 新华书店经销
787毫米×1092毫米 16开本 17.5印张 376千字
2008年2月第1版 2016年6月第17次印刷

定价：31.00元

读者服务部电话：(010) 64929211/64921644/84626437

营销部电话：(010) 64961894

出版社网址：http://www.class.com.cn

版权专有 侵权必究

如有印装差错，请与本社联系调换：(010) 50948191

我社将与版权执法机关配合，大力打击盗印、销售和使用盗版图书活动，敬请广大读者协助举报，经查实将给予举报者奖励。

举报电话：(010) 64954652

内容简介

本教材由劳动和社会保障部教材办公室依据《国家职业标准——计算机操作员》组织编写。本教材从职业能力培养的角度出发，力求体现职业培训的规律，满足职业技能培训与鉴定考核的需要。

本教材在编写中贯穿"以职业标准为依据，以企业需求为导向，以职业能力为核心"的理念，采用模块化的编写方式。全书按职业功能分为四个模块单元，主要内容包括微型计算机系统的基本操作、文字信息处理、图形图像处理、因特网操作等。每一单元内容在涵盖职业技能鉴定考核基本要求的基础上，详细介绍了本职业岗位工作中要求掌握的最新实用知识和技术。

为便于读者迅速抓住重点、提高学习效率，教材中还精心设置了"培训目标""考核要点""特别提示"等栏目。每一单元后附有单元测试题及答案，全书最后附有理论知识和操作技能考核试卷，供读者巩固、检验学习效果时参考使用。

本教材可作为中级计算机操作员职业技能培训与鉴定考核教材，也可供中、高等职业院校相关专业师生参考，或供相关从业人员参加在职培训、岗位培训使用。

前　言

　　1994年以来，劳动和社会保障部职业技能鉴定中心、教材办公室和中国劳动社会保障出版社组织有关方面专家，依据《中华人民共和国职业技能鉴定规范》，编写出版了职业技能鉴定教材及其配套的职业技能鉴定指导200余种，作为考前培训的权威性教材，受到全国各级培训、鉴定机构的欢迎，有力地推动了职业技能鉴定工作的开展。

　　劳动保障部从2000年开始陆续制定并颁布了国家职业标准。同时，社会经济、技术不断发展，企业对劳动力素质提出了更高的要求。为了适应新形势，为各级培训、鉴定部门和广大受培训者提供优质服务，教材办公室组织有关专家、技术人员和职业培训教学管理人员、教师，依据国家职业标准和企业对各类技能人才的需求，研发了职业技能培训鉴定教材。

　　新编写的教材具有以下主要特点：

　　在编写原则上，突出以职业能力为核心。教材编写贯穿"以职业标准为依据，以企业需求为导向，以职业能力为核心"的理念，依据国家职业标准，结合企业实际，反映岗位需求，突出新知识、新技术、新工艺、新方法，注重职业能力培养。凡是职业岗位工作中要求掌握的知识和技能，均作详细介绍。

　　在使用功能上，注重服务于培训和鉴定。根据职业发展的实际情况和培训需求，教材力求体现职业培训的规律，反映职业技能鉴定考核的基本要求，满足培训对象参加各级各类鉴定考试的需要。

　　在编写模式上，采用分级模块化编写。纵向上，教材按照国家职业资格等级单独成册，各等级合理衔接、步步提升，为技能人才培养搭建科学的阶梯型培训架构。横向上，教材按照职业功能分模块展开，安排足量、适用的内容，贴近生产实际，贴近培训对象需要，贴近市场需求。

　　在内容安排上，增强教材的可读性。为便于培训、鉴定部门在有限的时间内把最重要的知识和技能传授给培训对象，同时也便于培训对象迅速抓住重点，提高学习效率，在教材中精心设置了"培训目标""考核要点""特别提示"等栏目，以提示应该达到的目标，需要掌握的重点、难点、鉴定点和有关的扩展知识。另外，每个学习单元后安排

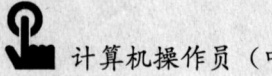 计算机操作员（中级）

了单元测试题，每个级别的教材都提供了理论知识和操作技能考核试卷，方便培训对象及时巩固、检验学习效果，并对本职业鉴定考核形式有初步的了解。

　　本书在编写过程中得到福建省技工教育研究室、厦门市高级技工学校的大力支持和热情帮助，在此一并致以诚挚的谢意。恳切希望各使用单位和个人对教材提出宝贵意见，以便修订时加以完善。

劳动和社会保障部教材办公室

目 录

第1单元 微型计算机系统的基本操作/1-59

第一节 微型计算机使用操作/3
一、微型计算机的硬件组成
二、微型计算机主机与外围设备的连接
三、文件的操作
四、打印机设置

第二节 软件安装/27
一、安装与卸载程序
二、应用软件安装
三、安装 Windows 补丁程序

第三节 计算机病毒防治/44
一、计算机病毒的传播
二、常见的计算机病毒及恶意程序代码
三、计算机病毒的防治

单元考核要点/56

单元测试题/57

单元测试题答案/59

第2单元 文字信息处理/61-147

第一节 文字输入/63
一、汉字录入
二、中文输入法

第二节 版面编排/70

一、文档的编排

二、图形对象处理

第三节　数学公式编辑/85

一、公式编辑器的安装

二、公式编辑器的启动和退出

三、"公式"工具栏的结构

四、创建数学公式实例

第四节　制作表格/89

一、表格的操作

二、表格的计算

三、表格操作的综合实例

第五节　表格数据处理/101

一、Excel 2003 的基本操作

二、工作簿与工作表的操作

三、编辑工作表

四、格式化工作表

五、公式与函数

六、图表操作

单元考核要点/134

单元测试题/137

单元测试题答案/147

第3单元　图形图像处理/149-209

第一节　图形、图像基本的绘制与获取/151

一、图形图像的基础知识

二、绘制图片

三、屏幕显示图像的截取

四、使用扫描仪获取图像

五、图形文件的输出

第二节　图形、图像的编辑处理/167

一、Photoshop 9.0 简介

二、Photoshop 9.0 的简单应用

单元考核要点/205

单元测试题/207

单元测试题答案/209

第4单元　因特网操作/211－256

第一节　拨号上网/213

一、拨号上网的设置

二、ADSL 的设置

三、局域网上网的设置

第二节　浏览器操作/235

一、浏览器基本参数的设置

二、信息的下载

第三节　接收/发送电子邮件/246

一、Outlook Express 的设置

二、电子邮件的操作

三、通讯簿的使用与管理

单元考核要点/253

单元测试题/254

单元测试题答案/256

理论知识考核试卷/257

理论知识考核试卷答案/264

操作技能考核试卷/265

第1单元

微型计算机系统的基本操作

- 第一节 微型计算机使用操作/3
- 第二节 软件安装/27
- 第三节 计算机病毒防治/44

在计算机的使用过程中，了解计算机系统的组成，掌握计算机系统与外围设备的基本连接以及打印机的使用和设置方法，掌握文件的管理方法，有效地管理和使用计算机系统。

在对计算机的操作中，为了增加计算机系统的处理功能，经常需要安装或卸载各种应用软件，添加和删除 Windows XP 组件，有时还要对 Windows XP 进行升级和补丁的操作。

计算机病毒的检测和防范也是一项非常重要的工作，了解计算机病毒的特征和常见的病毒代码，掌握国内外著名反病毒公司的杀毒软件的全面使用技巧，才能有效地防止计算机病毒。

第一节 微型计算机使用操作

→ 能够完成微型计算机各基本部件的正确连接
→ 能够进行计算机外围设备的正确连接
→ 能够进行微型计算机文件的多种操作，完成文件的一般压缩及解压操作
→ 能够使用常见打印输出设备，完成文件信息的打印输出

一、微型计算机的硬件组成

1. 微型计算机系统简介

计算机系统包括硬件系统和软件系统两大类。硬件系统是指构成计算机系统的物理设备，包括计算机系统中的电子器件、机械、光电设备等；软件系统是指计算机运行时所需的各类程序、数据和相关信息。

微型计算机又称个人电脑（PC），是目前广泛使用的一种计算机，简称微机。从最早的 IBM PC 到现在的 Intel Core 2 Duo 的微机，更新换代的时间越来越短，性能也越来越高。

微机的硬件配置主要有：主机、显示器、磁盘驱动器、键盘、鼠标、打印机、扫描仪和音箱等多种部件，如图1—1—1所示。

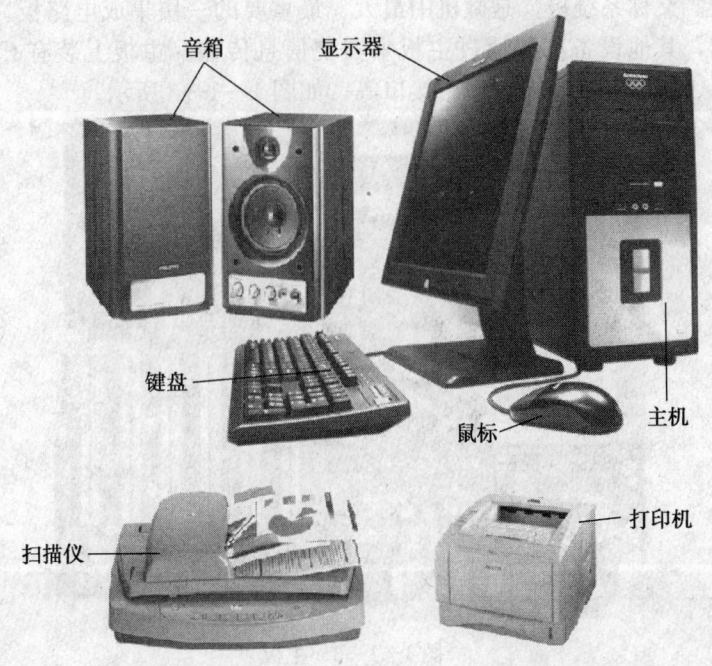

图1—1—1 微型机的硬件组成

2. 主机

微型计算机的硬件系统从功能上可分为主机和外围设备。主机箱内有主板、中央处理器（以下简称CPU）、磁盘驱动器、光盘驱动器、显卡、声卡、网卡、电源以及机箱等部件，如图1—1—2所示。

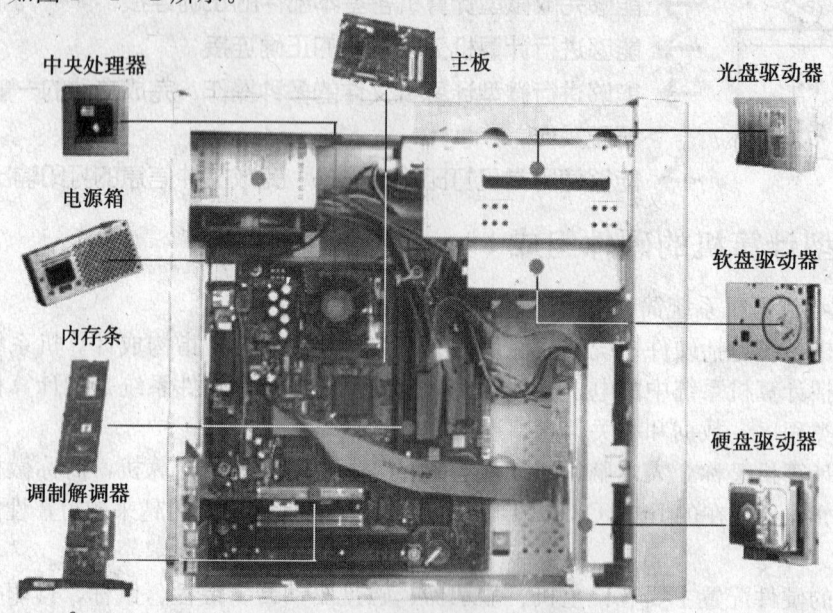

图1—1—2 主机箱内部配置

（1）主板。又称系统板，是微机中最大、最重要的一块集成电路板。主板是设备之间的传输载体，其他设备都要通过主板来实现信息传输。主板上装有CPU、内存、总线、扩展插口、各种芯片和输入输出接口等，如图1—1—3所示。

图1—1—3 主板

（2）CPU。CPU是计算机的心脏，主要作用是处理各种信息，指挥整个系统的运作，CPU决定了整个系统的性能，如图1—1—4所示。

微型计算机系统的基本操作

图1—1—4　CPU

(3) 内存。用于存储各种信息，直接与CPU相连，存取速度快，但容量有限，如图1—1—5所示。

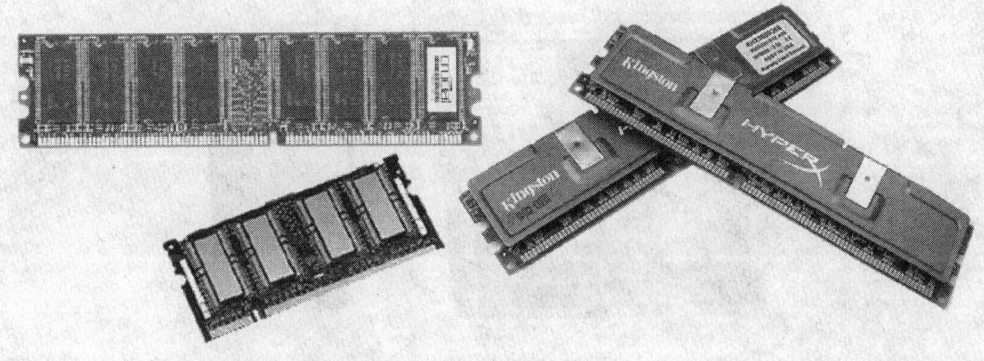

图1—1—5　内存

(4) 接口卡。接口卡又称适配器，其作用是使主机与各种外围设备之间连接。常见的接口卡有显卡、声卡、网卡等，如图1—1—6所示。

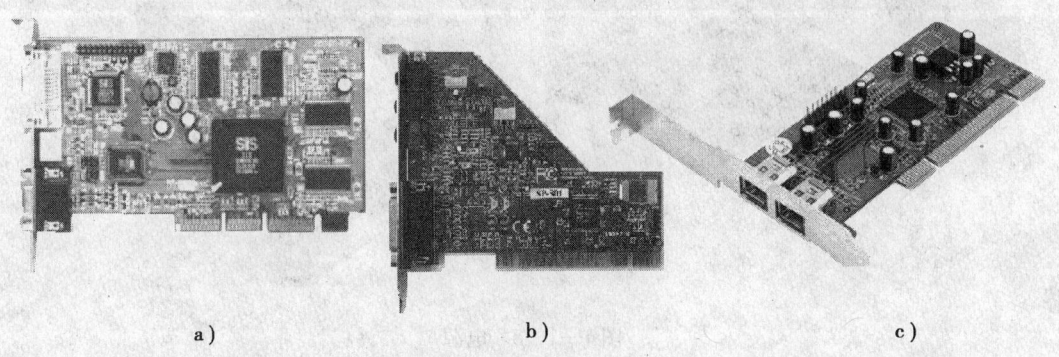

图1—1—6　接口卡
a) 显卡　b) 声卡　c) 网卡

1) 显卡是连接主板与显示器的，用于信息输出。显卡一般插接在主板上，按总线不同，可分为ISA显卡、PCI显卡、AGP显卡和PCI－Express显卡。显卡的显示芯片、显示内存、RAMDAC等组件影响着显示屏输出图像的分辨率、颜色、亮度和显示速度等。

2) 声卡是多媒体的主要部件之一，用来处理和播放声音。声卡上有数模转换芯片

（DAC），用来把数字化的声音信号转换成模拟信号，同时还有模数转换芯片（ADC），用来把模拟声音信号转换成数字信号。

3）网卡是使计算机联网的设备，它将计算机中要传递的数据转换为网络上其他设备能够识别的格式，并通过网络介质传输。

（5）机箱。机箱给电源、主板、各种扩展板卡、软盘驱动器、光盘驱动器、硬盘驱动器等存储设备提供了空间，通过机箱内部的支撑架、各种螺钉或卡子夹子等连接件将这些配件固定在机箱内部，形成一个集约型的整体。机箱的外壳保护着板卡、电源及存储设备，能防压、防冲击、防尘，并且还能防电磁干扰、辐射的功能，起着屏蔽电磁辐射的作用。另外，机箱还设置了许多便于使用的面板开关指示灯和前置接口等，便于操作、观察微机的运行情况，如图1—1—7所示。

图1—1—7　机箱

（6）电源。电源是计算机的动力，主要作用是将交流电转换为计算机工作所需的直流电，并为主板及机箱内的设备提供直流电源，如图1—1—8所示。

图1—1—8　电源

3. 显示器

显示器系统是计算机中实现人机对话的重要输出设备，是用户与计算机沟通的主要界面，目前广泛使用的是17英寸的显示器。按显示器的工作原理可分为阴极射线管显示器（CRT）、液晶显示器（LCD）以及等离子体显示器（PDP）等，这三种显示器的外观如图1—1—9所示。

（1）阴极射线管显示器（CRT）。是最早使用的显示器，技术成熟，价格便宜，寿命较长，可靠性高，并可显示各种灰度和色彩，是计算机系统中最常用的显示设备。阴极射

a)　　　　　　　　　　b)　　　　　　　　　　c)

图 1—1—9　CRT、LCD、PDP 显示器

a) CRT 显示器　b) LCD 显示器　c) PDP 显示器

线管显示器的显示原理是电子束光栅扫描，其结构类似于电视机，但计算机的显示器不需要电视机的中、高频电路，而且比电视机具有更宽的同步范围和更高的分辨率。

（2）液晶显示器（LCD）。液晶显示器看上去就像一块颜色稍暗的玻璃，这块玻璃由前后两片玻璃封装而成，在两片玻璃之间充有液晶材料，是利用液晶晶格的方向在电场的作用下发生变化，通过改变透过的光线来显示信息的。

LCD 可分为扭曲向列型（TN-LCD）、超扭曲向列型（STN-LCD）和薄膜晶体管（TFT-LCD）等三种，目前笔记本和绝大多数桌面型 LCD 都是 TFT-LCD，它已成为目前液晶显示器的主要发展方向。LCD 具有体积小、质量轻、耗电少、无辐射和无闪烁等优点。

（3）等离子体显示器（PDP）。等离子体显示器是在两张超薄的玻璃板之间注入混合气体，并施加电压利用荧光粉发光成像的设备。与 CRT 显示器相比，具有分辨率高、屏幕大，超薄，色彩丰富、鲜艳等特点；与 LCD 相比，具有亮度高，对比度高，可视角度大，颜色鲜艳和接口丰富等特点。

等离子体显示器（PDP）是继液晶显示器之后的最新显示技术之一。这种显示器能够用于数字化时代的各种多媒体显示器，适用于制造大屏幕和薄型彩色电视机等，有着广阔的应用前景。

4. 外存储器

计算机的外围存储设备，是用来保存数据的。主要包括硬盘驱动器、软盘驱动器和光盘驱动器等。其中，硬盘驱动器的存取速度快，容量大；软盘驱动器用来读取软盘上的数据，容量小，存取速度慢；光盘驱动器用来读取光盘数据，存储容量大，光盘价格低，携带方便，如图 1—1—10 所示。

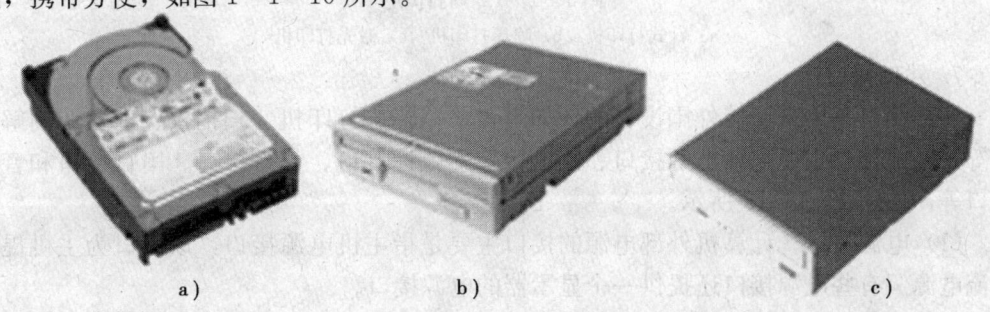

a)　　　　　　　　　　b)　　　　　　　　　　c)

图 1—1—10　磁盘驱动器

a) 硬盘驱动器　b) 软盘驱动器　c) 光盘驱动器

5. 键盘

键盘是最常见的输入设备,是微机系统中必不可少的人—机对话工具,目前比较常见的键盘有 101 键、104 键、108 键等几种形式。通过键盘,可以将各种数据、程序、命令输入到计算机,使计算机按用户指令来运行,键盘上端用一条电缆线与主机箱相连,如图 1—1—11 所示。

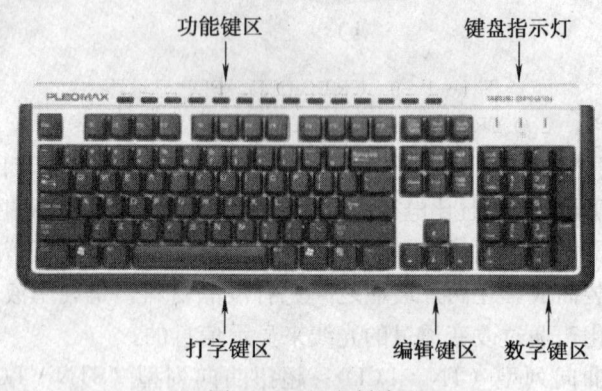

图 1—1—11 键盘

6. 打印机

打印机是计算机重要的外围设备,利用打印机可以打印出各种资料、文档、图形等。根据打印机的工作原理,可分为针式打印机、喷墨打印机和激光打印机,如图 1—1—12 所示。各种打印机都有其优缺点,应用的范围也不一样。

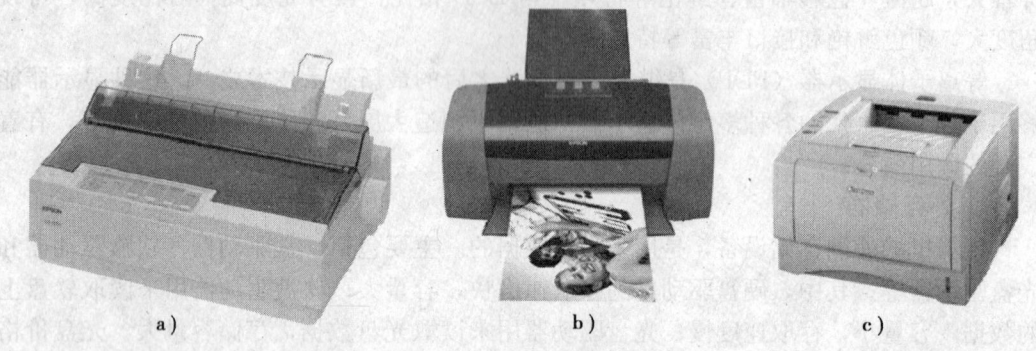

图 1—1—12 打印机
a) 针式打印机　b) 喷墨打印机　c) 激光打印机

7. 外部接口

外部接口是用来连接外围设备的,如键盘、鼠标、打印机、扫描仪、外置调制解调器等。外部接口主要包括电源接口、键盘接口、鼠标接口、并行接口、串行接口和音频接口等,如图 1—1—13 所示。

(1) 电源接口。计算机外部电源的接口主要是指主机电源接口,该接口为主机提供交流电源。有些电源接口还提供一个显示器的电源接口。

(2) 并行接口。并行接口能实现主机与外围设备之间的并行数据传送,最常见的是用于主机与并行打印机的连接,并行接口采用 D 型 25 孔插座。并行接口还可以接并行

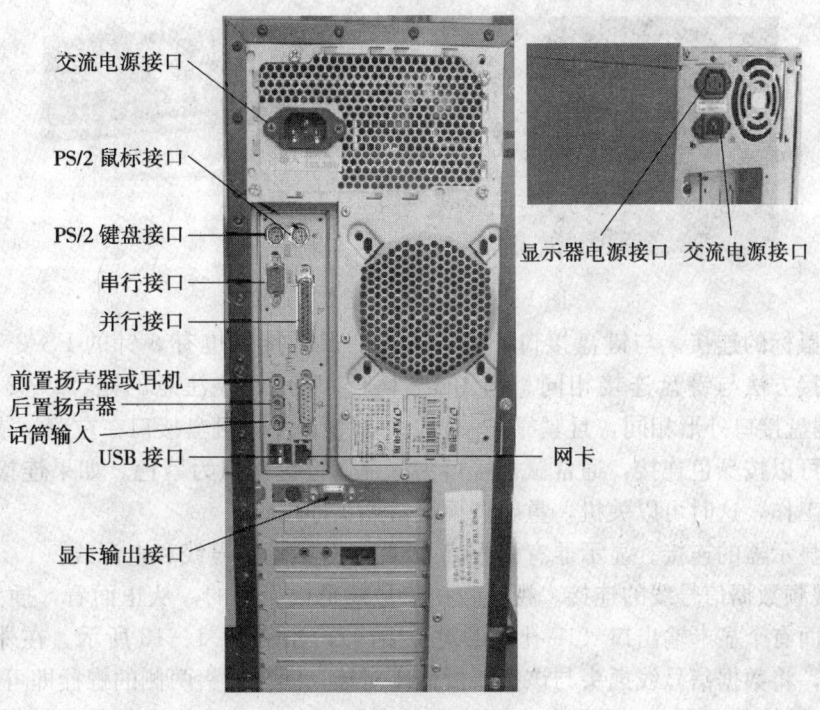

图 1—1—13 外部接口

接口的外置光驱、扫描仪等。

（3）串行接口

1）串行接口。也叫 COM 口，用于串行通信。串行接口通常使用 D 型 9 针插座，串行口可接串行鼠标或外置调制解调器。

2）USB 接口。USB 是通用串行总线的简称，是一种新型的串行 I/O 接口。目前许多外围设备都使用 USB 接口，如 USB 接口的键盘、鼠标、打印机、扫描仪、音箱、外置调制解调器等。主板上一般都集成有两个 USB 接口，它是一种方形 4 针的插座。

（4）音频接口。音频接口是用来输出或输入声音信号的，这类接口根据主板或声卡的功能有所不同，常用的音频接口包括前置扬声器或耳机、后置扬声器、线路输入（Line In）、话筒输入（Mic In）等。

二、微型计算机主机与外围设备的连接

在进行微型计算机与外围设备连接之前，一定要先关闭主机电源，以防止引起短路，造成外围设备的损坏。

1. 键盘、鼠标和显示器的连接

（1）键盘的连接。常见的键盘接口有 6 针的 PS/2 和 USB 两种。目前使用的主机都会带有两个以上的 USB 插座，将键盘的 USB 插头插入任意一个 USB 接口插座即可使用。对于 PS/2 接口的键盘，在其接口头上有一个凹形槽，用于定位方向，上面有一个箭头标记。在连接时将键盘接口头上的箭头和凹槽对准插座上的凸出部位，将插头垂直插入接口中，注意不要过于用力，以免损坏插头内的插针，键盘的连接如图 1—1—14 所示。

图1—1—14　PS/2键盘的连接

（2）鼠标的连接。与键盘接口相同，常见的鼠标接口也有6针的PS/2和USB两种，其连接方法与键盘连接相同。如图1—1—14所示。要注意的是，PS/2的鼠标和PS/2的键盘接口外形相同，且紧靠在一起。一般情况下，键盘接口在左侧，鼠标接口在右侧。也可以按颜色连接，通常鼠标接口为绿色，键盘接口为紫色。如果连接错了，微机则无法工作，这时可以关机，重新调换接口插头即可。

（3）显示器的连接。显示器有两根线：即RGB数据信号线和电源线。

1）视频数据信号线的连接。视频数据信号线是接显卡的，从正面看，插头是梯形，主机箱背面有个显卡输出口（15孔梯形对位接口），如图1—1—13所示。在外部接口中是唯一的，将数据信号线插头与该接口的插座对接，固定插头两侧的螺栓即可。

2）电源线的连接。显示器的电源线有两种连接，一种是接主机箱背面的显示器电源接口，如图1—1—13所示；另一种是直接连接在交流电源插座上，不需要接主机箱的电源。

2. 打印机的连接

打印机有两条连接线：一条是电源线，直接插到交流电源插座上；另一条是数据电缆线，连接到主机背面的接口插座上。如果数据电缆线是并行接口，则是25针的数据电缆线，将插头分别插到主机背面的并行接口和打印机的接口，在并行接口一端要固定好螺钉；在打印机一端要固定好卡槽，如图1—1—15所示。

如果数据电缆线是USB接口，则直接将USB插头插入主机上任意一个USB插座中即可。

3. 多媒体设备的连接

微型计算机中常见的多媒体设备主要是指音箱、耳机和传声器（话机），音箱可分为有源音箱和无源音箱两种。对于有源音箱，首先将音箱插头插入到主机背面的音频接口区中的Line Out接口，然后将音箱电源插头插到交流电源插座上。对于无源音箱和耳机，只需将音箱或耳机的插头插入"SPEAKER OUT"接口中即可，如图1—1—16所示。

4. 扫描仪的连接

扫描仪也有两条连接线：一条是电源线，直接插到交流电源插座上；另一条是数据电缆线。扫描仪有SCSI、增强并口、USB等三种接口。

如果扫描仪是SCSI接口，数据电缆线要插在SCSI卡或主机背面的SCSI接口中；如果扫描仪是增强并口，将接口插头插入并行接口中即可；如果数据电缆线是USB接口，则直接将USB插头插入主机上任意一个USB插座中即可。

微型计算机系统的基本操作

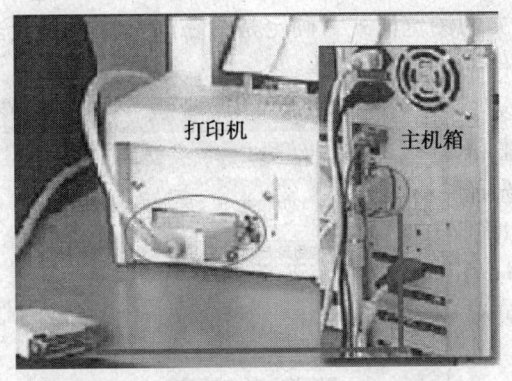

图1—1—15 打印机并行接口的连接

图1—1—16 音箱的连接

三、文件的操作

1. 文件管理（文件夹选项、文件关联）

（1）"文件夹选项"对话框的操作。"文件夹选项"对话框，是系统提供给用户设置文件夹的常规及显示方面的属性，设置关联文件的打开方式及脱机文件等的窗口。

打开"我的电脑"窗口，单击"工具"菜单中的"文件夹选项"命令，打开"文件夹选项"对话框，选择"常规"选项卡，如图1—1—17所示。

1）"常规"选项卡

① "任务"选项组。可设置文件夹显示的视图方式，即常见任务的显示方式或Windows的传统风格显示方式，如图1—1—18所示。

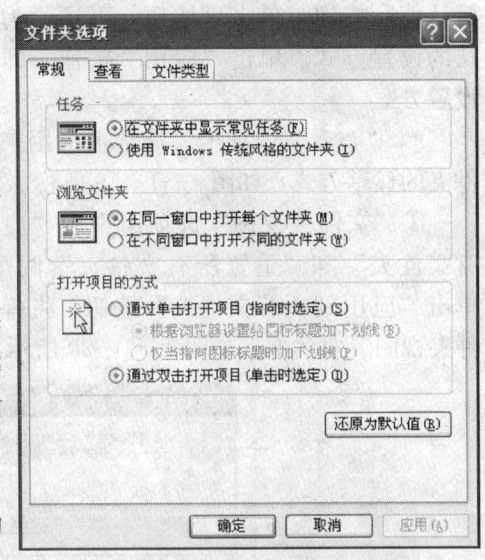

图1—1—17 "文件夹选项"对话框

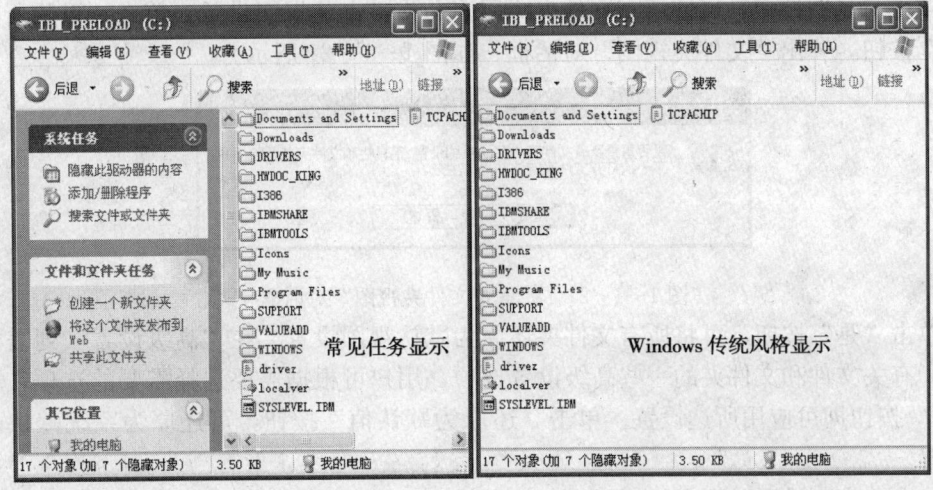

图1—1—18 "任务"选项卡功能

②"浏览文件夹"选项组。可设置文件夹的浏览方式，确定是否在同一窗口打开多个文件夹，还是在不同的窗口中打开多个文件夹。

③"打开项目的方式"选项组。用来设置文件夹的打开方式，可设定文件夹通过单击鼠标方式打开还是通过双击鼠标打开。若选择"通过单击打开项目"单选按钮，则"根据浏览器设置给图标标题加下划线"和"仅当指向图标标题时加下划线"选项变为可用状态，可根据需要选择在何时给图标标题加下划线。在"打开项目的方式"选项组下面有一个"还原为默认值"按钮，单击该按钮，可还原为系统默认的设置方式。单击"应用"按钮，即可应用设置方案。

2)"查看"选项卡。该选项卡用来设置文件夹的显示方式，如图1—1—19所示。

①"文件夹视图"选项组中有"应用到所有文件夹"和"重置所有文件夹"两个按钮。单击"应用到所有文件夹"按钮，将弹出"文件夹视图"对话框，如图1—1—20所示。

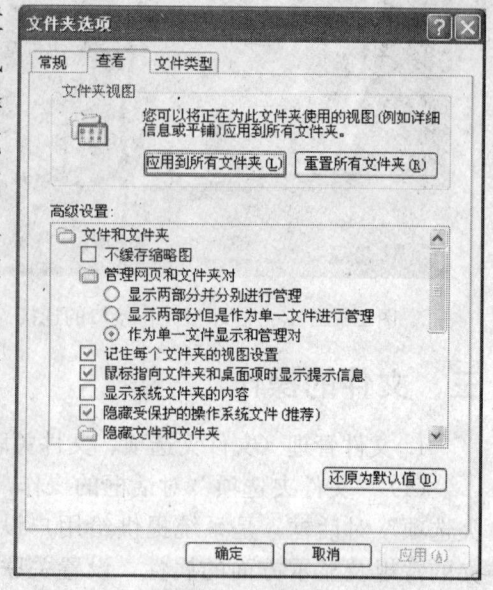

图1—1—19 "查看"选项卡功能

图1—1—20 "文件夹视图"对话框

单击"是"按钮，可使所有文件夹应用当前文件夹的视图设置，单击"重置所有文件夹"按钮，弹出"文件夹视图"对话框，如图1—1—21所示。

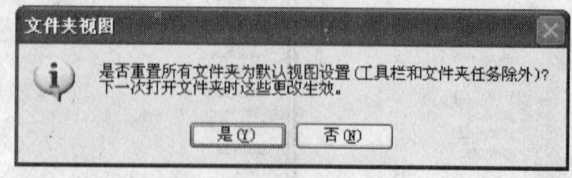

图1—1—21 "重置文件夹视图"对话框

单击"是"按钮，可将所有文件夹还原为默认视图设置。在"高级设置"列表框中显示了有关文件和文件夹的一些高级设置选项，用户可根据需要选择需要的选项，单击"应用"按钮即可应用所选设置。单击"还原为默认值"按钮，可还原为系统默认的选项设置。

②在"高级设置"列表组中，可以对文件或文件夹的显示进行一系列的设置。例

如，要显示被隐藏的文件或文件夹，可以选择"隐藏文件和文件夹"下的"显示所有文件和文件夹"选项；如果要显示被隐藏文件的扩展名，可以取消"隐藏已知文件类型的扩展名"复选框，如图1—1—22所示。

3)"文件类型"选项卡。该选项卡用来更改已建立关联文件的打开方式，如图1—1—23所示。

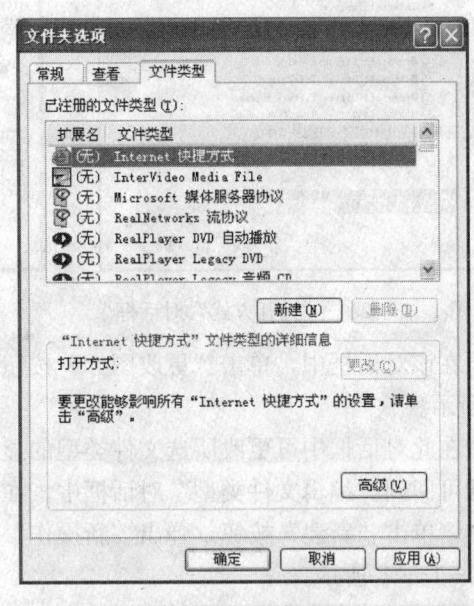

图1—1—22 隐藏文件夹的操作　　　图1—1—23 "文件类型"选项卡功能

①在"已注册的文件类型"列表框中，列出了所有已经注册的文件扩展名和文件类型。单击"新建"按钮，可弹出"新建扩展名"对话框，如图1—1—24所示。

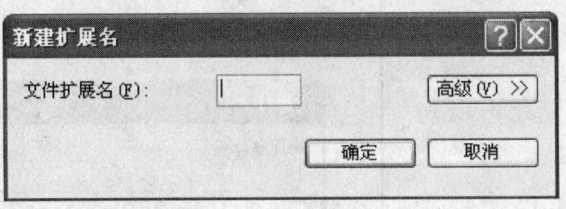

图1—1—24 "新建扩展名"对话框

在该对话框中的"文件扩展名"文本框中，可输入新建的文件扩展名，单击"高级"按钮，可显示"关联的文件类型"下拉列表，在该列表中可选择所输入的文件扩展名建立关联的文件类型，设置完毕后，单击"确定"按钮即可退出该对话框。选中某种已注册的文件类型，单击"删除"按钮，弹出"文件类型"对话框，询问用户是否要删除所选的文件扩展名，单击"是"按钮即可删除该文件扩展名。在"扩展名的详细信息"选项组中显示了所选的文件扩展名的打开方式和详细信息。单击"更改"按钮，在弹出的"打开方式"对话框中可更改文件的打开方式，如图1—1—25所示。

②单击"高级"按钮，将打开"编辑文件类型"对话框，如图1—1—26所示。

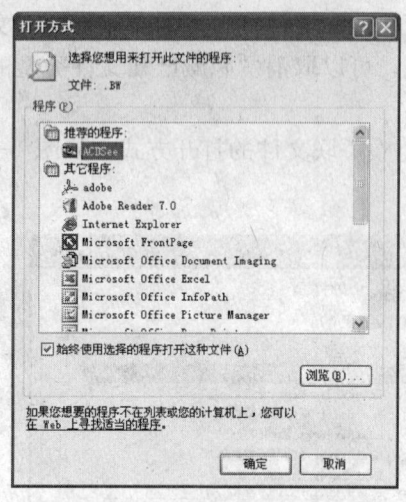
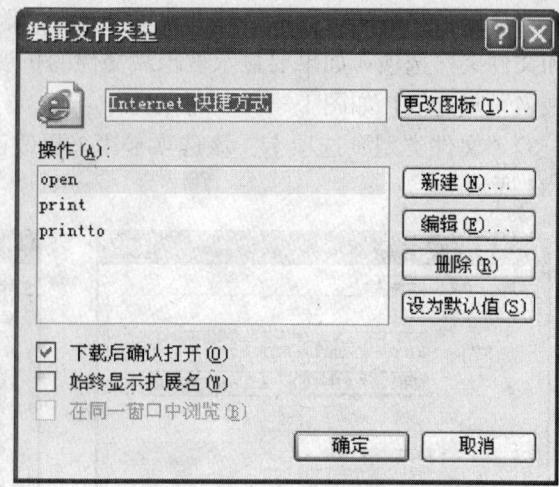

图1—1—25 "打开方式"对话框　　　图1—1—26 "编辑文件类型"对话框

在该对话框中,单击"更改图标"按钮,将打开"更改图标"对话框,如图1—1—27所示。

在此对话框中可更改所选文件类型的显示图标,选择合适的图标后单击"确定"按钮即可回到"编辑文件类型"对话框中。在"操作"列表框中显示了该文件类型的有关操作,单击"新建"按钮,弹出"新操作"对话框,在该对话框中可新建一种操作,如图1—1—28所示。

图1—1—27 "更改图标"对话框　　　图1—1—28 "新操作"对话框

③选择一种操作,单击"编辑"按钮,可弹出"编辑这种类型的操作"对话框,在该对话框中可对该操作进行编辑修改,如图1—1—29所示。

选中一种操作,单击"删除"按钮,可删除该操作。单击"设为默认值"按钮,可还原为系统默认的操作设置。选中"下载后确认打开"复选框,则在下载完成后,即用此类型打开该文件;选中"始终显示扩展名"复选框,则将该文件类型的扩展名显示在

— 14 —

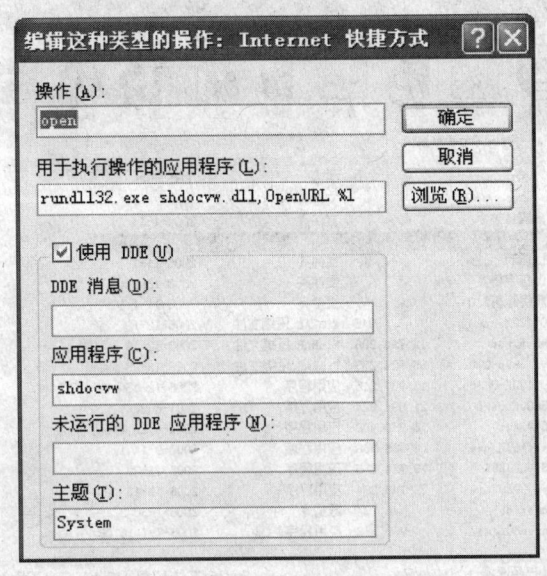

图 1—1—29 "编辑这种类型的操作"对话框

文件夹窗口中；选中"在同一窗口中浏览"复选框，则可在打开该类型的文件时在同一窗口中打开。

2. 压缩及解压操作

压缩和解压是实际工作中应用比较广泛的一种操作，其基本功能是压缩和解压文件。压缩可以减少文件占用的磁盘空间，方便备份数据。有些文件经过压缩后其体积会缩小很多，压缩后还不到原来的10%，如一些 BMP 格式的文件；但也有的文件压缩后是原来的90%多，如网页中使用很广泛的图片。压缩的文件必须解压缩后才能正常使用。

在系统中常用的压缩格式有 ZIP、CAB、TAR、GZIP、MIME、RAR 等，其中 ZIP、RAR 是使用最广泛的压缩格式，几乎所有的压缩软件都提供对这两种格式的支持，两种软件的操作大致相同。压缩、解压不是 Windows XP 提供的功能，要用户自己安装后才能操作使用。

（1）在 WinRAR 窗口中压缩文件或文件夹

1）单击"开始"按钮中的"程序"的下级菜单中"WinRAR"命令，打开如图 1—1—30 所示的 WinRAR 窗口。

2）选定需要压缩的文件或文件夹，如图中名为"20071222"的文件夹，单击工具栏中的"添加"命令图标，弹出如图 1—1—31 所示的"压缩文件名和参数"对话框。

该对话框能对被压缩的文件或文件夹进行参数设置，以满足不同的压缩要求，单击"确定"按钮，以默认参数压缩文件或文件夹，此时被压缩的文件是 20071222.rar 文件，单击"浏览"按钮，可以将该压缩文件存放在指定的位置。

（2）在 WinRAR 窗口中解压文件或文件夹。打开 WinRAR 窗口，选定需要解压的文件或文件夹，如名为"20071222.rar"的压缩文件，单击工具栏中的"解压到"命令图标，弹出如图 1—1—32 所示的"压缩文件名和参数"对话框。

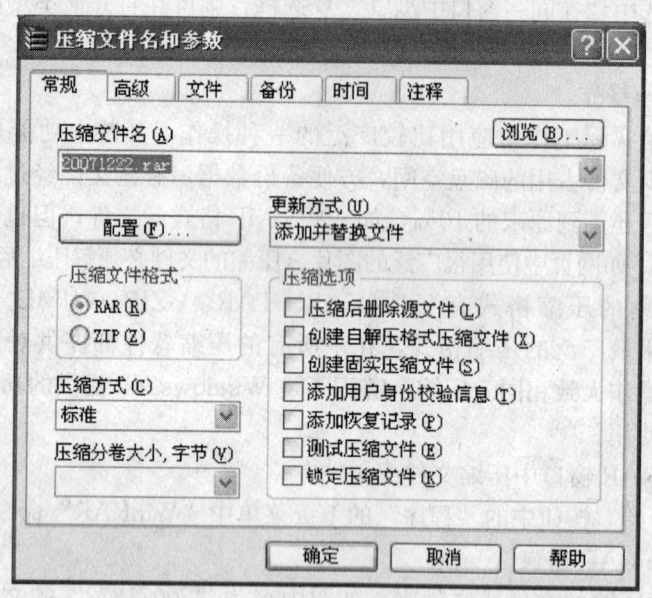

图1—1—30 WinRAR主窗口

图1—1—31 "压缩文件名和参数"对话框

该窗口能对被解压缩文件或文件夹进行参数设置,以满足不同的解压缩要求,单击"确定"按钮,以默认参数解压缩文件或文件夹,如对20071222.rar文件进行解压。

(3)用快捷菜单压缩文件或文件夹。选定需要压缩的文件或文件夹,如图中名为"20071222"的文件夹,鼠标右键单击该文件夹,弹出如图1—1—33所示的"压缩文件或文件夹"快捷菜单。

如果选择"添加到压缩文件……"命令,启动WinRAR程序,弹出WinRAR窗口,

微型计算机系统的基本操作

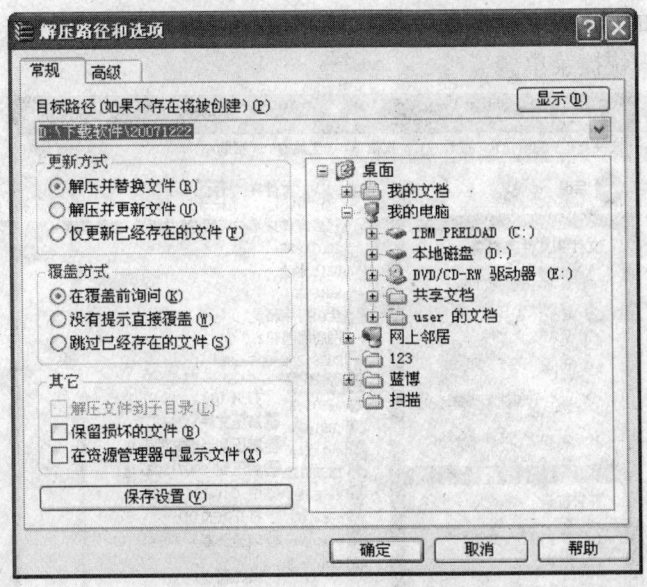

图1—1—32 "解压路径和选项"对话框

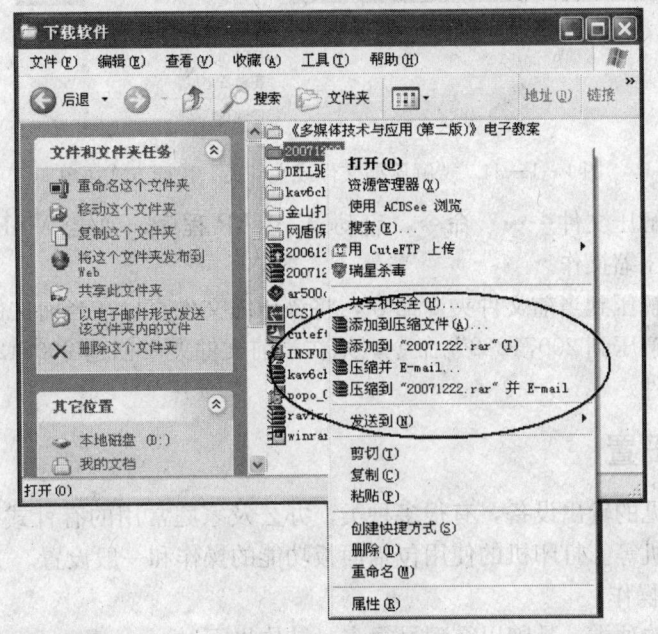

图1—1—33 "压缩文件或文件夹"快捷方式菜单

通过菜单命令进行压缩操作。

如果选择"添加到20071222.rar"命令，直接在当前文件夹中生成一个名为20071222.rar的压缩文件。

如果选择"添加到20071222.rar并E-mail"命令，可以将生成的压缩文件通过电子邮件方式发送。

（4）用快捷菜单解压缩文件或文件夹。选定需要解压缩的文件或文件夹，如名为

— 17 —

"20071222.rar"的压缩文件，鼠标右键单击该文件，弹出如图1—1—34所示的"解压缩文件或文件夹"快捷菜单。

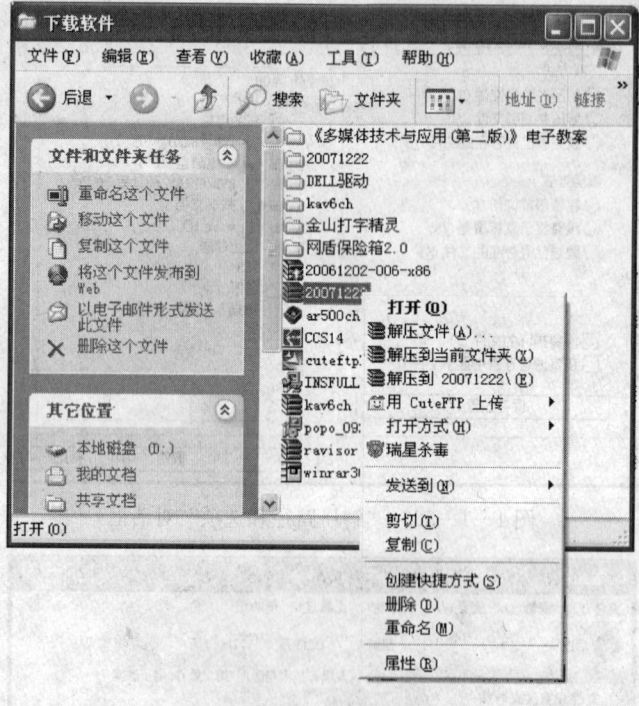

图1—1—34 "解压缩文件或文件夹"快捷方式菜单

如果选择"解压文件……"命令，启动WinRAR程序，弹出WinRAR窗口，通过菜单命令进行解压缩操作。

如果选择"解压到当前文件夹"命令，将该压缩文件直接在当前文件夹中释放。

如果选择"解压到20071222"命令，则在当前文件夹中创建2007122文件夹，并在其中释放压缩文件。

四、打印机设置

打印机是常见的输出设备，有很多种类，办公及家庭常用的有针式打印机、喷墨打印机和激光打印机等。打印机的使用包括面板功能的操作和一般设置。

1. 打印机的操作

虽然打印机的种类、品牌以及型号很多，结构也不一样，但其面板的操作大致相同，以下以爱普生（EPSON）LQ-1900KⅡ+型针式打印机为例，来介绍打印机的基本使用方法。

EPSON LQ-1900KⅡ+型针式打印机由于其打印输出速度快、简便易行的进纸方式、多种字体和条码输出、打印区域大及操作简捷等优点广泛用于医院、银行、企业的报表票据打印输出，该产品的外形如图1—1—35所示。

图1—1—35 EPSON LQ-1900KⅡ+型针式打印机外形

(1) 操作面板功能。EPSON LQ—1900KⅡ＋的操作面板如图 1—1—36 所示，其中主要的按键功能见表 1—1—1。

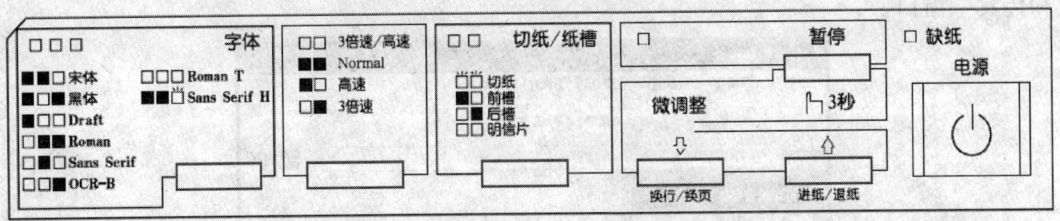

图 1—1—36　LQ—1900KⅡ＋操作面板示意图

表 1—1—1　　　　　　　　　　操作面板按键功能

操作键	功　　能
电源	打开或关闭打印机
暂停	暂停打印，再次按此键继续打印；按住 3 秒不放，打开微调整功能
进纸/退纸	装入或退出纸张；微调整状态下，执行向前微调整
换行/换页	短按一下，表示换行；按住几秒钟，表示换页；微调整状态下，执行向后微调整
切纸/纸槽	将连续纸进到切纸位置；选择前槽、后槽、名片等模式
字体	选择字体
高速/3 倍速	选择汉字打印速度

(2) 自检操作。自检操作一方面可以检查打印机是否正常，另一方面，当系统不能执行打印时，可以判断故障在打印机还是在计算机，缩小排除故障的范围。所以，掌握自检操作是一项重要而实用的操作，EPSON LQ—1900KⅡ＋打印机的自检操作步骤如下：

1) 在打印机电源开通的情况下，安装好打印纸，按下"电源"按钮，关闭打印机电源。

2) 按住"换行/换页"键不放，按下"电源"按钮，打开打印机电源，打印机随即开始自检，在打印纸上打印自检测字符。

3) 再按下"电源"按钮，关闭打印机电源，结束自检操作。

如果计算机系统不能打印，而打印机能执行自检操作，说明打印机是正常的，这时应检查打印数据线或打印驱动程序等是否正常。

2. 安装打印驱动程序

打印机是外围设备，使用前要安装打印驱动程序。虽然各种打印机的驱动程序不通用，但安装的过程是相同的，安装打印驱动程序有以下三种情况：

(1) 自动安装。打印机一般都带有驱动程序的光盘或软盘，将打印机与计算机连接好后，打开计算机和打印机的电源，操作系统能自动检测到新设备，只要按照提示，一步步地进行操作便能顺利安装。

(2) 通过驱动盘安装。如果操作系统没有检测到新设备，就需要执行光盘或软盘上的安装程序，一般文件名为 Setup.exe，按默认设置一步步地安装即可。

(3) 手工安装

1) 打开"控制面板",双击"打印机和传真",打开如图 1—1—37 所示的"打印机和传真"窗口。

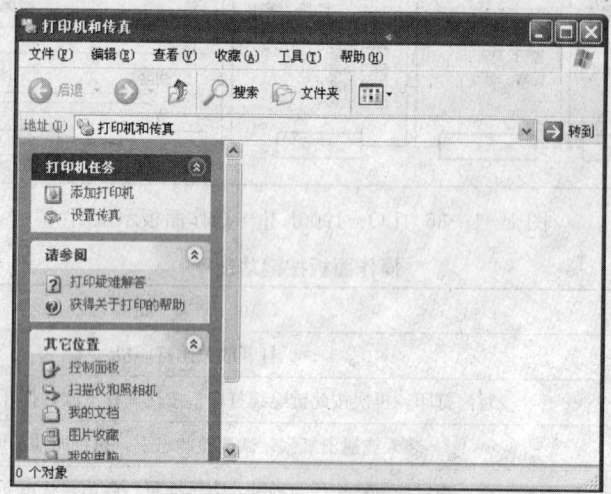

图 1—1—37 "打印机和传真"窗口

2) 单击左侧"打印机任务"窗格中"添加打印机"链接选项,自动启动"添加打印机向导"程序,可以一步步地完成打印机的添加操作。

3) 单击左侧窗口链接区域的"打印机任务"窗格中"添加打印机"链接选项,打开如图 1—1—38 所示的"添加打印机向导"窗口。

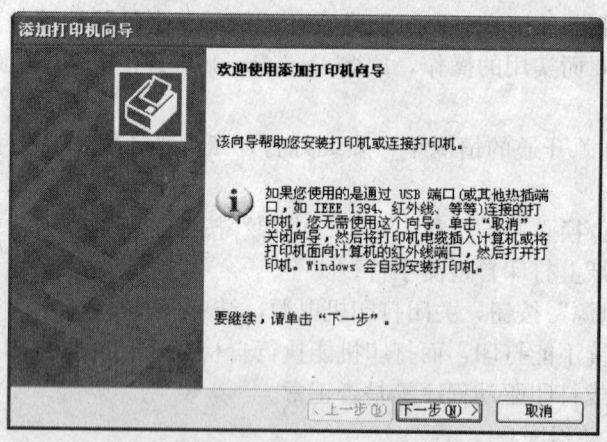

图 1—1—38 "添加打印机向导"窗口

4) 单击"下一步"按钮,打开"本地或网络打印机"窗口,如图 1—1—39 所示。

5) 选择"连接到此计算机的本地打印机"按钮,选中"自动检测并安装即插即用打印机"复选框,让安装向导自动检测即插即用打印设备的类型,单击"下一步"按钮,出现"新打印机检测"对话框,添加打印机向导自动检测并安装新的即插即用的打印机,当搜索结束后,会提示用户检测的结果,如果用户要手动安装,单击"下一步"按钮继续,如图 1—1—40 所示。

微型计算机系统的基本操作

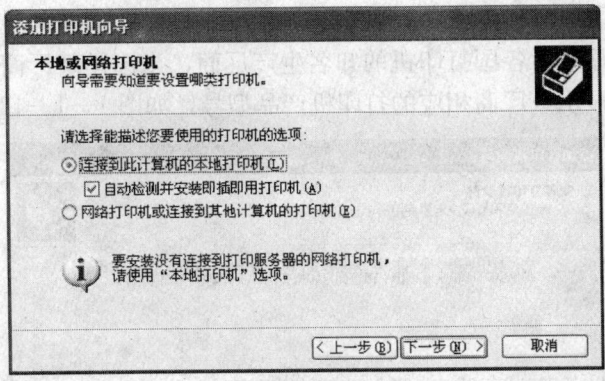

图1—1—39 "本地或网络打印机"对话框

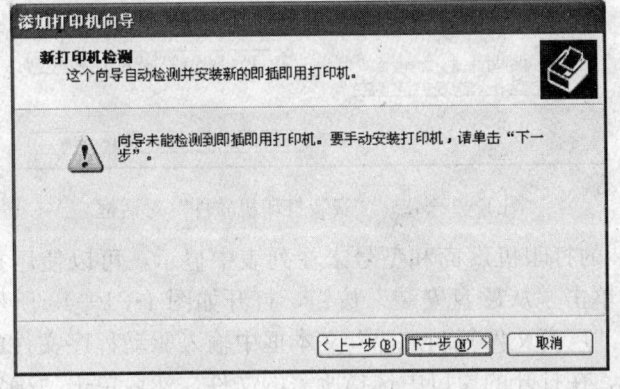

图1—1—40 "新打印机检测"对话框

6）安装向导打开"选择打印机端口"对话框，要求用户选择所安装的打印机使用的端口，在"使用以下端口"下拉列表框中提供了多种端口，系统推荐的打印机端口是LPT1，大多数的计算机也是使用LPT1端口与本地计算机通信，如果用户使用的端口不在列表中，可以选择"创建新端口"单选项来创建新的通信端口，如图1—1—41所示。

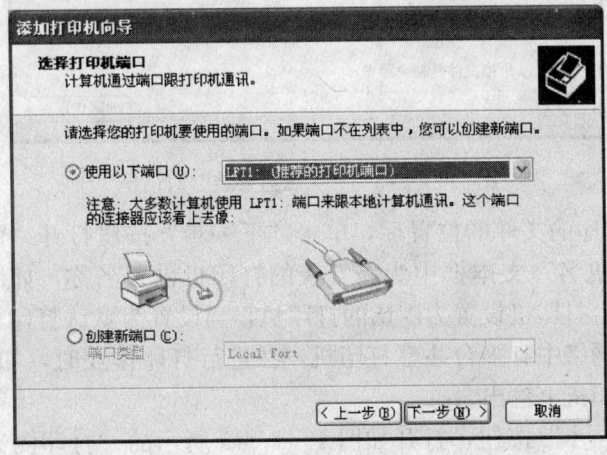

图1—1—41 "选择打印机端口"对话框

7）选定端口后，单击"下一步"按钮，打开"安装打印机软件"对话框，在左侧的"厂商"列表中显示了各国打印机的知名生产厂商，当选择某厂商时，在右侧的"打印机"列表中相应显示该厂商相应的打印机产品型号，如图1—1—42所示。

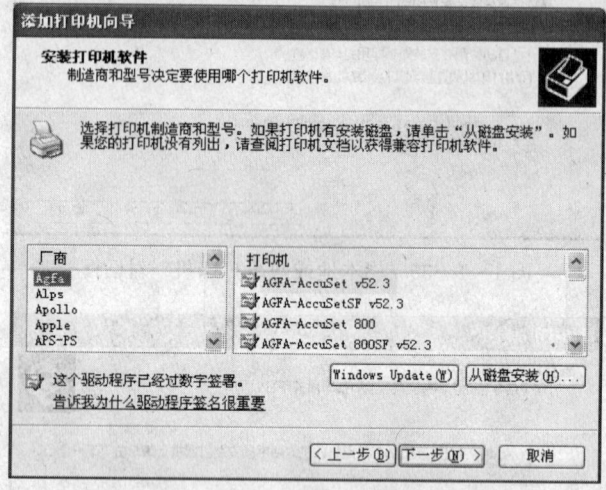

图1—1—42　"安装打印机软件"对话框

8）如果所安装的打印机厂商和型号未在列表中显示，可以使用打印机所附带的安装光盘进行安装，单击"从磁盘安装"按钮，打开如图1—1—43所示的对话框，插入厂商的安装盘，在"厂商文件复制来源"文本框中输入驱动程序文件的正确路径，或者单击"浏览"按钮，在打开的窗口中选择所需的文件，然后单击"确定"按钮，可返回到"安装打印机"对话框。

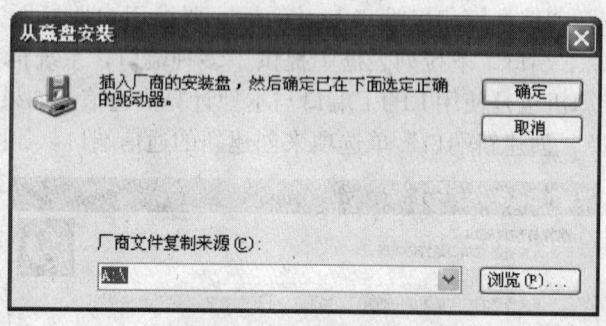

图1—1—43　"从磁盘安装"对话框

9）确定驱动程序的文件的位置后，单击"下一步"按钮打开"命名打印机"对话框，可以在"打印机名"文本框中为新安装的打印机设置名称，如图1—1—44所示。用户可以在此将这台打印机设置为默认的打印机，当设置为默认打印机之后，如果用户是处于网络中，且网络中有多台共享打印机，在进行打印作业时，如果未指定打印机，将在这台默认的打印机上输出。

10）单击"下一步"按钮，打开如图1—1—45所示的"打印测试页"对话框，如果打印机是连接的，并安装好打印纸，可选择"是"，使打印机进行测试页的打印。

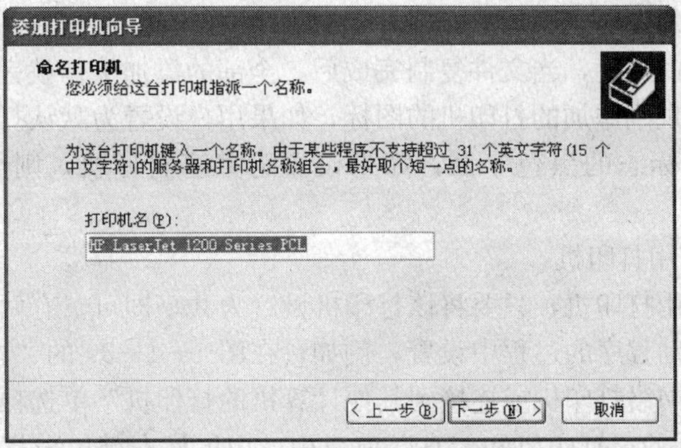

微型计算机系统的基本操作

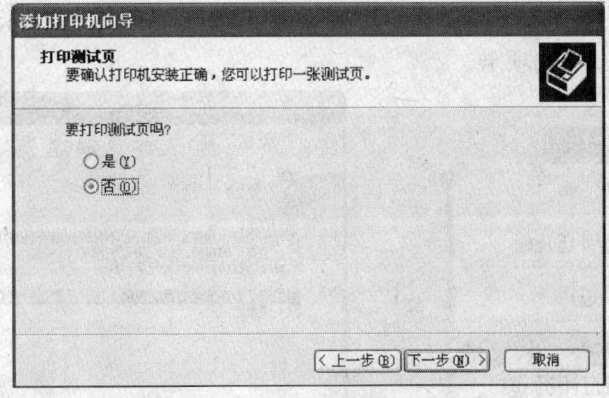

图 1—1—44　"命名打印机"对话框

图 1—1—45　"打印机测试页"对话框

11）单击"下一步"按钮，出现如图 1—1—46 所示的"正在完成添加打印机向导"对话框，在此显示了所添加的打印机的名称、共享名、端口以及位置等信息。如输入有误可以单击"上一步"按钮返回到上面的步骤进行修改，当确定所做的设置无误时，可单击"完成"按钮，关闭"添加打印机向导"。

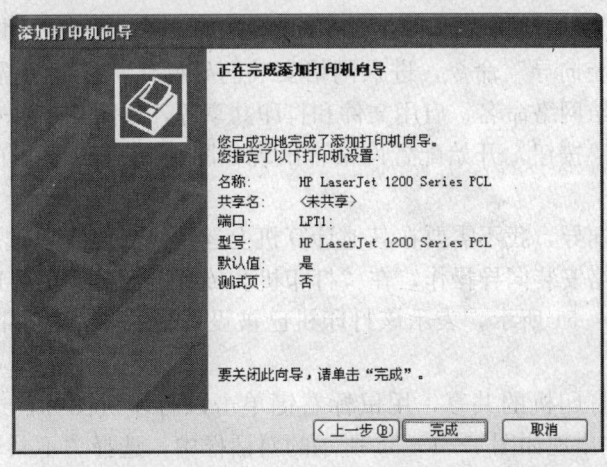

图 1—1—46　"正在完成添加打印机向导"对话框

12）在完成添加打印机向导后，屏幕上会出现"正在复制文件"对话框，它显示了复制驱动程序文件的进度，当文件复制完成后，全部的添加工作就完成，在"打印机和传真"窗口中会出现刚添加的打印机的图标，如果用户设置为默认打印机，在图标旁边会有一个带"√"标志的黑色小圆，如果设置为共享打印机，则会有一个手形的标志。

3. 在网络中使用打印机

要在网络中使用打印机，只要将该打印机设置为共享即可。有两种设置方法：一种是在安装打印机驱动程序的过程中设置，例如，在图1—1—39的"本地或网络打印机"对话框中，选择"网络打印机或连接到其他计算机的打印机"单选项；另一种方法是在如图1—1—37所示的"打印机和传真"窗口中，用鼠标右键单击打印机图标，在弹出的快捷菜单中选择"共享"命令，如图1—1—47所示。

如果计算机原来没有设置为共享，则会弹出如图1—1—48所示的"打印机属性"对话框，选择"共享"选项卡。

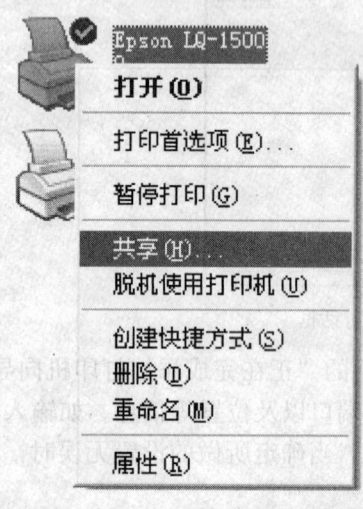

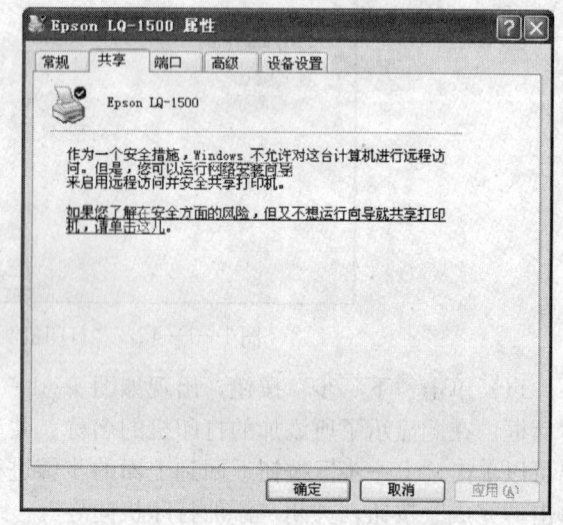

图1—1—47　打印机快捷菜单　　　　图1—1—48　"打印机属性"对话框

单击"网络安装向导"命令，进入网络安装向导操作，按提示选择网络连接方法、确定计算机描述、给网络命名、启用文件和打印共享等，如图1—1—49所示。

单击"下一步"按钮，开始配置网络，出现如图1—1—50所示的"网络安装向导完成"对话框。

选择"完成该向导，我不需要在其他计算机上运行该向导"单选按钮，单击"下一步"按钮，完成网络安装向导操作，在"打印机和传真"窗口中的打印机图标出现了手托标志，如图1—1—51所示，表示该打印机已被设置为共享，可供网络中的计算机共同使用。

如果要取消该打印机的共享，用鼠标右键单击该打印机图标，选择快捷菜单中的"共享"命令后，在出现如图1—1—52所示的对话框中，选择"不共享这台打印机"按钮，单击"确定"按钮。

微型计算机系统的基本操作

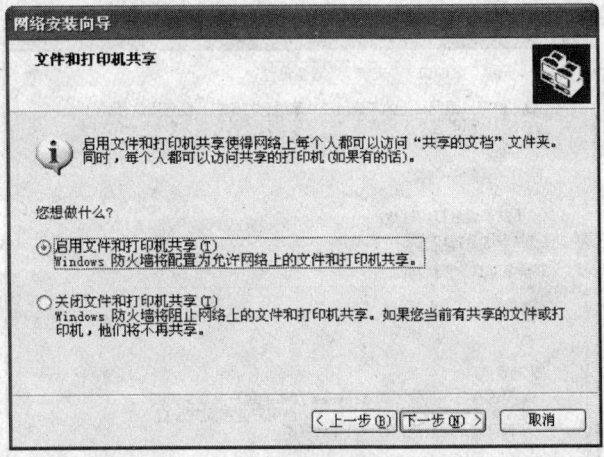

图1—1—49 "文件和打印机共享"对话框

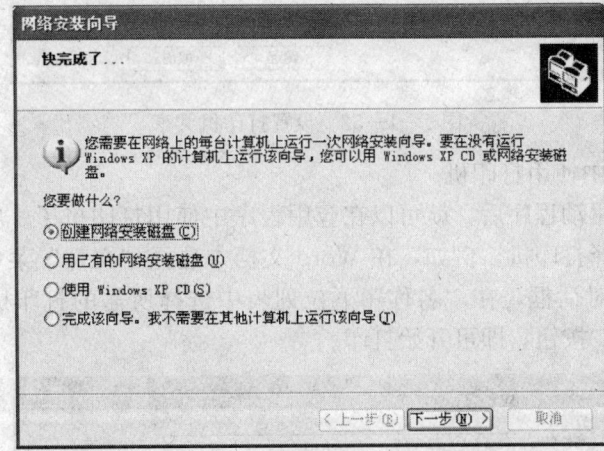

图1—1—50 "网络安装向导完成"对话框

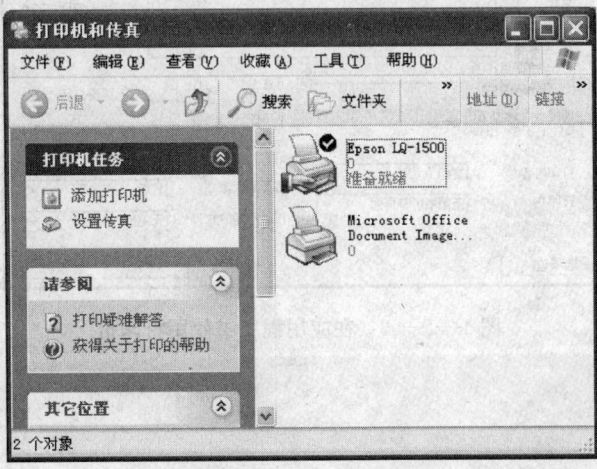

图1—1—51 打印机共享标志

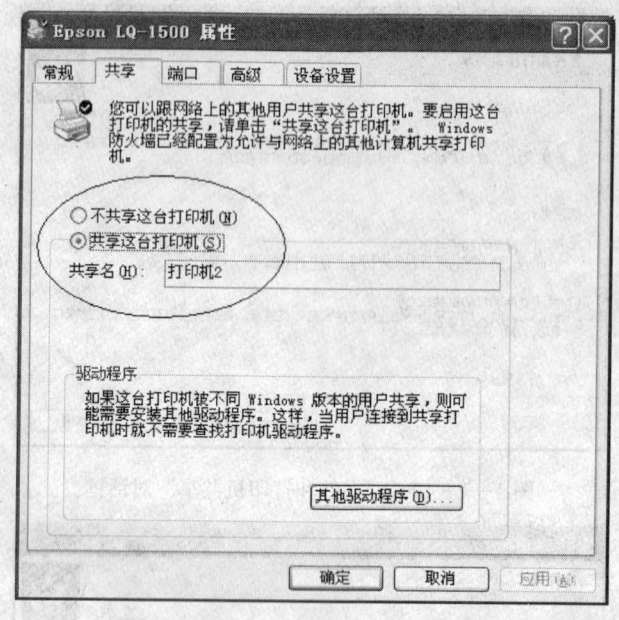

图 1—1—52 设置打印机共享

4. 在应用程序中使用打印机

安装了打印机驱动程序后，就可以在应用程序中使用打印机了。应用程序一般都有打印操作窗口能选择打印机。例如，在 Word 文档中选择"文件"菜单中的"打印"命令，弹出"打印"对话框，在"名称"下拉列表中选择所需的打印机，如图 1—1—53 所示，单击"确定"按钮，即可开始打印。

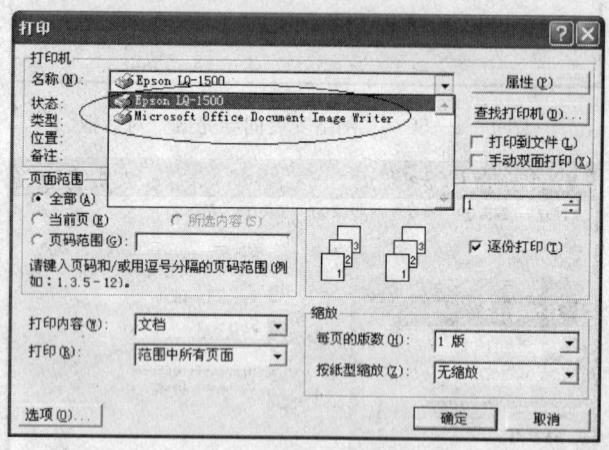

图 1—1—53 在应用程序中使用打印机

第二节 软件安装

→ 能够在规定的时间内，使用常用方法完成一个软件的安装和设置，并启动运行

一、安装与卸载程序

为了使计算机发挥更大的作用，有时常常需要安装各种各样的应用程序。大部分的应用软件在安装时，只需将光盘插入光驱中，安装程序即可自动运行，用户只需按照安装向导的提示操作。对于不能自动安装的软件，可以通过 Windows XP 的"添加/删除程序"功能来安装。

"添加/删除程序"用来管理计算机上的程序和组件，使用它可以从光盘、磁盘或网络中添加程序（例如 Microsoft Excel 或 Word），或者通过 Internet 添加 Windows 升级或新的功能。"添加/删除程序"也可以添加或删除在初始安装时没有选择的 Windows 组件（如网络服务等）。

1. 安装程序

（1）单击"开始"中的"控制面板"，打开如图 1—2—1 所示的"控制面板"窗口。

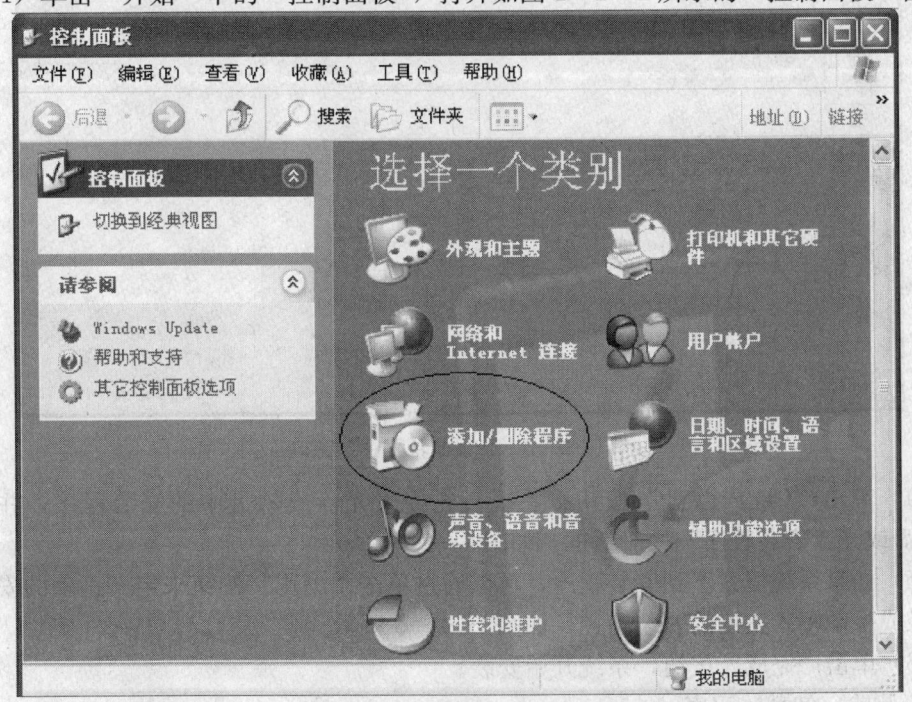

图 1—2—1 "控制面板"窗口

(2) 单击"添加/删除程序",打开如图1—2—2所示的"添加或删除程序"窗口。

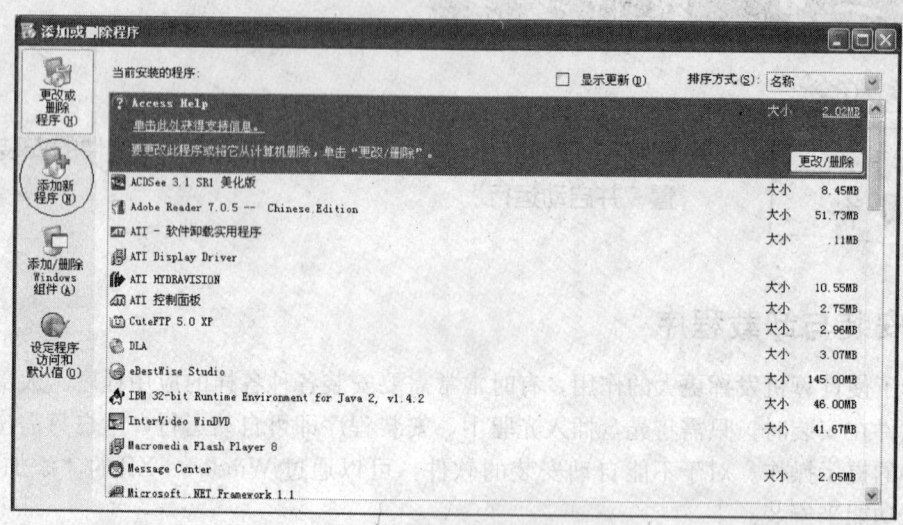

图1—2—2 "添加或删除程序"窗口

(3) 单击对话框左侧的"添加新程序"按钮,打开如图1—2—3所示的"添加新程序"窗口。

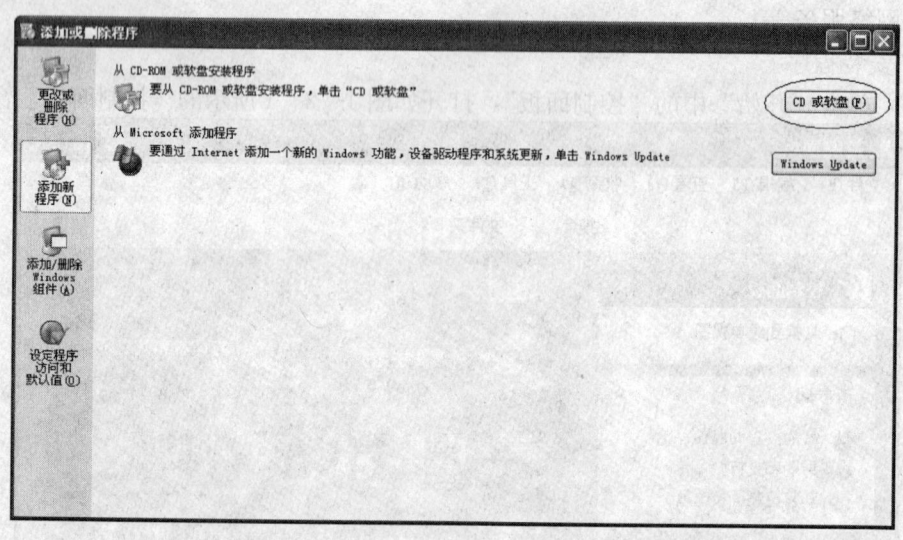

图1—2—3 "添加新程序"窗口

(4) 单击"CD或软盘"按钮,系统会先搜索光盘或软盘中的安装程序,并弹出"从软盘或光盘安装程序"的对话框,如图1—2—4所示。

(5) 如果系统搜索不到安装程序,可以通过单击"浏览"按钮来定义正确的安装程序路径或手动输入正确的安装路径,如图1—2—5所示。

(6) 单击"完成"按钮,系统开始安装。

2. 删除(卸载)程序

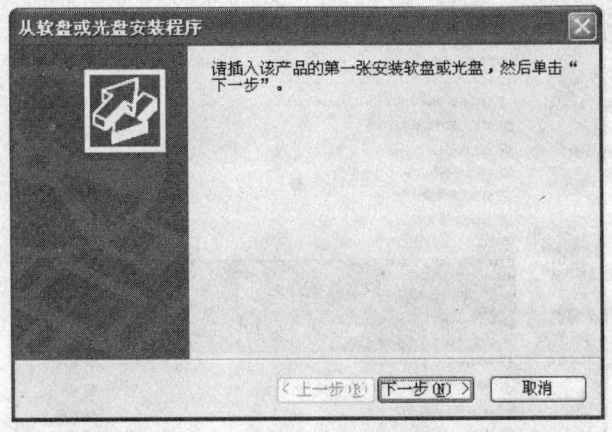

图 1—2—4 "从软盘或光盘安装程序"对话框

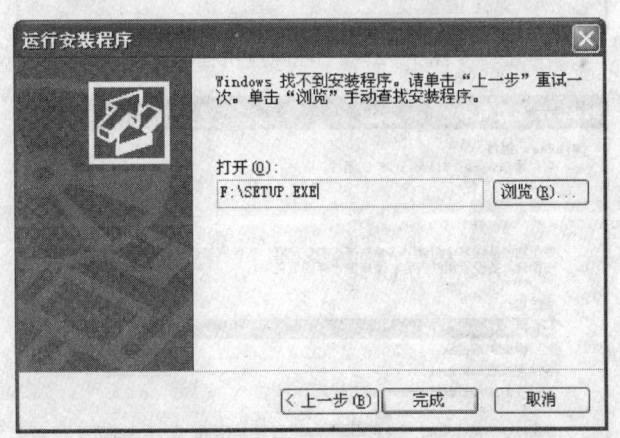

图 1—2—5 "运行安装程序"对话框

在一般情况下，删除不再使用的应用程序，通常使用应用程序自带的卸载工具，也可以使用 Windows XP 的删除程序功能，不要使用直接将应用程序所在的文件夹全部删除的方法来"卸载"程序。这种方法容易产生系统文件的混乱和错误，降低系统整体性能。正确删除（卸载）程序的操作步骤如下：

（1）在"添加/删除程序"窗口中，选择要删除的应用程序，此时会显示该程序的有关信息，通过这些信息来最终确定是否要删除该程序。

（2）单击被选中应用程序右下角的"更改/删除"按钮，如图 1—2—6 所示。

（3）在弹出的删除程序警告框中，单击"确定"按钮，系统将自动删除所选的应用程序。

3. 安装和卸载组件

（1）安装组件。Windows XP 在第一次安装时已经包括了大量的应用程序（组件），但有些组件还是需要用户自行安装，以充分发挥操作系统的性能，组件安装与卸载的操作步骤如下：

1）在"添加/删除程序"窗口中，单击左侧的"添加/删除 Windows 组件"按钮，弹出如图 1—2—7 所示的"Windows 组件向导"对话框。

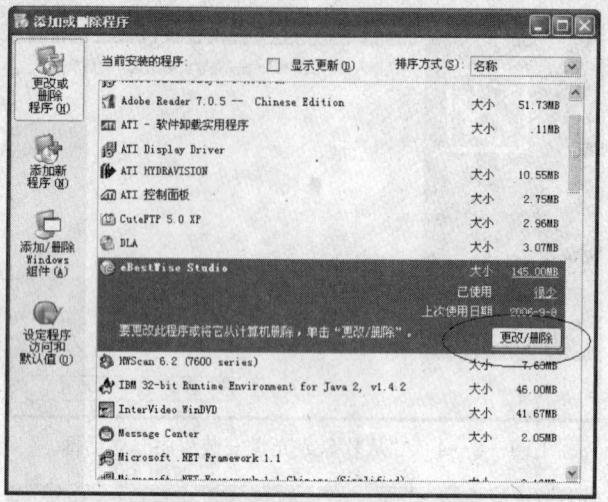

图 1—2—6　删除应用程序

图 1—2—7　"Windows组件向导"对话框

2）在"组件"列表框中选择要添加的组件，若只添加组件的一部分功能，可以单击"详细信息"按钮，在弹出的对话框中选择相应的部分组件复选框，单击"确定"按钮。

3）单击"下一步"按钮，Windows XP 开始检测组件，并安装组件。有的组件在安装过程中，需要插入 Windows XP 的安装盘。

（2）卸载组件。组件的卸载与安装的操作步骤大致相同，唯一不同的是，去掉"组件"列表框中要卸载组件的复选框，单击"下一步"按钮，系统会自动卸载组件。

二、应用软件安装

1. Office 的安装

Office 是最流行的办公自动化系列软件，包括文字处理、电子表格、电子邮件、幻灯片制作、数据库、网页制作等套装软件，其功能非常适用、强大，是一套实用的办公

应用软件。Office 2003 的安装步骤如下:

（1）在安装 Office 2003 之前，先将其他正在运行的应用程序关闭，然后将安装盘放入光驱中。如果安装系统设置为自动运行，光盘就会自动启动。如果没有设置，可以从"开始"菜单中选择"运行"命令，在"运行"对话框单击"浏览"按钮，并从"浏览"对话框中选择安装光盘上的"Setup.exe"文件，然后单击"确定"按钮。

（2）安装程序首先更新系统的 Windows 安装程序，弹出如图 1—2—8 所示的"产品密钥"对话框，输入产品密钥。

图 1—2—8 输入"产品密钥"

（3）输入产品密钥后，单击"下一步"按钮，出现输入"用户信息"对话框，如图 1—2—9 所示。在该对话框中输入用户名、缩写和单位等信息。

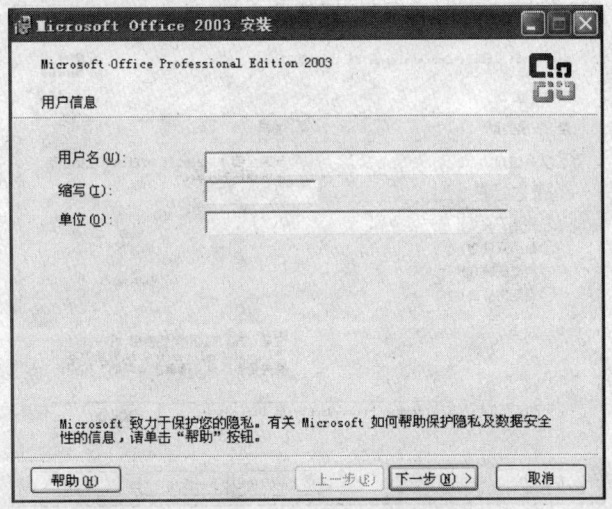

图 1—2—9 输入"用户信息"

（4）单击"下一步"按钮，出现如图 1—2—10 所示的"最终用户许可协议"对话框，先仔细地阅读整份协议，然后选中"我接受《许可协议》中的条款"选框。

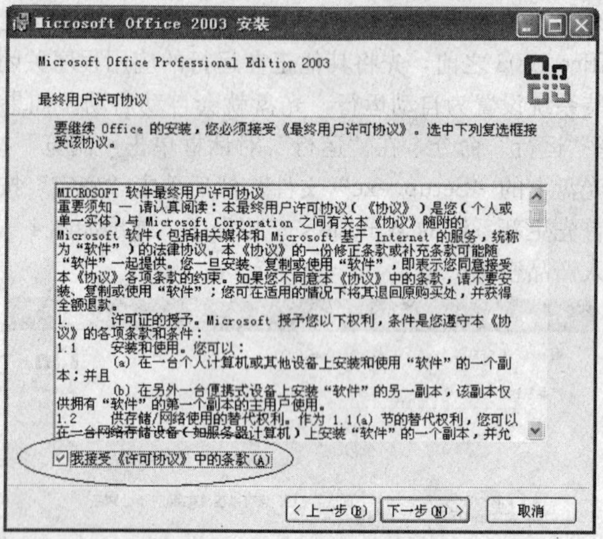

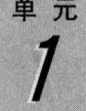

计算机操作员（中级）

图 1—2—10　"最终用户许可协议"对话框

（5）单击"下一步"按钮，出现如图 1—2—11 所示的"安装类型"对话框，通过该对话框可以选择安装类型。各安装类型功能如下：

完全安装：安装全部 Microsoft Office，包括所有可选组件和工具。

最小安装：仅安装 Microsoft Office 必需的最少组件（磁盘空间较少时使用）。

典型安装：安装全部 Microsoft Office 最常用的组件，其他功能可在首次使用时安装，也可以在以后通过控制面板中的"添加/删除程序"来安装。

自定义安装：通过选择在计算机上安装哪些功能自定义 Microsoft Office 的安装。可以保留或删除以前版本的 Office。

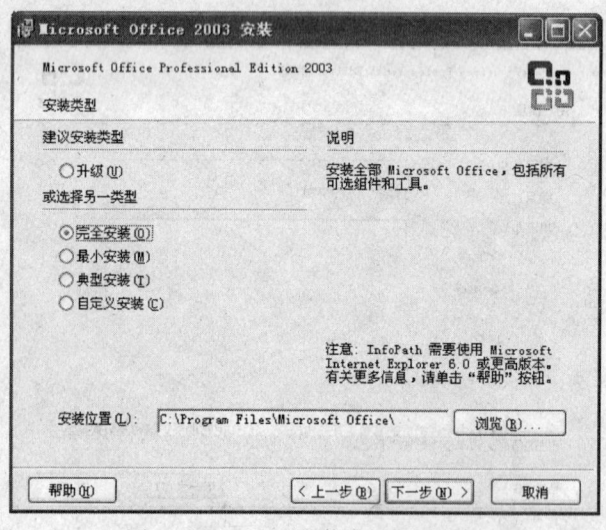

图 1—2—11　"安装类型"对话框

（6）选择"完全安装"单选按钮，单击"下一步"按钮，出现如图 1—2—12 所示的"摘要"对话框。

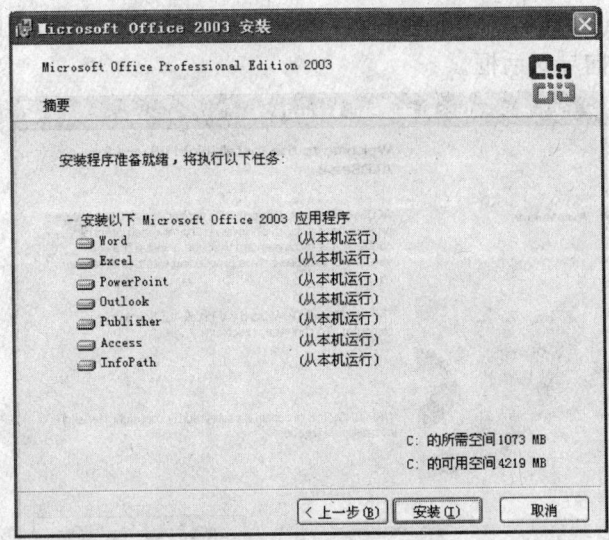

图 1—2—12 "摘要"对话框

(7) 单击"安装"按钮，开始安装 Office 2003，出现安装进度显示栏，如图 1—2—13 所示。

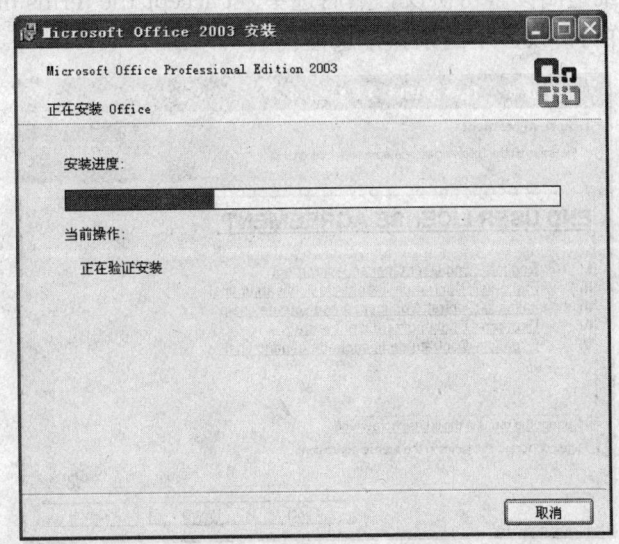

图 1—2—13 "正在安装 Office"对话框

安装 Office 2003 需要一定的时间，如果在安装过程中突然不想安装了，可以单击"取消"按钮，取消 Office 2003 的安装。安装结束时，屏幕上就会出现一个表示成功安装的提示对话框，单击"是"按钮，系统将重新启动 Windows XP。

2．ACDSee 的安装

ACDSee 是目前流行的数字图像处理软件，它广泛应用于图片的获取、管理、浏览和优化。使用 ACDSee 可以从数码相机和扫描仪高效获取图片，并进行便捷地查找、组织和预览。ACDSee 8.0 英文版的安装步骤如下：

ACDSee 是一个共享软件，下载后，直接运行 acdsee.exe，屏幕上显示如图 1—2—14 所示的安装程序向导对话框。

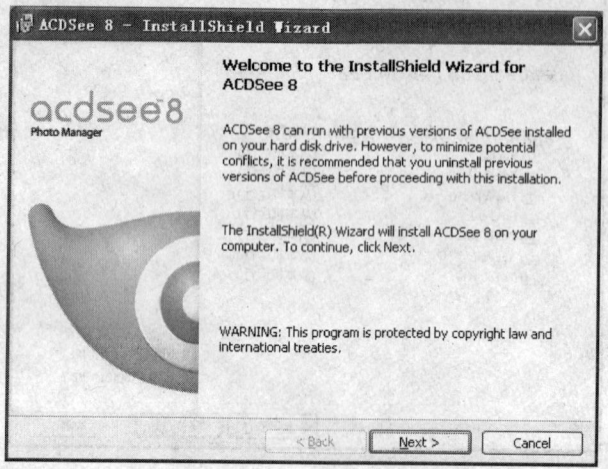

图 1—2—14　安装程序向导对话框

（1）单击"Next"按钮，出现如图 1—2—15 所示的"License Agreement"（许可协议）对话框，先仔细地阅读整份协议，然后选中"I accept the terms in the license agreement"（我接受《许可协议》中的条款）选框。

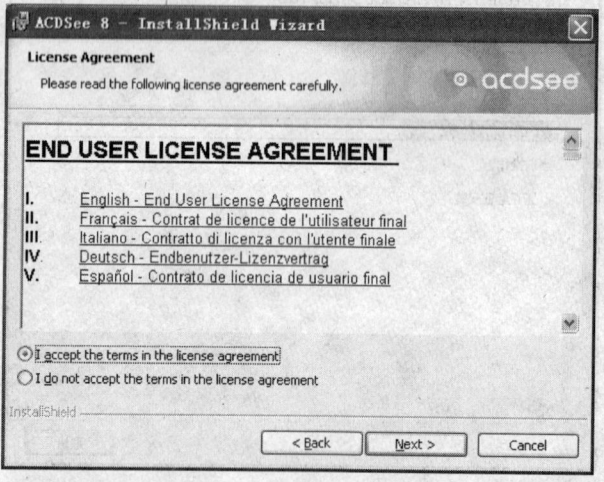

图 1—2—15　"用户许可协议"对话框

（2）单击"Next"按钮，出现如图 1—2—16 所示的"Customer Information"（用户信息）对话框，在文本框中输入"User Name"（用户名）、"Organization"（公司）及"License Code"（许可证代码）。

（3）单击"Next"按钮，出现如图 1—2—17 所示的"Setup Type"（安装类型）对话框，单击"Complete"（完整安装）单选按钮。

（4）单击"Next"按钮，出现如图 1—2—18 所示的"Shell Integration Setup"（安装模式）对话框，单击"All"（最大安装）单选按钮。

微型计算机系统的基本操作

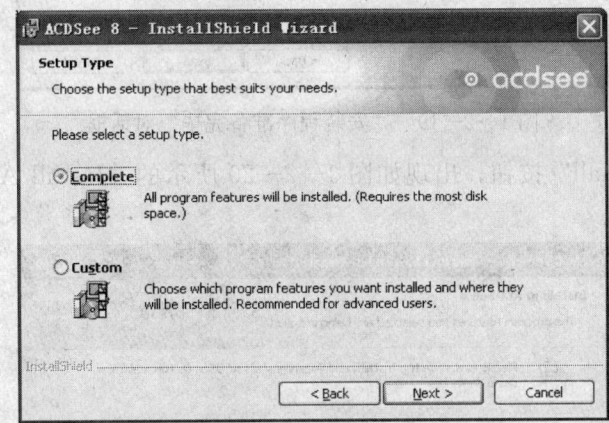

图 1—2—16 用户信息对话框

图 1—2—17 "安装类型"对话框

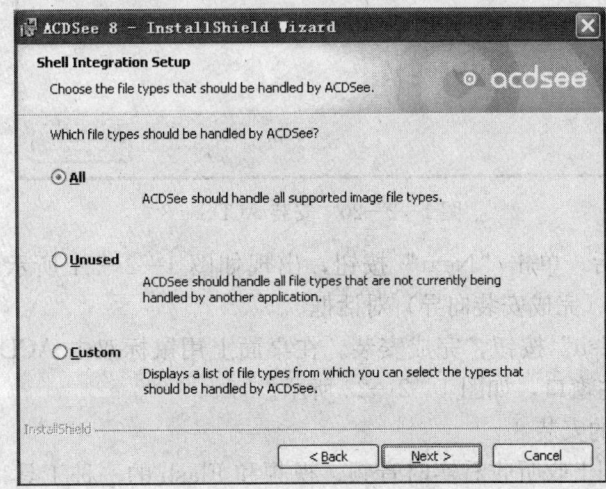

图 1—2—18 "安装模式"对话框

（5）单击"Next"按钮，出现如图1—2—19所示的"Ready to Install the Program"（安装程序准备完毕）对话框。

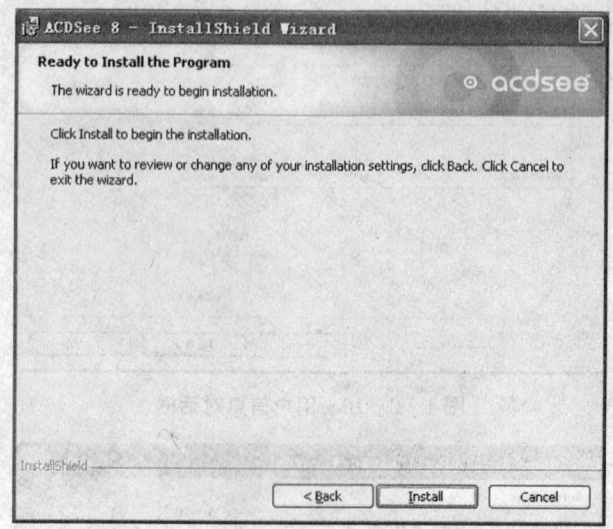

图1—2—19 "安装程序准备完毕"对话框

（6）单击"Install"按钮，出现如图1—2—20所示的"Install ACDSee 8"（安装ACDSee 8）对话框。

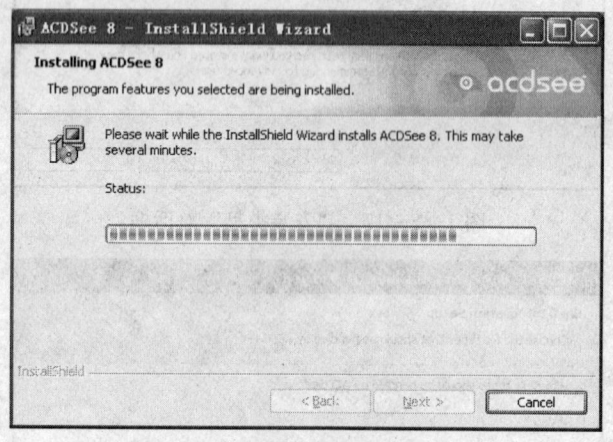

图1—2—20 安装ACDSee 8

（7）安装完毕后，单击"Next"按钮，出现如图1—2—21所示的"Install Shield Wizard Completed"（完成安装向导）对话框。

（8）单击"Finish"按钮，完成安装。在桌面上用鼠标双击ACDSee 8图标，运行并打开ACDSee 8主窗口，如图1—2—22所示。

3. RealPlayer的安装

RealPlayer是网上收听收看实时音频、视频和Flash的一种工具，同时，也支持本地多媒体文件的播放，包括RM、AVI、MP3、MIDI等多媒体文件格式。RealPlayer的安装操作步骤如下：

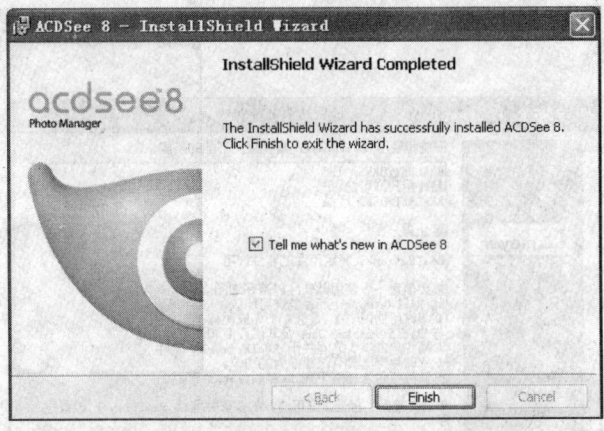

图1—2—21 完成安装向导对话框

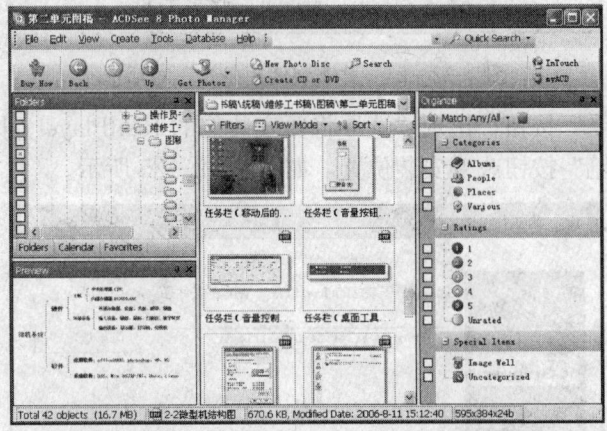

图1—2—22 ACDSee 8 主窗口

（1）RealPlayer 是一个共享软件，下载后，直接运行 rp8-cn-setup.exe，屏幕上显示如图1—2—23所示的"欢迎使用安装程序"对话框。

图1—2—23 "欢迎使用安装程序"对话框

(2) 单击"下一步"按钮，弹出如图 1—2—24 所示的"安装使用条款"对话框。

图 1—2—24　"安装使用条款"对话框

(3) 单击"接受"按钮，出现"选取将要安装您的 RealPlayer 副本的文件夹"对话框，可以单击"浏览"按钮改变安装位置，如图 1—2—25 所示。

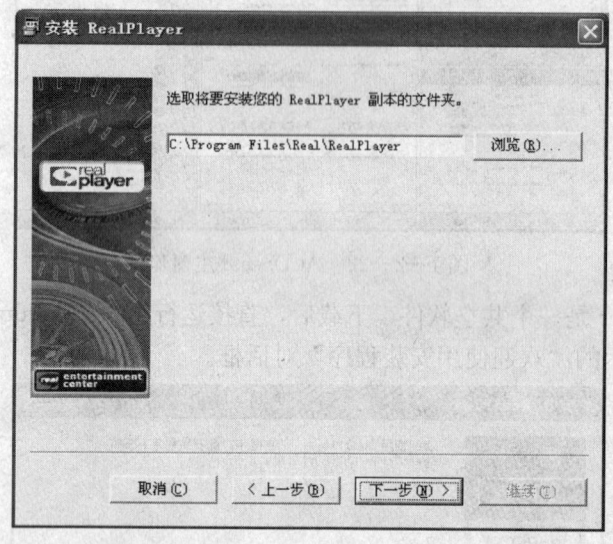

图 1—2—25　"选取将要安装您的 Real Player 副本的文件夹"对话框

(4) 单击"下一步"按钮，弹出如图 1—2—26 所示的"安装选项"对话框。

(5) 单击"继续"按钮，开始复制文件，安装 RealPlayer，如图 1—2—27 所示。

(6) 复制完毕后，系统要进行 RealPlayer 个人信息的设置，如电子注册、Internet 连接类型、媒体类型、频道排列、订制新闻和娱乐快讯等内容，设置完成后显示如图 1—2—28 所示的设置摘要。

(7) 单击"完成"按钮，完成安装。双击桌面上的 RealPlayer 图标，运行并打开 RealPlayer 主窗口，如图 1—2—29 所示。

微型计算机系统的基本操作

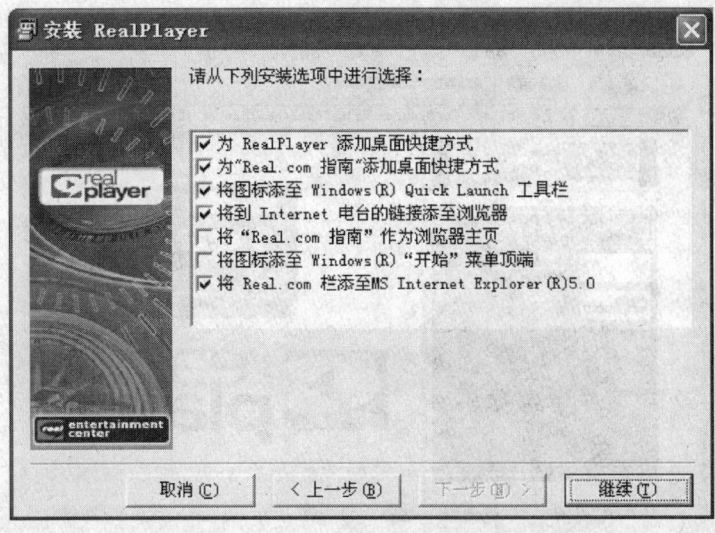

图 1—2—26 "安装选项"对话框

图 1—2—27 "正在复制文件"提示框

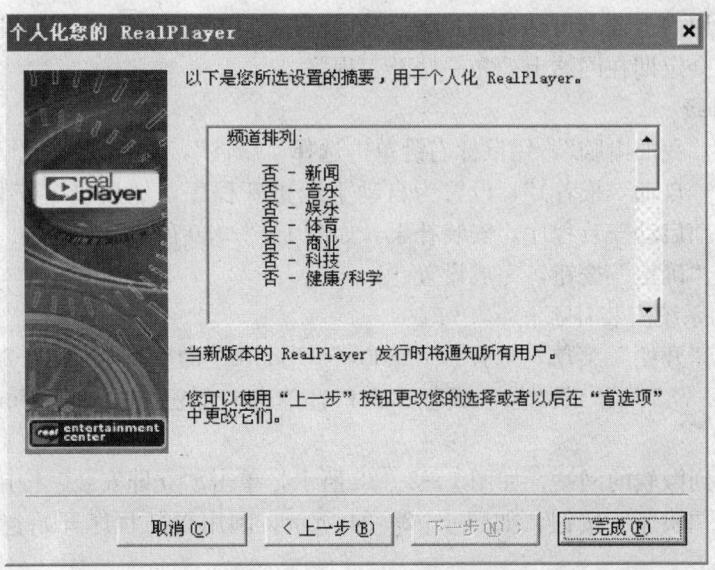

图 1—2—28 "设置摘要"对话框

图 1—2—29 "RealPlayer" 主窗口

三、安装 Windows 补丁程序

安装补丁程序，即将操作系统发现的漏洞给补上，打补丁可以增强系统的安全性，提高系统的可靠性和兼容性，实现更多的功能。安装补丁常见的方法有系统自动升级或手工为系统安装补丁。

目前，很多计算机病毒都是通过 Windows 操作系统的漏洞进行攻击，破坏计算机的正常使用，给用户造成不可估量的损失。Windows XP 操作系统不时被发现存在一些漏洞，微软公司会定期在网站上公布一些补丁程序。

1. 自动升级

(1) 选择"我的电脑"，用鼠标右键单击选择"属性"，单击"系统属性"选项卡。

(2) 选择"自动（推荐）"，设置为自动下载更新程序，然后设定安装更新的时间，系统会按时自动启动安装程序，安装补丁，如图 1—2—30 所示。

(3) 单击"确定"按钮，完成设置。

2. 手工为系统安装补丁

(1) 单击"开始"菜单，选择"Windows Update"命令，如图 1—2—31 所示。或打开如图 1—2—32 所示的"控制面板"窗口，单击左侧窗格中的"Windows Update"命令。

(2) 连接到微软的网站，如图 1—2—33 所示，单击"立即安装"按钮。

(3) 单击"快速"按钮，如图 1—2—34 所示，利用更新程序开始查找需要更新的系统组件。

(4) 查找到可更新的最新组件，如图 1—2—35 所示，单击"立即下载和安装"按钮。

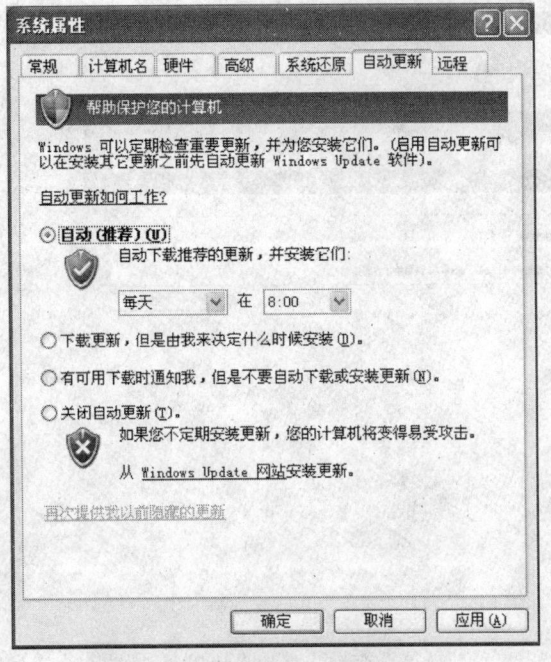 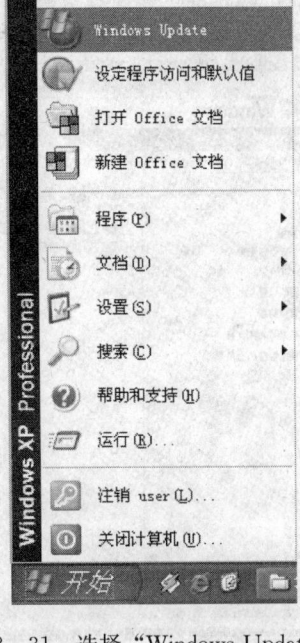

图1—2—30 自动更新　　　　　图1—2—31 选择"Windows Update"命令

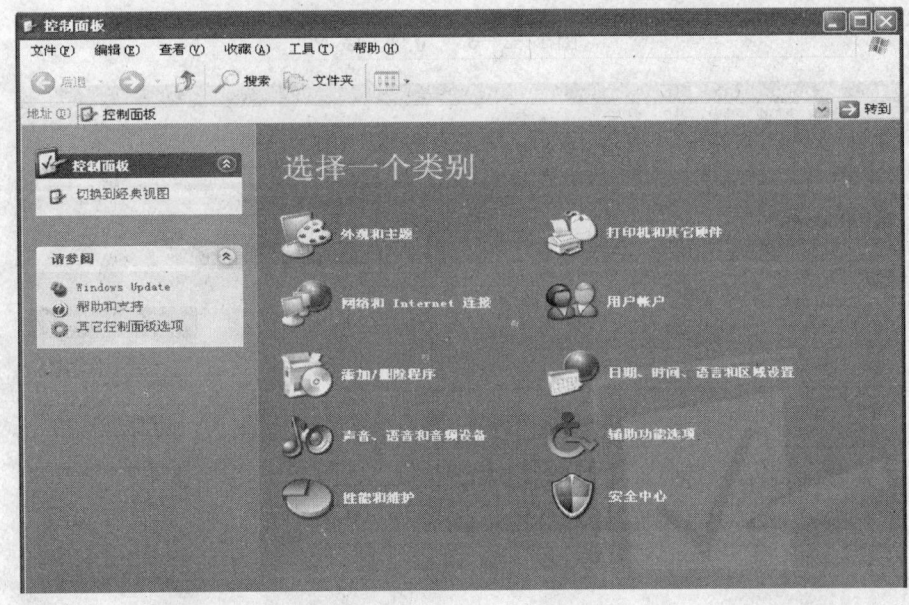

图1—2—32 控制面板

（5）弹出"正在安装更新程序"对话框，提示自动下载并安装更新包，如图1—2—36所示。

（6）安装完毕后出现提示"您已成功更新了计算机"，如图1—2—37所示，单击"现在重启动"按钮，重新启动计算机使更新程序生效。

— 41 —

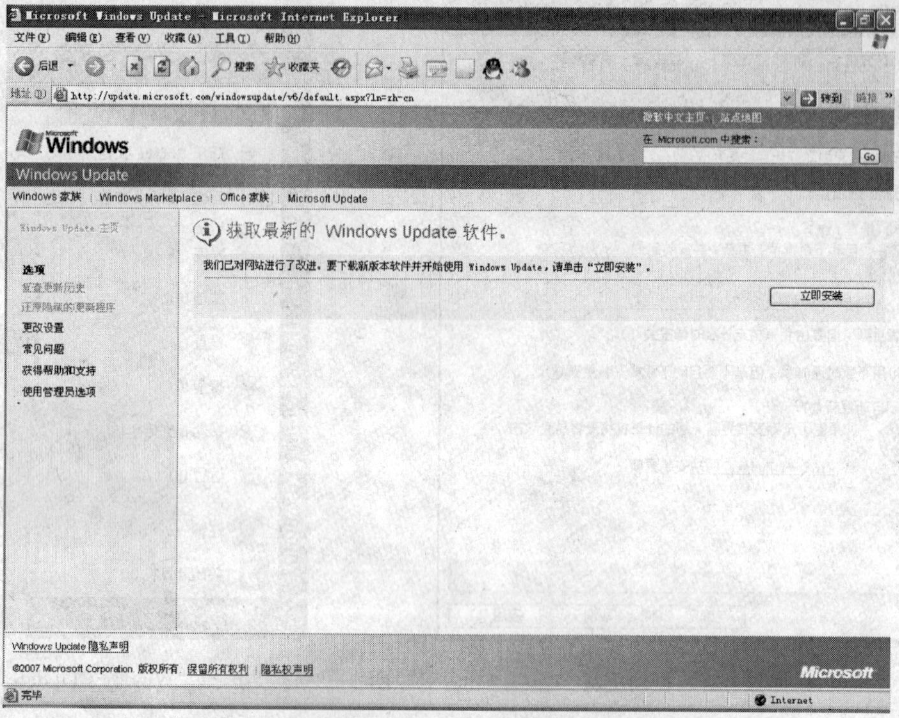

图 1—2—33 立即安装

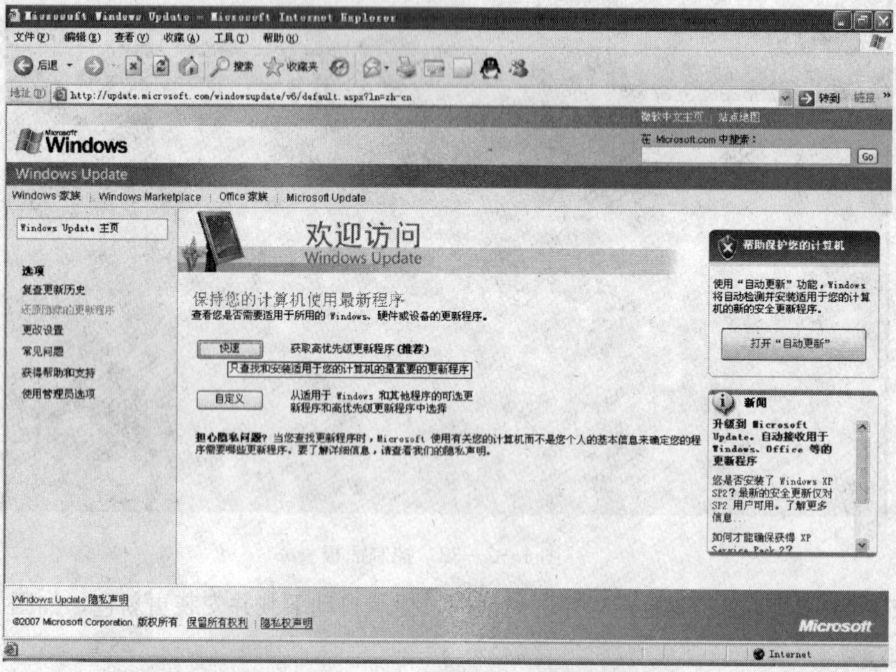

图 1—2—34 高级优先更新程序

微型计算机系统的基本操作

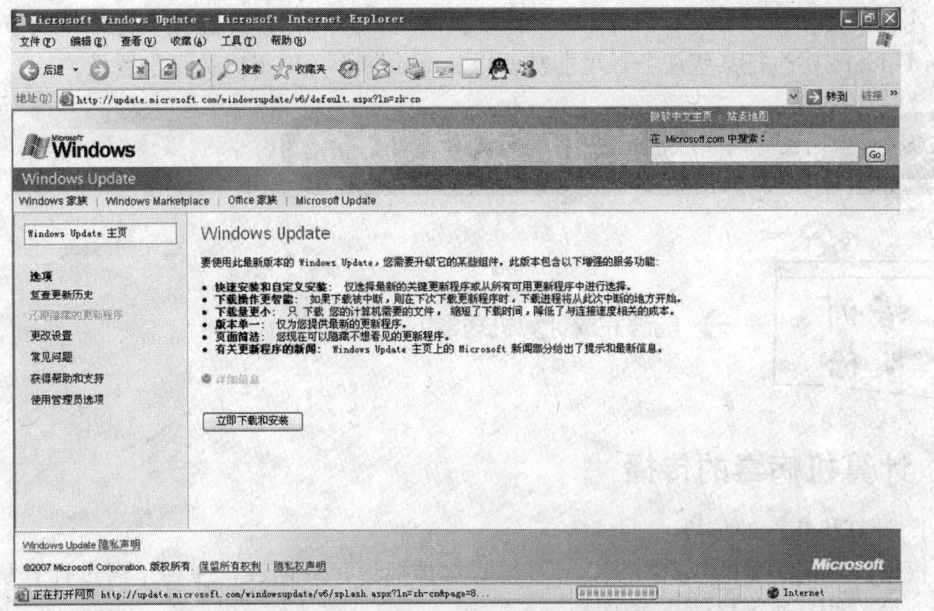

图1—2—35 立即下载和安装需要更新的组件

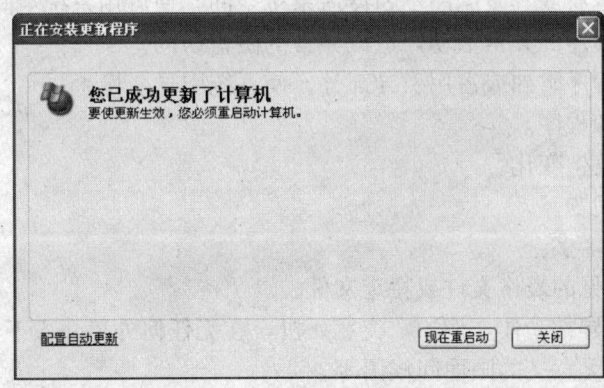

图1—2—36 正在安装更新程序

图1—2—37 系统更新完成

注意，要使用 Windows Update，计算机需要建立 Internet 连接。另外，由于 Windows Update 要执行某些任务，可能需要以 Administrators 组成员身份登录。

第三节　计算机病毒防治

 → 能够完成计算机病毒的检查与防治

一、计算机病毒的传播

1. 计算机病毒的传播

根据计算机病毒的特点分析，计算机病毒传播途径有两种，一种是通过计算机网络传播，另一种是通过移动介质传播。

（1）计算机网络。随着计算机网络的普及，计算机病毒开始通过网络传播作为主攻方向，出现了很多在一夜之间就扩散到全球的恶性病毒。病毒通过网络传播的途径大致有：电子邮件、文件下载、系统漏洞、文件共享、网页等。

（2）移动介质。目前，在不同的计算机之间进行程序和数据的拷贝，主要还是依赖于软盘、U盘、移动硬盘或光盘等，这就为病毒的传播提供了途径，也是病毒传播的最主要途径。

2. 计算机感染病毒的主要症状

（1）由于病毒程序把自己或操作系统的一部分用坏簇隐藏起来，磁盘坏簇莫名其妙地增多。

（2）由于病毒程序附加在可执行程序头尾或插在中间，使可执行程序容量增大。

（3）由于病毒程序把自己的某个特殊标志作为标签，使接触到的磁盘出现特别标签。

（4）由于病毒本身或其复制品不断侵占系统空间，使可用系统空间变小。

（5）由于病毒程序的异常活动，造成异常的磁盘访问。

（6）由于病毒程序附加或占用引导部分，使系统引导变慢。

（7）丢失数据和程序。

（8）中断向量发生变化。

（9）打印出现问题。

（10）死机现象增多。

（11）生成不可见的表格文件或特定文件。

（12）系统出现异常动作，例如，突然死机，在无任何外界介入下，自行启动。

（13）出现一些无意义的画面问候语等。

（14）程序运行出现异常现象或不合理的结果。

（15）磁盘的卷标名发生变化。
（16）系统不认识磁盘或硬盘不能引导系统等。
（17）在系统内装有汉字库且汉字库正常的情况下，不能调用汉字库或不能打印汉字。
（18）在使用写保护的软盘时屏幕上出现软盘写保护的提示。
（19）异常要求用户输入口令。

二、常见的计算机病毒及恶意程序代码

1. Harm（恶意病毒）

恶意病毒也称破坏性程序病毒，其前缀是 Harm。这类病毒的公有特性是本身具有好看的图标来诱惑用户点击，当用户单击这类病毒时，病毒便会直接对计算机产生破坏。如：格式化 C 盘（Harm.formatC.f）、杀手命令（Harm.Command.Killer）等。

2. Joke（恶作剧病毒）

恶作剧病毒也称玩笑病毒，其前缀是 Joke。这类病毒的公有特性是本身具有好看的图标来诱惑用户点击，当用户单击这类病毒时，病毒会做出各种破坏操作来吓唬用户，其实病毒并没有对用户计算机进行任何破坏。如，女鬼（Joke.Girlghost）病毒。

3. Boot（引导型病毒）

引导型病毒是一种在 ROM BIOS 之后，系统引导时出现的病毒，它先于操作系统，依托的环境是 BIOS 中断服务程序。引导型病毒是利用操作系统的引导模块放在某个固定的位置，并且控制权的转交方式是以物理位置为依据，而不是以操作系统引导区的内容为依据，因而病毒占据该物理位置即可获得控制权，而将真正的引导区内容搬家转移或替换，待病毒程序执行后，将控制权交给真正的引导区内容，使得这个带病毒的系统看似正常运转，其实病毒已隐藏在系统中并伺机传染、发作。

引导型病毒按其寄生对象的不同又可分为两类，即 MBR（主引导区）病毒和 BR（引导区）病毒。MBR 病毒也称分区病毒，将病毒寄生在硬盘分区主引导程序所占据的硬盘 0 头 0 柱面第 1 个扇区中，典型的病毒有大麻（Stoned）、2708、INT60 病毒等。BR 病毒是将病毒寄生在硬盘逻辑 0 扇或软盘逻辑 0 扇（即 0 面 0 道第 1 个扇区），典型的病毒有 Brain、小球病毒等。

引导型病毒主要有以下几个特点：

（1）引导型病毒是在安装操作系统之前进入内存，寄生对象又相对固定，因此，该类型病毒基本上不得不采用减少操作系统所掌管的内存容量方法来驻留内存高端。而正常的系统引导过程一般是不减少系统内存的。

（2）引导型病毒需要把病毒传染给软盘，一般是通过修改 INT 13H 的中断向量，而新 INT 13H 中断向量段址必定指向内存高端的病毒程序。

（3）引导型病毒感染硬盘时，必定驻留硬盘的主引导区或引导扇区，且只驻留一次，因此，引导型病毒一般都是在软盘启动过程中把病毒传染给硬盘的。而正常的引导过程一般是不对硬盘主引导区或引导区进行写盘操作的。

（4）引导型病毒的寄生对象相对固定，把当前的系统主引导扇区和引导扇区与干净

的主引导扇区和引导扇区进行比较，如果内容不一致，可认定系统引导区异常。

4. Trojan（特洛伊木马病毒）

木马（Trojan）这个名字来源于古希腊传说，是指通过一段特定的程序（木马程序）来控制另一台计算机。木马程序通常有两个可执行程序：一个是客户端，即控制端；另一个是服务端，即被控制端。木马的设计者为了防止木马被发现，而采用多种手段隐藏木马。木马的服务一旦运行并被控制端连接，其控制端将享有服务端的大部分操作权限，例如，给计算机增加口令，浏览、移动、复制、删除文件，修改注册表，更改计算机配置等。

随着病毒编写技术的发展，木马程序对用户的威胁越来越大，尤其是一些木马程序采用了极其狡猾的手段来隐藏自己，使普通用户很难在中毒后发觉。

5. Backdoor（后门病毒）

后门病毒的前缀是 Backdoor。该类病毒的公有特性是通过网络传播，给系统开后门，给用户计算机带来安全隐患。如，Backdoor.GrayBird/Huigezi（灰鸽子病毒）。

6. Script（脚本病毒）

脚本病毒的前缀是 Script。脚本病毒的公有特性是使用脚本语言编写，通过网页进行传播的病毒，如红色代码（Script.Redlof）。脚本病毒还会有前缀 VBS、JS（表明是何种脚本编写的），如，欢乐时光（VBS.Happytime）、十四日（Js.Fortnight.c.s）等。

7. Worm（蠕虫病毒）

计算机蠕虫是自包含的程序（或是一套程序），它能传播其自身功能的拷贝或某些部分到其他的计算机系统中（通常是经过网络连接）。与病毒不同的是，蠕虫不需要将其自身附着到宿主程序。蠕虫有两种类型，即主计算机蠕虫与网络蠕虫。

主计算机蠕虫完全包含在它们运行的计算机中，并且使用网络的连接仅将其自身拷贝到其他计算机中，主计算机蠕虫在将其自身的拷贝加入到另外的主机后，就会终止其自身（因此在任意给定的时刻，只有一个蠕虫的拷贝运行），这种蠕虫有时也叫"野兔"。

网络蠕虫由许多部分组成。而且每一个部分运行在不同的机器上（可能进行不同的动作），并且使用网络来达到一些通信的目的。从一台机器上繁殖一部分到另一台机器上仅是那些目的的一种。网络蠕虫有一主段，这个主段与其他段的工作相协调匹配，有时叫做"章鱼"。

8. PSW（盗取密码的木马）

这类会记录用户的键盘输入，以盗取用户的 QQ、网络游戏、网上银行等的账号和密码，给用户带来损失。如"刘麻子盗号器变种 ET（Trojan.PSW.Liumazi.et）"病毒。

三、计算机病毒的防治

1. 瑞星杀毒软件深入使用

瑞星杀毒软件 2007 版，首次将商用"虚拟机"技术应用到杀毒引擎中，结合 Startup Scan（抢先杀毒）、未知病毒查杀等技术，对"多重加壳"等恶性顽固病毒的查杀能力实现重大突破。

(1) 安装瑞星杀毒软件。运行瑞星杀毒软件安装程序，进入安装界面，安装过程要求正确输入产品序列号和用户 ID，同时在安装主程序之前会先进行内存病毒扫描。内存病毒扫描可以发现并清除用户当前系统内存中的病毒，确保在一个无毒安全的系统中安装杀毒软件。

在安装完毕后会出现安装向导，可以设置手动扫描、定制任务设置、瑞星控制中心设置以及定时升级等基本选项。

(2) 添加删除、修复和卸载瑞星杀毒软件。选择【开始】—【程序】—【瑞星杀毒软件】—【添加删除组件】，弹出【瑞星软件维护模式选项】窗口，如图 1—3—1 所示。

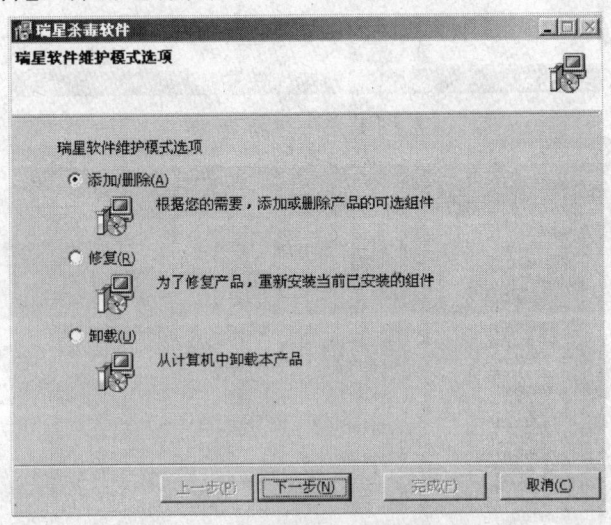

图 1—3—1　瑞星软件维护模式选项

添加/删除：可根据需要添加或删除瑞星杀毒软件的组件。

修复：进行修复安装，检查已安装的瑞星杀毒软件的完整性，并修复存在的问题。

卸载：卸载瑞星杀毒软件。

(3) 使用瑞星杀毒软件

1) 启动瑞星杀毒软件。选择【开始】—【程序】—【瑞星杀毒软件】—【瑞星杀毒软件】，启动瑞星杀毒软件主程序。

2) 手动查杀病毒。确定要扫描的文件夹或其他目标，在"查杀目标"中被勾选的选项即是当前选定的查杀目标，单击"杀毒"按钮，则开始扫描相应目标，如图 1—3—2 所示，发现病毒立即清除。扫描结束后结果将自动保存到杀毒软件工作目录的指定文件中，可通过"历史记录"查看以往的扫描结果。

3) 定时查杀病毒。在设定的时间让瑞星杀毒软件自动启动，对预先设置的扫描目标进行病毒扫描。在主程序界面中，选择【设置】—【详细设置】—【定制任务】—【定时扫描】，进行定制任务，如设置扫描频率、扫描时刻和扫描内容设定等，如图 1—3—3 所示。

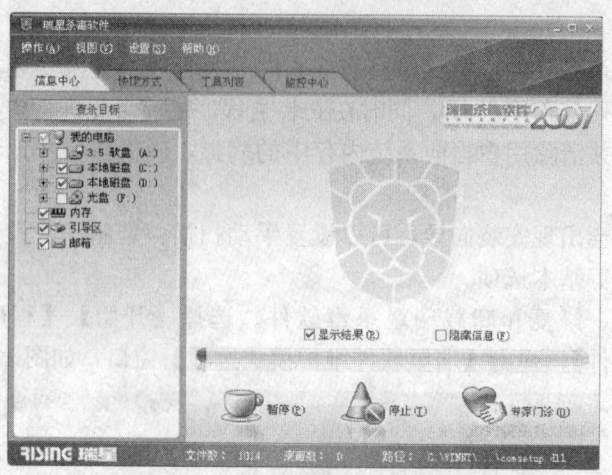

图1—3—2 杀毒

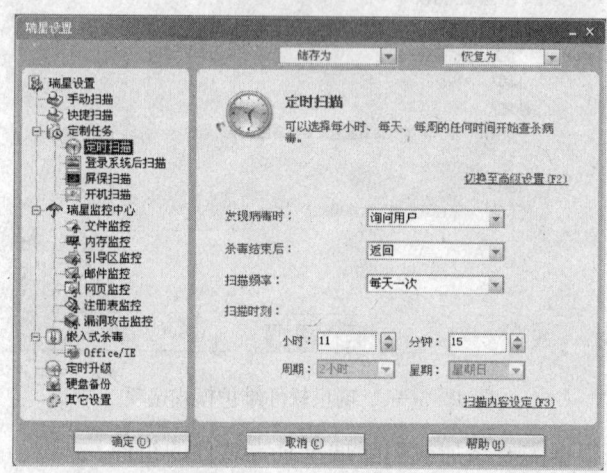

图1—3—3 瑞星设置

（4）使用瑞星监控中心。瑞星监控中心包括文件监控、内存监控、邮件监控、网页监控、引导区监控、注册表监控和漏洞攻击监控，可以选择【禁用】或【开启】，如图1—3—4所示，监控启用后可全面保护计算机不受病毒侵害。

（5）使用病毒隔离系统。选择【开始】—【程序】—【瑞星杀毒软件】—【病毒隔离系统】，如图1—3—5所示。隔离系统保存着染毒文件的备份，可删除或恢复已隔离的文件。

（6）启用瑞星工具

1）嵌入式查杀设置。选择【开始】—【程序】—【瑞星杀毒软件】—【瑞星工具】—【嵌入式查杀设置】，在支持软件的列表中，列出了已经安装的软件，如即时通信软件、压缩工具和下载工具，选中这些软件后，则当这些软件在接收文件后会自动调用瑞星杀毒软件扫描病毒。

2）瑞星U盘杀毒工具。选择【开始】—【程序】—【瑞星杀毒软件】—【瑞星工具】—【瑞星U盘杀毒工具】，单击"下一步"按钮开始制作U盘杀毒工具，按照提示选择U盘后，单击"下一步"按钮开始复制病毒库。制作完成后，它能配合瑞星杀毒2007版

微型计算机系统的基本操作

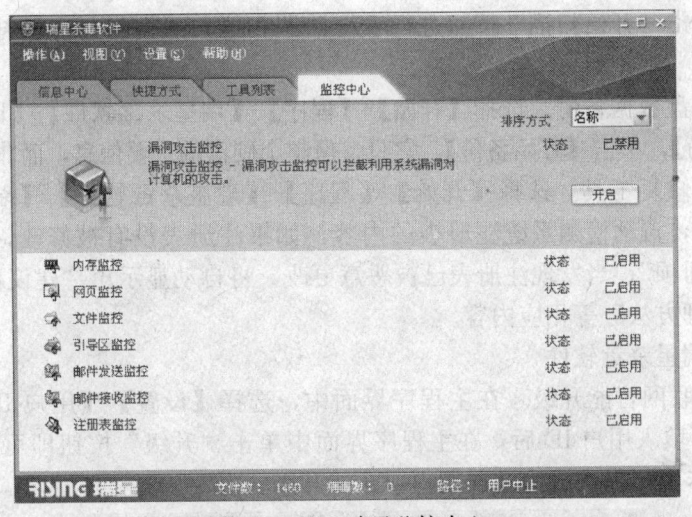

图1—3—4 瑞星监控中心

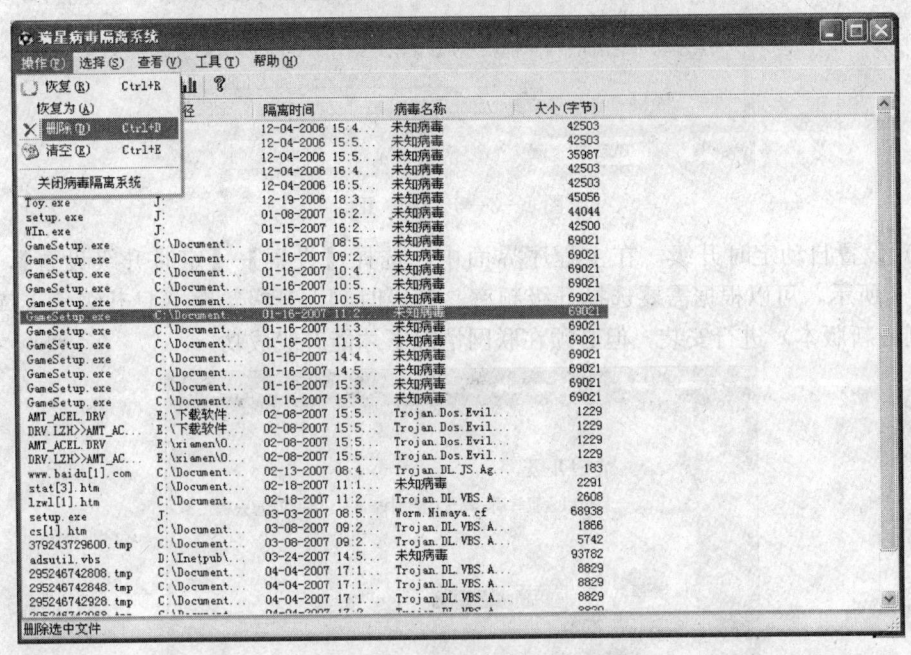

图1—3—5 瑞星病毒隔离系统

光盘启动系统，进入 Linux 状态下的杀毒界面，进行杀毒操作或恢复硬盘数据。

3）瑞星安装包制作程序。选择【开始】—【程序】—【瑞星杀毒软件】—【瑞星工具】—【瑞星安装包制作程序】，选择保存路径后，单击"下一步"按钮开始复制文件，完成后，可使用它安装瑞星杀毒软件，省去安装旧版本再升级到当前版本的过程。

4）瑞星快捷查杀。选择【开始】—【程序】—【瑞星杀毒软件】—【瑞星工具】—【瑞星快捷查杀】，选择准备创建快捷方式的文件夹，单击"下一步"按钮，输入快捷方式的名称、描述信息，选择级别、图标，可选择"生成桌面快捷方式"，单击"完成"按钮。

5）瑞星漏洞扫描。选择【开始】—【程序】—【瑞星杀毒软件】—【瑞星工具】—【瑞星漏洞扫描】，单击"开始扫描"按钮进行系统漏洞扫描，并提供相应的补丁下载和安全设置缺陷修补。

6) 瑞星硬盘数据备份。选择【开始】—【程序】—【瑞星杀毒软件】—【瑞星工具】—【瑞星硬盘数据备份】，单击【开始备份】，它只备份整个硬盘的重要信息，而非所有信息。

7) 注册表修复工具。选择【开始】—【程序】—【瑞星杀毒软件】—【瑞星工具】—【注册表修复工具】，自动检测系统注册表的内容，如果注册表没有被修改，将出现"未发现被修改的注册项"；当发现注册表已被恶意更改，将自动显示出"建议修改项""默认修复"和"处理方法"等相应内容。

(7) 升级瑞星杀毒软件

1) 通过互联网智能升级。在主程序界面中，选择【设置】—【用户 ID 设置】，如图 1—3—6 所示，填入用户 ID 后，在主程序界面中单击"升级"按钮即可升级。用户 ID 贴在用户身份卡上，只有成为注册用户，才能升级。

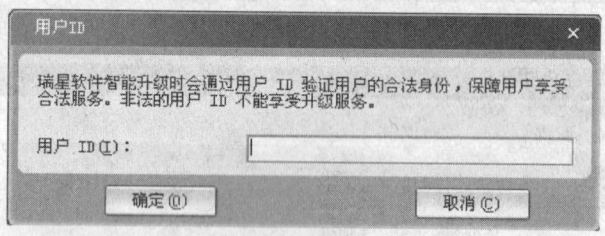

图 1—3—6　用户 ID

2) 设置自动定时升级。在主程序界面中，选择【设置】—【定时升级设置】，如图 1—3—7 所示，可以根据需要选择升级频率、升级时刻、升级策略（只升级病毒库和自动检测最新版本）进行安装，但必须在联网情况下才能升级成功。

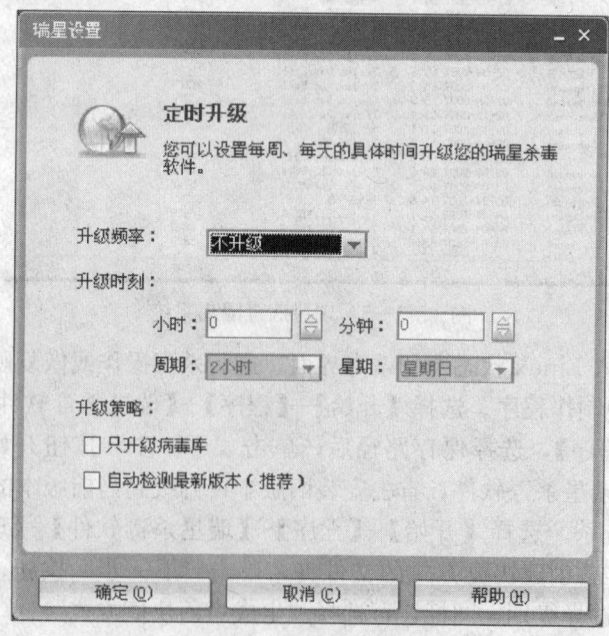

图 1—3—7　设置定时升级

3）登录瑞星网站升级。登录瑞星网站，使用产品序列号和用户 ID 进入产品升级更新服务页面。在升级程序下载栏目中单击升级程序文件的下载按钮，并保存到当前计算机的硬盘上，下载结束后，直接运行该升级程序，根据提示即可完成瑞星杀毒软件的升级。

2. Kaspersky 杀毒软件深入使用

卡巴斯基互联网安全套装 6.0 个人版是为计算机提供信息安全保障的组合解决方案，可以使计算机免受病毒、黑客攻击、垃圾邮件及间谍软件等各种网络威胁。卡巴斯基互联网安全套装 6.0 个人版结合了所有卡巴斯基实验室的最新技术，针对恶意代码、网络攻击以及垃圾邮件进行防护。所有的程序组件可以无缝结合，从而避免了不必要的系统冲突，确保系统的高效运行。

（1）安装。可以在卡巴斯基的官方网站中下载卡巴斯基互联网安全套装 6.0 个人版，免费试用一个月。

1）当把卡巴斯基互联网安全套装 6.0 个人版下载安装程序保存到计算机中的指定目录后，找到该目录，双击运行安装程序，显示如图 1—3—8 所示的"安装向导"对话框。

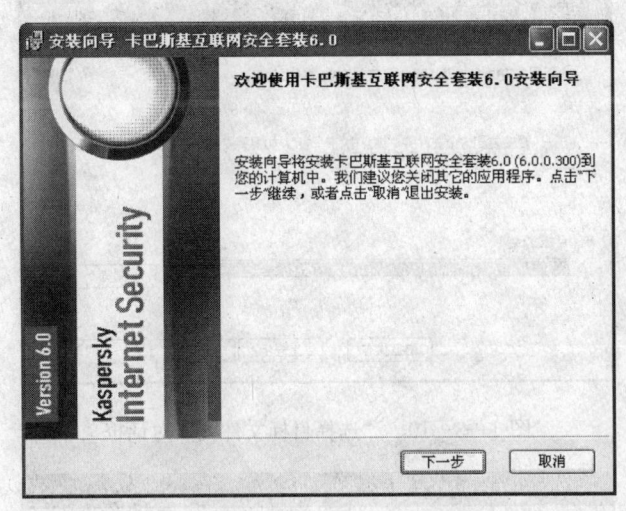

图 1—3—8 "安装向导"对话框

2）单击"下一步"按钮，弹出如图 1—3—9 所示的"最终用户授权协议"对话框。

3）选中"我接受许可协议条款"选项，再单击"下一步"按钮，弹出如图 1—3—10 所示的"选择目标文件夹"对话框。

4）选择安装在默认的目标文件夹，或单击"浏览"按钮，选择指定的目标文件夹，单击"下一步"按钮，弹出如图 1—3—11 所示的"选择安装类型"对话框。

5）单击"完整"按钮，以获得该软件的所有功能，弹出如图 1—3—12 所示的"Windows 防火墙"对话框。

6）选择"关闭 Windows 防火墙"单选按钮，单击"下一步"按钮，弹出如图 1—3—13 所示的"准备安装"对话框。

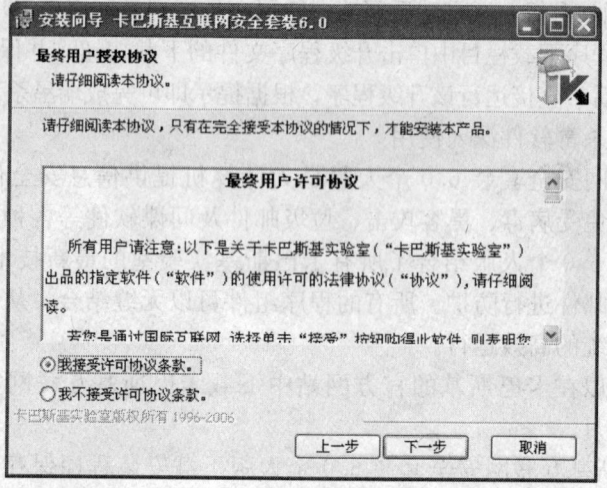

图 1—3—9 "最终用户授权协议"对话框

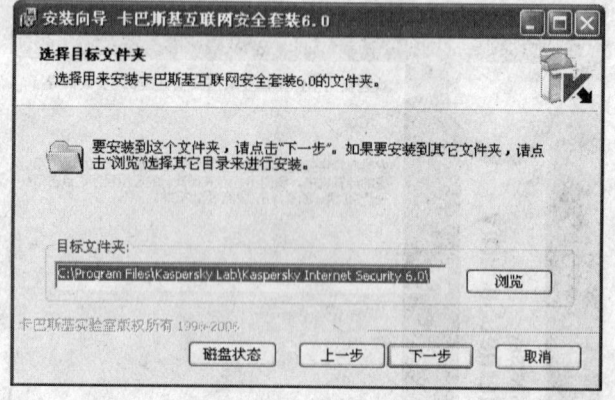

图 1—3—10 "选择目标文件夹"对话框

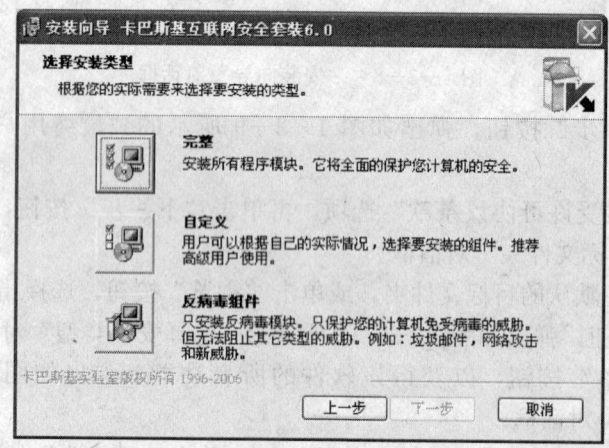

图 1—3—11 "选择安装类型"对话框

微型计算机系统的基本操作

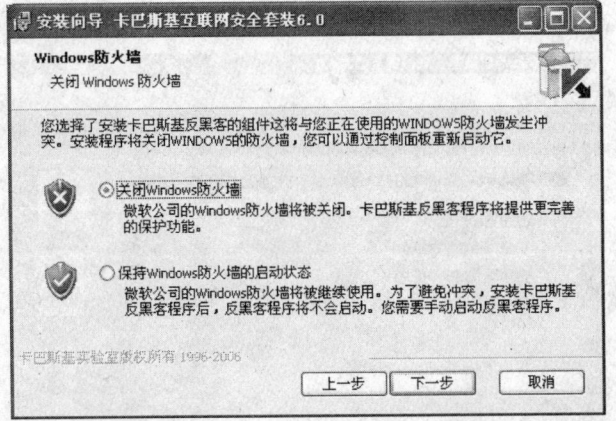

图 1—3—12 "Windows 防火墙"对话框

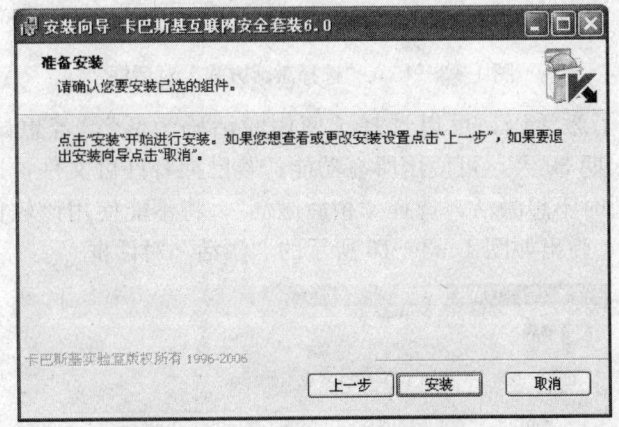

图 1—3—13 "准备安装"对话框

7) 单击"安装"按钮,开始安装卡巴斯基互联网安全套装 6.0 个人版,安装结束后,出现如图 1—3—14 所示的"安装完成"对话框。

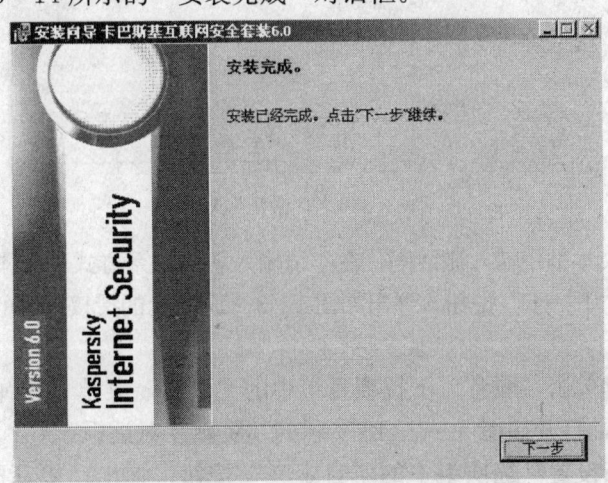

图 1—3—14 "安装完成"对话框

计算机操作员（中级）

8）单击"下一步"按钮，弹出如图1—3—15所示的"选择激活方式"对话框。

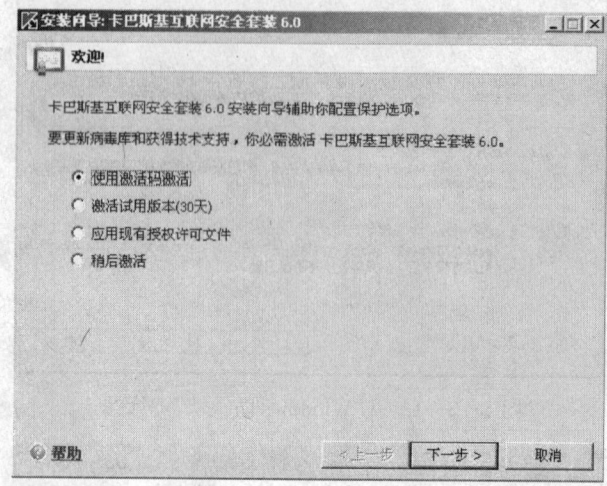

图1—3—15　"选择激活方式"对话框

如果已经购买了激活码，可以选择"使用激活码激活"；若想试用该产品，选择"激活试用版本"限期30天，可使用所有功能；若已拥有许可文件，选择"应用现有授权许可文件"；若暂时不想激活，选择"稍后激活"，将不能使用该软件的所有功能。单击"下一步"按钮，弹出如图1—3—16所示的"激活"对话框。

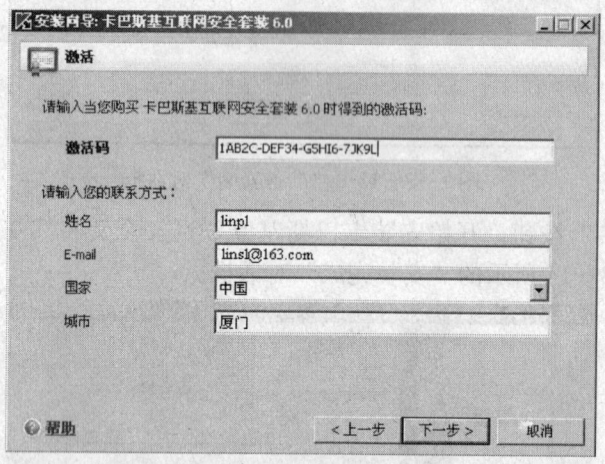

图1—3—16　"激活"对话框

在"激活码"文本框中输入激活码，在"请输入您的联系方式"文本框组中，输入个人的联系方式，单击"下一步"按钮，弹出如图1—3—17所示的授权许可的文字信息。

（2）设置

1）用鼠标右键单击"服务"下拉项目组中的"更新"菜单，在弹出的快捷菜单中，选择"设置"命令，打开如图1—3—18所示的"更新"对话框。

2）单击"更新设置"选项组中的"自定义"按钮，弹出"更新配置"对话框，选择"更新服务器"选项卡，如图1—3—19所示。

微型计算机系统的基本操作

图 1—3—17　"完成激活"对话框

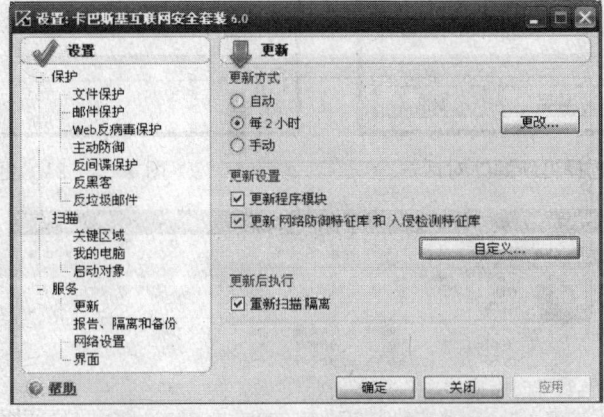

图 1—3—18　"更新"对话框

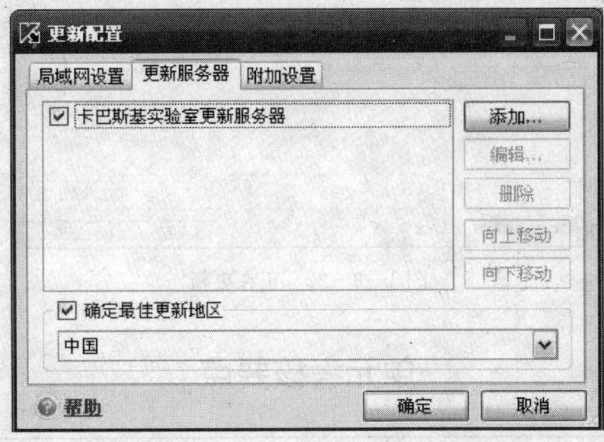

图 1—3—19　"更新配置"对话框

3）单击"添加"按钮，弹出"选择更新源"对话框，选择本地更新文件，单击"正在从文件夹或 ZIP 文档中更新"单选框，如图 1—3—20 所示。

4）单击"确定"按钮，返回"选择更新源"对话框的"更新服务器"标签中，去掉"卡巴斯基实验室更新服务器"前面的对勾，如图 1—3—21 所示。

5）单击"确定"按钮，开始升级，更新病毒库，如图 1—3—22 所示。

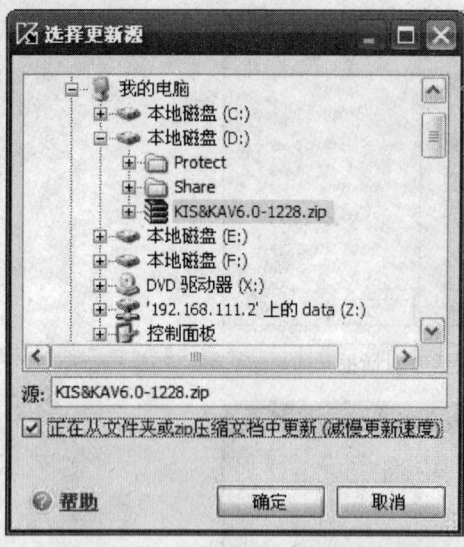
图1—3—20 "选择更新源"对话框

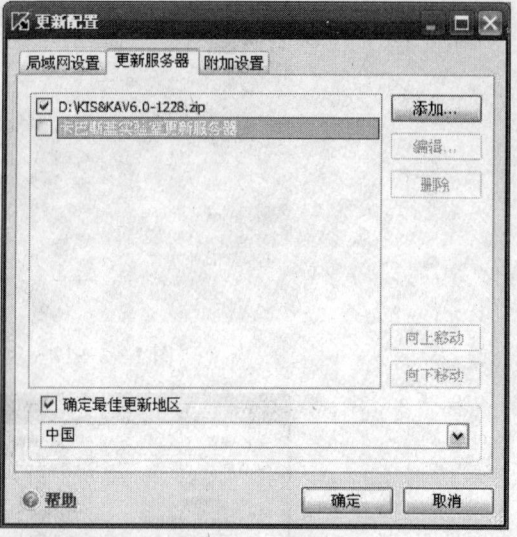
图1—3—21 更新操作

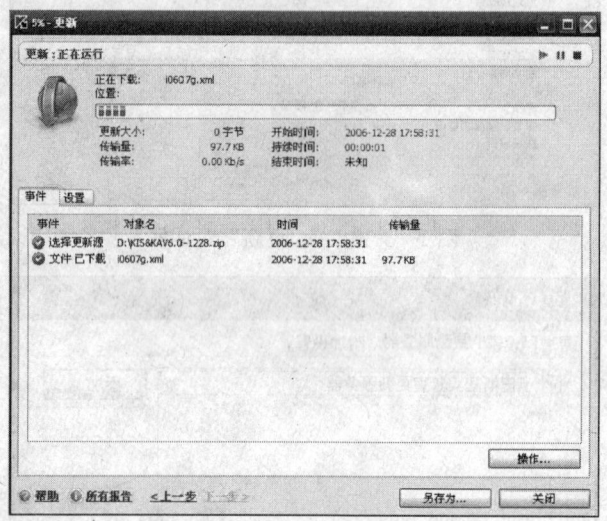
图1—3—22 正在更新

单元考核要点

考核类型	考核范围	考 核 点	重要程度
理论知识	微型计算机使用操作	微型计算机的硬件组成	★★
		微型计算机及外围设备的连接	★★
		文件维护的方法	★★★
		文件压缩和解压	★★★
		打印机设置	★★

续表

考核类型	考核范围	考核点	重要程度
理论知识	软件安装	安装与卸载程序	★★
		应用软件安装方法	★★
		Windows 升级与补丁的方法	★★
	计算机病毒防治	计算机病毒的传播途径	★★★
		常见的计算机病毒	★★
		判断计算机病毒的方法	★★★
		计算机病毒的防范措施	★★
操作技能	微型计算机使用操作	微型计算机的硬件连接	★★
		微型计算机与外围设备的连接	★★
		文件维护的操作	★★★
		文件压缩和解压操作	★★★
		打印机面板的使用	★★
	软件安装	安装与卸载 Windows 组件	★★
		安装常见的应用软件	★★
		对 Windows 进行升级与补丁	★★
	计算机病毒防治	对瑞星杀毒软件进行设置与升级	★★★
		对 Kaspersky 杀毒软件进行设置与升级	★★★

单元测试题

一、单项选择题（下列每题的选项中，只有 1 个是正确的，请将其代号填在横线空白处）

1. 微机在通电情况下，允许插拔的接口是_____。
   A. 并行接口　　　B. USB 接口　　　C. 串行接口　　　D. 键盘接口
2. 对话框外形和窗口差不多，_____。
   A. 也有菜单栏　　　　　　　　　　B. 也有标题栏
   C. 也允许用户改变其大小　　　　　D. 也有最大化、最小化按钮
3. 在 Windows 中，能弹出对话框的操作是_____。
   A. 选择了带省略号的菜单项
   B. 选择了带向右三角形箭头的菜单项
   C. 选择了颜色变灰的菜单项
   D. 运行了应用程序
4. 文件是计算机中存储信息的基本单位，下列对文件的正确说法是_____。
   A. 文件名可以使用任何字符命名
   B. 文件名不能使用汉字

C. 文件名的主文件名和扩展名两者必须都有

D. 文件名必须有主文件名,而扩展名则可有可无

5. 如果给出的文件名是 *.*,其含义是_____。
   A. 硬盘上的全部文件　　　　　　B. 当前盘当前目录中的全部文件
   C. 当前驱动器上的全部文件　　　D. 根目录中的全部文件

6. USB 接口的打印机属于_____。
   A. 软件设备　　　　　　　　　　B. "热拔插"设备
   C. 输入设备　　　　　　　　　　D. 以上都不是

7. 下列关于打印机的叙述,不正确的是_____。
   A. 打印机有两条线,一条是电源线,另一条是信号线
   B. 并行打印机的信号线连接/拔出不必关闭系统
   C. USB 接口打印机的信号线连接/拔出不必关闭系统
   D. 安装打印机,就是为打印机安装驱动程序

8. 计算机病毒的危害性表现在_____。
   A. 能造成计算机器件永久性失效
   B. 影响程序的执行,破坏用户数据与程序
   C. 不影响计算机的运行速度
   D. 不影响计算机的运算结果,不必采取措施

9. 计算机病毒是一段程序,以下_____不是病毒的特征。
   A. 破坏性　　　B. 传播性　　　C. 无规律性　　　D. 潜伏性

10. 单个微机之间"病毒传染"媒介是_____。
    A. 键盘输入　　B. 硬盘　　　　C. 移动介质　　　D. 电磁波

11. 目前使用的防杀病毒软件的作用是_____。
    A. 检查计算机是否感染病毒,消除已感染的任何病毒
    B. 杜绝病毒对计算机的侵害
    C. 检查计算机是否感染病毒,消除部分已感染的病毒
    D. 查出已感染的任何病毒,消除部分已感染的病毒

12. 防火墙_____。
    A. 是在网络服务器所在机房中建立的一栋用于防火的墙
    B. 用于限制外界对某特定范围内网络的登录与访问
    C. 不限制其保护范围内主机对外界的访问与登录
    D. 可以通过在域名服务器中设置参数实现

13. 计算机病毒的破坏性体现在_____。
    A. 占用系统资源　　　　　　　　B. 降低了计算机的工作效率
    C. 破坏了计算机中的数据　　　　D. 其他答案都对

二、技能题

1. 关闭电源,进行主机与显示器、键盘、鼠标、打印机的连接。
2. 设置任务栏的属性为"自动隐藏",启用"分组相似任务栏按钮"功能,并将任

务栏置于桌面的顶部。

3. 将 Windows XP 的"开始"菜单设置为"经典模式",并更换桌面墙纸为"平铺"格式。

4. 在本地计算机上,手动安装一台打印机,并安装与其适应的驱动程序。

5. 使用瑞星或诺顿杀毒软件对所使用的计算机进行查杀操作。

单元测试题答案

一、单项选择题

1. B   2. B   3. A   4. D   5. B   6. B   7. B   8. B   9. C
10. C   11. D   12. B   13. D

二、技能题(略)

第 2 单元

文字信息处理

- 第一节　文字输入/63
- 第二节　版面编排/70
- 第三节　数学公式编辑/85
- 第四节　制作表格/89
- 第五节　表格数据处理/101

进行文字信息处理，必须掌握一种汉字输入方法，例如全拼输入法、智能 ABC 输入法或五笔字型输入法。在输入汉字的过程中，还应掌握汉字输入工具栏的使用，能进行词组输入、手工造词以及安装汉字输入法。

文字信息处理技能包括字符与段落的格式化、分栏排版、页眉和页脚的设置、艺术字、文本框及图文混排等，掌握这些编辑技能，能完成较复杂版面的编排。还应掌握公式的建立及表格的制作与编辑方法。

在日常的工作中，经常会处理一些数据，就需要掌握电子表格的制作。主要包括建立工作簿和工作表、编辑和格式化工作表、建立公式、利用函数计算数据、建立数据分析图表等操作。

文字信息处理

第一节　文字输入

 ➡ 能够快速、准确地完成汉字输入

文字录入是熟练掌握计算机操作的基本技能，对于专门从事文字处理的人员，在标准时间内不仅要达到一定的录入数量，而且还要保证录入质量，国家职业标准对文字录入有明确的技术等级标准。其中规定：

➢ 在标准时间（1 h）内，根据指定文稿，初级技术等级要求使用键盘输入 2 400～3 000 个汉字和符号，误码率不高于 4‰；中级技术等级要求使用键盘输入 4 200～4 800 个汉字和符号，误码率不高于 3‰；

➢ 文稿应为印刷体，其中科技、文艺、社科、新闻方面的内容应各占 25%。

一、汉字录入

Windows XP 中文版提供常用的输入法，包括：全拼输入法、双拼输入法、智能ABC 输入法、区位输入法等。

启动汉字输入法后，在屏幕底部会出现输入法提示条，如图 2—1—1 所示。提示条中会显示出输入法的名称，其内容是目前已安装的汉字输入方法，如"标准""拼音"或"郑码"等。

单元 2

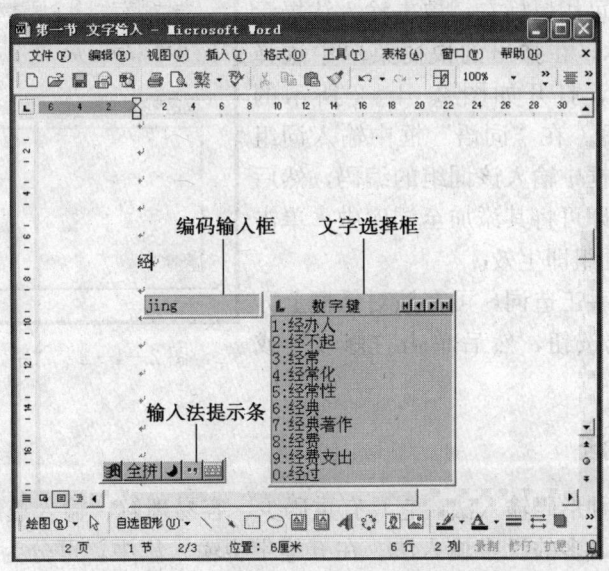

图 2—1—1　汉字输入状态的提示信息

当将鼠标指针移至提示条边界时，指针将变为花十字，此时拖动鼠标即可移动提示条的位置。

例如，要输入"经常"两个字，可先输入拼音"jing"，系统打开编码输入框和文字选择框。按数字键 5（"经"字的序号）或直接单击"经"字，均可输入"经"字。由于 Windows XP 的拼音输入法带有联想功能（或称为字词功能），因此，与"经"字有关的词组都将被显示出来，按数字键 3 或单击"常"字均可继续输入"常"字。

要移动编码框位置，可将鼠标指针移至该框，此时鼠标指针变为花十字，然后拖动鼠标。要移动文字选择框的位置，可将鼠标指针移至该框的标题处，此时鼠标指针也呈花十字形状，然后拖动鼠标即可。

1. 同码字续选

同码字续选是指，在采用拼音方法输入汉字时，可以用翻页进行选择与该汉字相关的其他汉字。例如，当输入"dang"后，文字选择框中除了有所需的"档"字外，还有"当""党""挡"等字。假设要输入"裆"，则可以利用续选功能来实现。

在 Windows XP 中，可通过两种方法进行续选：一种是单击文字选择框中的选择按钮；另一种是通过按"－"键或"＋"键来进行前翻页或后翻页。

利用同码字的续选功能，可以在拼音输入法的重码字中选择相关的汉字。

2. 词组输入

在用拼音输入法输入汉字词组时，可直接输入该词组的编码。例如，要输入"事实"，可直接键入"shishi"，按"1"键或单击该词，即可一次输入"事实"二字。

3. 手工造词

如果经常要用到某些词组，而该词组并未在词库中，则可通过手工造词将其加入到词库中。要进行手工造词，可用鼠标右键单击输入法提示条中的输入法名称，在弹出的快捷菜单中选择"手工造词"命令，打开如图 2—1—2 所示的"手工造词"对话框。在"词语"框中输入词组内容，在"外码"框中输入该词组的编码，然后单击"添加"按钮即可将其添加至词库中。单击"关闭"按钮，该词组即生效。

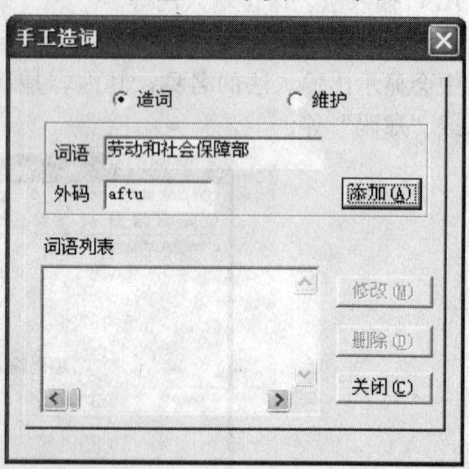

图 2—1—2　"手工造词"对话框

要修改或删除手工造词，可在该对话框上方选择"维护"单选按钮，然后单击"修改"或"删除"按钮。

二、中文输入法

五笔字型是一种形码输入法，它具有重码少、容易理解、输入速度快、字词兼容等优点，是目前使用最多的汉字输入法。在五笔字型输入法中，可分为 86 版（1986 年正式发布）和 98 版（1998 年发布），虽然两者的原理和大部分输入方法类似，但由于基本字根有些不同，所以无法完全兼容，目前大部分使用的是 86 版，以及二次开发的五笔字型输入法，如极点五笔、陈桥五笔等。

1. 五笔字型输入法

(1) 五笔字型基础

1) 字根。五笔字型认为，单字由字根构成。字根由横、竖、撇、捺、折等五种基本笔画、一些偏旁部首和一些特殊的构件组成，五笔字型的字根共有125种。把125种字根分布在键盘上，就构成了字根键盘。将一个汉字拆成不超过四个字根，字根所在键的英文字母就是该汉字的五笔字型输入码。

2) 五种笔画。字根是由笔画构成的，而笔画是指不间断地一次连续写成的一个线条。根据笔画的运行方向，可将汉字笔画分为横、竖、撇、捺、折五种。见表2—1—1，依次用代号1、2、3、4、5表示。

表2—1—1　　　　　　　　汉字的五种笔画

代号	笔画名称	笔画走向	笔画及其变形	说　明
1	横	左→右	一	提笔均视为横
2	竖	上→下	丨	左竖钩视为竖
3	撇	右上→左下	丿	
4	捺	左上→右下	丶	点均视为捺
5	折	带转折	乙乚レ	带折的编码均为5，左竖钩除外

3) 三种字型。汉字的三种字型结构见表2—1—2。

表2—1—2　　　　　　　　汉字的三种字型结构

字型结构	说　明	实例
左右型(1)	两个部分分列在左右，其间有一定的距离	好、灿、拓、肋、漆、熠、膛
	整字的三个部分从左到右并列，或者单独占一边的部分与另外两个部分呈左右排列	湖、维、渐、浙、湘
上下型(2)	两个部分分列上下，其间有一定的距离	要、字、军、苦、公、炎、呆、男
	三合字中，三个部分上下排列，或者单独占一层的部分与另外两部分呈上下排列	花、莫、想、众、森、晶、品
杂合型(3)	杂合型汉字是指组成整字的各部分之间没有简单明确的左右型或上下型关系	团、国、同、这、连、边、园、屋、本、子、开、成、世、我、太

(2) 键盘键位与字根总表。在五笔字型输入法中，汉字输入是通过字根输入的组合来完成的，因此，熟悉字根总表和字根的键盘键位是非常重要的。

1) 字根键盘布局。五笔字型是将125种基本字根分布在键盘上除Z键以外的25个字母键上，形成"字根键盘"。把25个字母分成5个区，每区5个键位，命名区号和位号（区号在前，位号在后），如图2—1—3所示。

2) 字根总表。将键名、同位字根合在一起分别对应一个英文字母键，就形成了一

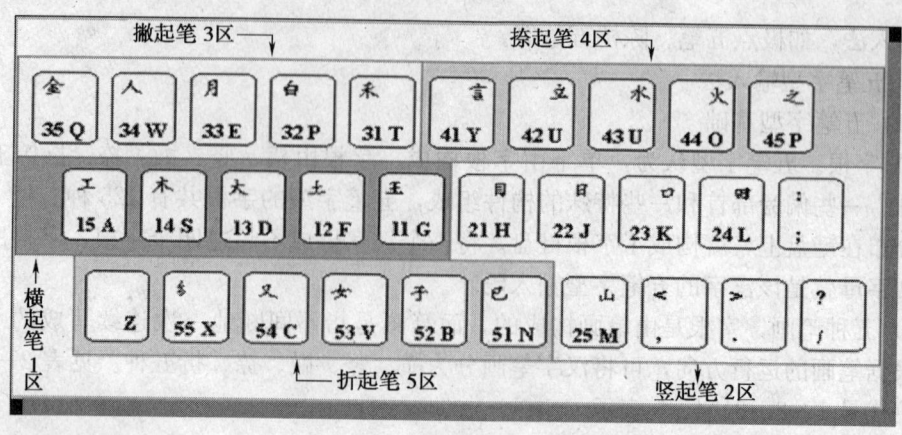

图 2—1—3 字根键盘

张五笔字型字根总表。五笔字型方案的键位排列，既考虑了各个键位的使用频率和键盘指法，又做到了使字根代号从键盘中央向两侧依大小顺序排列。这样做的好处是键位便于掌握，代号好学好记，有利于提高汉字录入效率，86版五笔字型的键盘字根总图如图2—1—4所示。

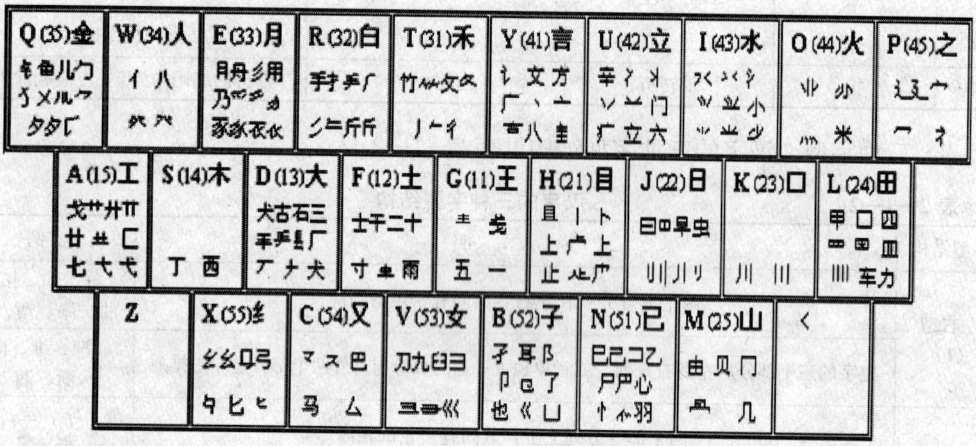

图 2—1—4　86版五笔字型键盘字根总图

（3）编码规则。五笔字型中将汉字编码规则分为键面上有的汉字与键面上没有的汉字两大类。键面上有的汉字包括：键名字根和成字字根。5种基本笔画中"一"和"乙"有汉字意义，故也属键盘有的汉字。对于词汇的编码采用了较好的原则，使字的编码和词汇的编码占用了完全不同的编码区域，使它们几乎不产生冲突。

1）键面字的输入。键面字分为键名、成字根和单笔画三种类型。

①键名汉字的输入。五笔字型的字根都分布在键盘的25个键位，每一个键位上都有一个键名汉字，键名汉字在每一个字母键所对应的汉字中排在第一位，如图2—1—5所示。

输入方法：在键名所在键上连击4次即可输入，25个键名都用此法输入。例如：

　　白：R R R R
　　水：I I I I
　　口：K K K K

Q 金	W 人	E 月	R 白	T 禾	Y 言	U 立	I 水	O 火	P 之
	A 工	S 木	D 大	F 土	G 王	H 目	J 日	K 口	L 田
		Z	X 纟	C 又	V 女	B 子	N 已	M 山	

图 2—1—5　键名的排列

②成字根的编码规则。本身就是一个独立的汉字的字根被称为"成字字根"，简称"成字根"。

输入方式：键名码（报户口）＋首笔代码＋次笔代码＋末笔代码（不足 4 键时，输入空格键）。例如：

	报户口	第一单笔	第二单笔	末笔	
六：	六	、	一	、	
	42	41	11	41	（UYGY）
用：	用	ノ	乙	｜	
	33	31	51	21	（ETNH）
贝：	贝	｜	乙	、	
	25	21	51	41	（MHNY）
丁：	丁	一	｜	空格	
	14	11	21		（SGH）

③五种单笔画的输入。在国家标准中，"一、｜、ノ、、、乙"五种单笔都是作为汉字来处理的，因此，也属于成字根。在输入时人为规定在其正常码的后边加两个"L"作为 5 个单笔画的编码。例如：

一：GGLL　　｜：TTLL　　ノ：TTLL　　、：YYLL　　乙：NNLL

2）键外字的输入。键外字就是无法直接用键面字符表示的汉字，它在所有汉字中占绝大部分。在五笔字型中，键外字都可以认为是由字根总表的字根拼合而成的，故称之为"合体字"。

①键外字的拆分原则。在五笔字型输入法中，一个汉字应被如何拆分为字根，是有一定规则的。不同结构的汉字，其拆分原则也不相同。五笔字型的拆分原则归纳起来有以下几点：

书写顺序：拆分汉字时，一定要按照正确的书写顺序进行，先写的先拆，后写的后拆。

取大优先："取大优先"也叫"优先取大"。它有两层意思：一是拆分汉字时，拆分出的字根数应最少；二是当有多种拆分方法时，应取前面字根大（笔画多）的那种拆分方法。也就是说每次拆分的字根尽可能是最大的，即"能大则不小"。

兼顾直观：在拆分汉字时，为了照顾汉字字根的完整性，有时不得不暂且牺牲一下"书写顺序"和"取大优先"的原则，形成个别例外的情况。

能散不连：如果一个汉字能够拆成"散"的结构形式的话，就不要将它拆成"连"的形式。但有时候，汉字的几个字根之间的关系在"散"和"连"之间，很难确定，遇到这种情况时，处理的原则为"只要不是单笔画，则均按'散'关系"处理。

能连不交：如果某个字既可以按相连的关系取码，又可以按相交的关系取码时，则应以相连的关系优先。

②键外字的输入。将键外字拆分为多个字根后，就可以根据这些拆分的字根键位得到输入码。根据拆分的字根数量，可分为以下几种取码规则：

a. 多字根的取码规则。所谓"多字根"，是指按照规定拆分之后，字根总数多于4个的字。取码方式：编码＝字根码1＋字根码2＋字根码3＋末笔字根码4。例如：

德： 彳 十 皿 心
　　 31　12　24　51　（TFLN）

懋： 立 早 夂 心
　　 42　22　31　51　（UJTN）

b. "四字根"的取码规则。"四字根"是指刚好由4个字根构成的字，其取码方法是依照书写顺序取4个字根。取码方式：编码＝字根码1＋字根码2＋字根码3＋字根码4。例如：

副： 一 口 田 刂
　　 11　23　24　22　（GKLJ）

给： 纟 人 一 口
　　 55　34　11　23　（XWGK）

c. 不足4个字根的取码规则。当一个字拆不够4个字根时，它的输入编码是：字根码加一个"末笔识别码"，简称"识别码"。

"识别码"是由汉字最后一笔的笔画编号和字型结构的编号组成交叉代码，交叉代码所对应的英文字母就是识别码，末笔字型识别码见表2—1—3。

取码方式：编码＝字根码1＋字根码2＋字根码3＋识别码（含3个字根的汉字）
　　　　　　编码＝字根码1＋字根码2＋识别码＋空格（含2个字根的汉字）

表2—1—3　　　　　　　　末笔字型识别码

末笔画 \ 键位 \ 字型	左右型（1）	上下型（2）	杂合型
横（1）	11G	12F	13D
竖（2）	21H	22J	23K
撇（3）	31T	32R	33E
捺（4）	41Y	42U	43I
折（5）	51N	52B	53V

例如：林：木 木　（末笔为"、"，补一个"、"键入 SSY）
　　　叭：口 八　（末笔为"、"，补一个"、"键入 KWY）
　　　沐：氵 木　（末笔为"、"，补一个"、"键入 ISY）
　　　汀：氵 丁　（末笔为"、"，补一个"、"键入 ISH）

对于上下型（2型）的字，字根打完后，再打一个由两个末笔构成的键。

例如：字：宀 子　（末笔为"一"，补一个"二"键入 PBF）
　　　　华：亻 匕 十　（末笔为"丨"，补一个"刂"键入 WXFJ）
　　　　参：厶 大 彡　（末笔为"丿"，补一个"丿丿"键入 CDER）
对于杂合型（3型）的字，字根打完后，再打一个由三个末笔构成的键。
例如：同：冂 一 口　（末笔为"一"，补一个"三"键入 MGKD）
　　　　串：口 口 丨　（末笔为"丨"，补一个"川"键入 KKHK）
　　　　国：口 王 、　（末笔为"、"，补一个"氵"键入 LGYI）

（4）汉字简码的输入。为了提高汉字输入的速度，取常用汉字（使用频率高的高频字）的第一、二或三个字根再加一个空格键，作为该汉字的简码。

1) 一级简码。一级简码输入的汉字简单实用（共有 25 个），这些汉字都是在平时输入文章经常用到的，而且可以与其他键面上没有的汉字进行组合，所以一级简码汉字又称为高频字。例如：

我（O）人（W）有（E）的（R）和（T）主（Y）产（U）不（I）为（O）这（P）
工（A）要（S）在（D）地（F）一（G）上（H）是（J）中（K）国（L）
经（X）以（C）发（V）了（B）民（N）同（M）

2) 二级简码。五笔字型中的二级简码由单字全码的前两个字根代码组成。两个码位共可容纳 25×25＝625 个汉字，但其中有些双键组合没有对应的汉字，故五笔字型输入法实际安排的二级简码字不到 625 个。例如：

化：亻 匕（WX）　　信：亻 言（WY）　　李：木 子（SB）
张：弓 长（XT）　　给：纟 人（XW）　　然：夕 犬（QB）

3) 三级简码。三级简码由单字的前三个字根组成，只要一个汉字的前三个字根码在整个编码体系中是唯一的，一般都作为三级简码。三级简码的汉字大约有 4 400 个。例如：

华：亻 匕 十（WXF）　　陈：阝 七 小（BAI）
想：木 目 心（SHN）　　得：彳 日 一（TJG）

（5）词组的输入。词组输入是五笔字型提供的一种快速输入方法，词组可以分为双字词、三字词、四字词和多字词，无论是哪种词组其编码一律为等长的四码。

1) 双字词。双字词的取码方式是：按顺序地取每一个汉字编码的前两个字根代码（共四码组成）。例如：

银行：钅 ヨ 彳 二（QVTF）　　键盘：钅 ヨ 丿 丹（QVTE）

2) 三字词。三字词的编码为前两个汉字的各取第一个字根代码，最后一个汉字取其前两个字根代码。例如：

计算机：言 竹 木 几（YTSM）　　操作员：扌 亻 口 贝（RWKM）

3) 四字词。四字词的编码为各取每个汉字的第一个字根代码。例如：

知识分子：矢 言 八 子（TWYB）　　经济基础：纟 氵 艹 石（XIAD）

4) 多字词。多字词是指多于 4 个字的词汇。当词汇的字数多于 4 个时，它的输入方法只要将多字词的第一、二、三个汉字的第一码和最后一个字的第一码输入即可。例如：

中华人民共和国：口亻人口（KWWL）

> **特别提示**
>
> ➢ 对于键名和不满四码的成字字根不必键入识别码。
> ➢ 如果一个汉字加了识别码后仍然不足四码的，则用空格键结束。
> ➢ 对于带"走之"旁的字，其末笔为被包围部分的末笔。
> ➢ 对于习惯笔顺不一致的"刀""力""九""匕"等四个字根，参加"识别"时，一律用"折笔"作为末笔。
> ➢ 对于"我""戋""成"等字的末笔，由于因人而异，故按"从上到下"的原则，一律规定取"丿"为末笔。

2. 输入法的安装

对于系统未安装的输入法，可以通过运行其安装程序来安装。大多数情况下，输入法都有各自的安装程序。以安装五笔字型输入法为例，简单介绍其安装过程。

单击"开始"菜单中的"运行"，打开"运行"对话框，输入安装程序所在路径（如 D:\InstXP.exe）。也可单击"浏览"按钮，打开"浏览"对话框，通过"浏览"对话框选定该程序，单击"打开"按钮返回"运行"对话框，在"运行"对话框中单击"确定"按钮后稍等片刻，系统将显示"五笔字型已经完毕"。单击"确定"按钮返回系统，再次单击任务栏上的输入法按钮，五笔字型输入法已被增加至系统中。

第二节　版面编排

→ 能够对 Word 2003 进行较复杂的操作
→ 能够完成版面的编排，在规定时间内，根据指定的样张或版样编排制作出两页较复杂的版面（版面分栏包括文字、图片，含 8 种字体，文字有多种变化及修饰）

一、文档的编排

文档编排又称文档格式化，是指改变文档的外观显示，使文档更加美观、醒目、阅读方便、突出重点。

文档编排包含字符编排、段落编排和页面编排。

1. 字符编排

字符编排除了设置字体、字号、加粗、倾斜、下划线和颜色之外，还包含设置字符的间距、首字上升式、下沉式、悬挂式、上标和下标、加注拼音、给文字加圈、合并字符等格式化的设置。

（1）设置字符间距。设置字符间距的方法如下：

1）先选中要设置的文字。

2）然后在"格式"菜单中选择"字体"命令，在弹出的"字体"对话框中选择"字符间距"选项卡，如图2—2—1所示。

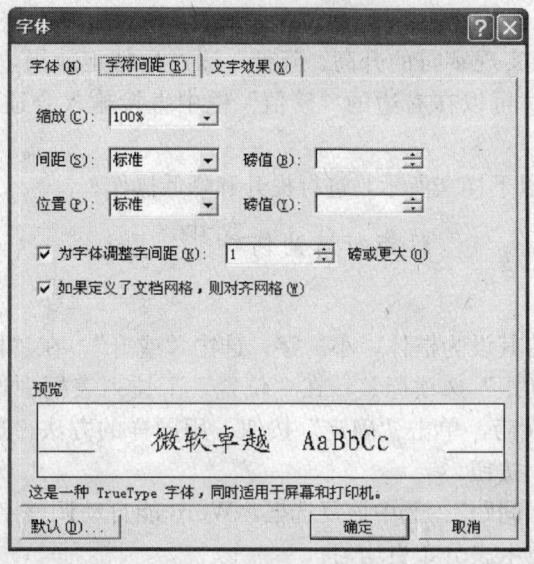

图2—2—1 "字符间距"选项标签

通过对"缩放""间距"和"位置"等选项的设置，可实现改变字符间距、升高或降低字符和改变字符的形状等。

对话框中常用选项的意义如下：

①"缩放"：通过设置字符横向缩放比例来改变字符的形状，可以从下拉列表中选择当前字符尺寸的百分比，也可以在文本框中直接输入1～600之间的任何一种百分比。

【例2—2—1】按以下样文所示，进行字符的变形操作。

数 码产品价格

【操作】

选中该行文字，将其字体设置为楷体，字号为小二；选中"数码"，在"格式"菜单的"字体"对话框中选择"字符间距"选项标签；在"缩放"下拉列表框中选择"200％"，单击"确定"按钮。用同样的方法，选中"产品"，将其缩放50％，单击"确定"按钮。

②"间距"：用于调整字符之间的距离，有标准、加宽和紧缩等三种形式。如果选择"标准"，则无须输入磅值；如果选择"加宽"或"紧缩"，则可在"磅值"框中输入需要扩展或压缩字符间距的间距量。

【例2—2—2】按以下样文所示，进行加宽和紧缩的操作。

数码产品价格
数码产品价格为何一降再降？

【操作】

选中该行文字，将其字体设置为楷体，字号为小二；选中"数码"，在"格式"菜

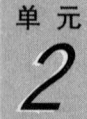

单的"字体"对话框中选择"字符间距"选项标签；在"间距"下拉列表框中选择"加宽"，设置为2磅，单击"确定"按钮。用同样的方法，选中"产品"，将其紧缩为2磅，单击"确定"按钮。

3)"位置"：用于实现字符的升高、降低，以产生特定效果，有标准、提升和降低等三种形式。在选择时可以在右边的"磅值"框中直接输入合适的上升或下降的"位置"值。

【例2—2—3】按以下样文所示，进行提升和降低操作。

股市行情为何^{或升}_{或跌}？

【操作】

选中该行文字，将其设为楷体、小二字；选中"或升"，在"格式"菜单的"字体"对话框中选择"字符间距"选项标签；在"位置"下拉列表框中选择"提升"，在"磅值"微调框中，设置9磅，单击"确定"按钮。用同样的方法，选中"或跌"，将其降低9磅，单击"确定"按钮。

4)"调整字体的字间距"：选中该复选框，Word能自动调整字距或某些字符组合间的距离，使整个单词看上去分布更均匀。

5)"如果定义了文档网络，则对齐网格"：选中该复选框，设置每行字符数，使其与"文件"菜单的"页面设置"对话框中设置的字符数一致。

当设置完成后单击"确定"按钮，这时，文档中选定的文字将以所设定的字间距显示。

(2) 字符的特殊处理。在进行文档编排时，有时需要将某些字符进行特殊的处理，以达到特殊效果。例如，对字符进行首字下沉式、上标和下标、加注拼音、给文字加圈、合并字符等的处理。

1) 特体首字（下沉式、悬挂式）。"首字下沉"的功能是使段落的第一个字下沉，因此，在操作前不用选中第一个字，只需将插入点定位于该段落中任意位置。如果要设置多字下沉，则应先选中要设置的多字。

设置"首字下沉"之前，先将光标放置首字下沉的段落中，然后在"格式"菜单中选择"首字下沉"命令，屏幕上会出现如图2—2—2所示的"首字下沉"对话框。

对话框中各选项的意义如下：

"位置"：有三种选择：无、下沉、悬挂，从样例框中能看到这三种位置的不同。

"字体"：定义下沉的字具有与段落中其他文字不同的字体。例如，其他文字是宋体，设置首字为黑体，这样会使首字更加醒目。

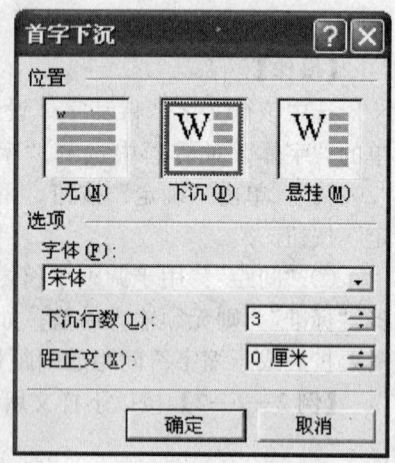

图2—2—2 "首字下沉"对话框

"下沉行数"：首字下沉的行数。

"距正文"：首字与正文之间的距离。

【例2—2—4】图2—2—3所示为下沉、悬挂以及多字下沉的效果示意图。

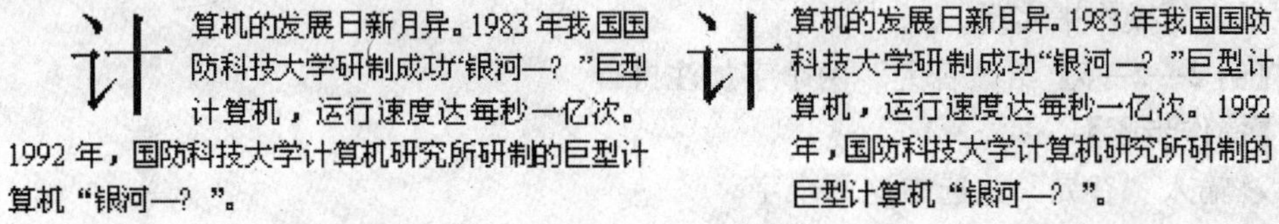

计算机的发展日新月异。1983年我国国防科技大学研制成功"银河—?"巨型计算机，运行速度达每秒一亿次。
1992年，国防科技大学计算机研究所研制的巨型计算机"银河—?"。

a)

计算机的发展日新月异。1983年我国国防科技大学研制成功"银河—?"巨型计算机，运行速度达每秒一亿次。1992年，国防科技大学计算机研究所研制的巨型计算机"银河—?"。

b)

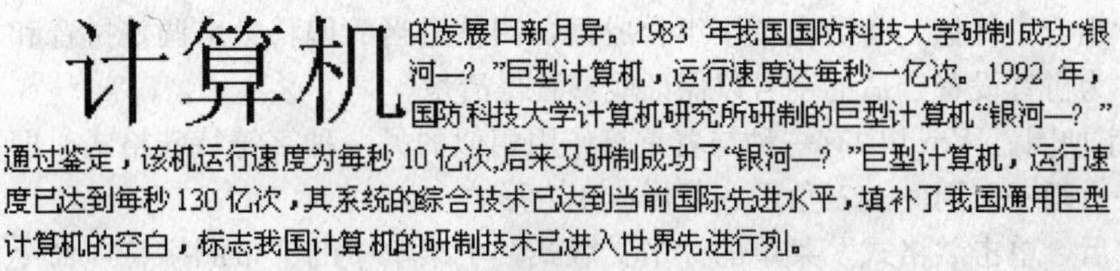

计算机的发展日新月异。1983 年我国国防科技大学研制成功"银河—?"巨型计算机，运行速度达每秒一亿次。1992 年，国防科技大学计算机研究所研制的巨型计算机"银河—?"通过鉴定，该机运行速度为每秒10亿次，后来又研制成功了"银河—?"巨型计算机，运行速度已达到每秒130亿次，其系统的综合技术已达到当前国际先进水平，填补了我国通用巨型计算机的空白，标志我国计算机的研制技术已进入世界先进行列。

c)

图2—2—3 "首字下沉"格式效果
a)"首字下沉"格式 b)"首字悬挂"格式 c)"多字下沉"格式

2）上标和下标。在编排文档时，如果字符中有简单的上标或下标时，可以通过对"字体"的操作来实现，如图2—2—4所示。

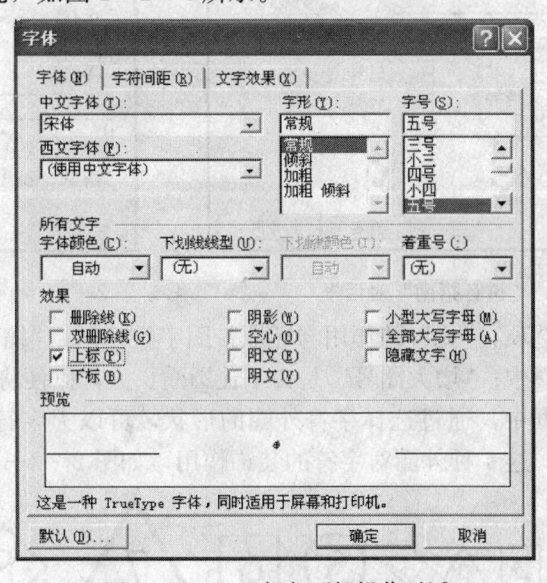

图2—2—4 上标与下标操作对话

【例2—2—5】编排数学式 N^2 和化学式 H_2O。

【操作步骤】

➢ 输入数学式子"N2"，选中要设置2为上标字符。

➢ 在"格式"菜单上，单击"字体"命令，再选择"字体"选项卡。

➢ 单击"效果"中的"上标"复选框，设置2为上标，单击"确定"按钮。

➢ 重复以上操作，设置化学式"H_2O"。

3) 加注拼音。在编排文字时，要想给文字加上拼音，如一些生僻字，则可以通过加注拼音的操作来实现。

【例2—2—6】给"旮旯"两个字加注拼音。

【操作步骤】

➢ 输入"旮旯"并选中这两个字。

➢ 在"格式"菜单上，选择"中文版式"子菜单中的"拼音指南"命令，如图2—2—5所示。

➢ 单击"组合"按钮，将分离单字组合成词，调整适当的偏移量来调整拼音和文字间的距离，并为拼音设置合适的字号以保证能够看得清楚。

4) 给文字加圈。Word中有一种与着重符作用相似的另一种字符特殊格式，即可以在单个字符外边画一个圆圈、三角形、菱形或正方形。

选定字符后，单击"格式"菜单的"中文版式"子菜单中的"带圈字符"命令，如图2—2—6所示，在对话框中，有3个选择项。

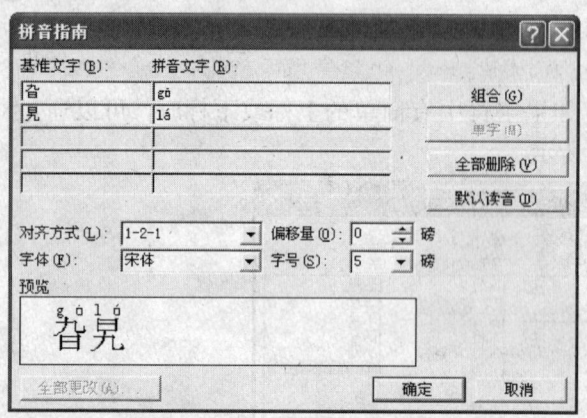 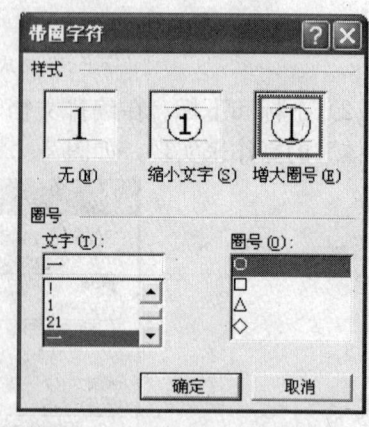

图2—2—5 "拼音指南"对话框　　图2—2—6 "带圈字符"对话框

"样式"：有3个选项，"无"的作用与还原带圈字符相同；"缩小文字"是为了让字符缩小，以便进入圆圈中；"增大圈号"是为了让圆圈扩大，以便将文字全部圈在里面。

"圈号"：在选择框中，通过选择字符外圈的形状，可以为字符增加圆形、正方形、三角形和菱形等外圈。这4种外圈对字符的装饰作用，如图2—2—7所示。

图2—2—7 加圈文字

5) 合并字符。合并字符是指在一行范围内排列两排文字，并基本保持原文字的格式。合并的字符在整个文档中，仍充当一个字符的角色。换句话说，可以像处理常规的字符一样，对合并字符进行各种编辑和格式化操作。但合并字符的个数有限制，最多可以将6个字符合并成两排，即每排3个字符。如果超过6个字符，只取前6个字符进行合并。

【例 2—2—7】合并"校园生活",产生如下效果。
　　　　　　校园
　　　　　　生活
【操作步骤】
➢ 输入"校园生活"并选中这四个字。
➢ "格式"菜单上,选择"中文版式"子菜单中的"合并字符"命令,如图 2—2—8 所示。

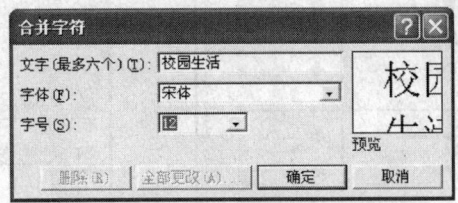

图 2—2—8　"合并字符"对话框

➢ 在"字体"和"字号"框中,设置宋体和 12 号字,单击"确定"按钮。
➢ 最多可以合并 6 个字符。若要合并更多的字符,可以通过多次合并来实现。
➢ 若要清除压缩字符的格式,可首先选定压缩字符,再单击"合并字符"对话框中的"删除"按钮。

2. 项目编号和符号的设置
在文档中使用项目符号和编号,可以使文档更有层次,从而增强文档的可读性。
(1) 设置项目符号
1) 输入时自动创建项目符号。如果要输入的内容已确定为项目列表,并希望在输入时自动创建项目符号,那么可以按以下步骤进行操作:
①将插入点移到第一个项目位置(该项目内容是否已输入并不重要)。
②单击格式工具栏中的"项目符号"按钮,这时插入点所在行的行首自动添加了一个黑色的圆点,这就是项目符号。
③输入第一个项目内容,按回车键,Word 2003 会自动在其下方添加一个项目符号,可以接着输入项目内容。
2) 将已有的文档内容设置为项目符号列表。如果需要将文档中已有的内容设置为项目列表,那么可以按以下步骤进行操作:
①选定欲设置为项目列表的全部内容。
②单击格式工具栏中的"项目符号"按钮,文档中被选中的项目内容将以段落(Word 2003 默认的每一段落为一个项目)为单位被添加项目符号。
3) 更换项目符号。Word 2003 默认的项目符号为黑色圆点,用户也可为项目列表选择其他的项目符号,操作方法如下:
①选中更换项目符号列表的全部内容。
②单击"格式"菜单中的"项目符号和编号"命令,打开"项目符号和编号"对话框,选中"项目符号"选项卡,如图 2—2—9 所示。
③在列出的七种项目符号中任选之一,然后单击"确定"按钮,则被选中文档的项

目符号都被更换为新选择的项目符号。

④如果列出的7种项目符号都不合适,可以再选择其他符号。在图2—2—9"项目符号"选项卡对话框中先任选一种符号,然后单击"自定义"按钮,打开"自定义项目符号列表"对话框,如图2—2—10所示。

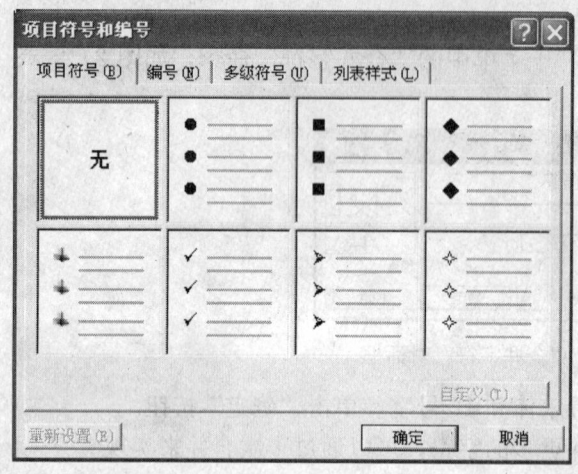 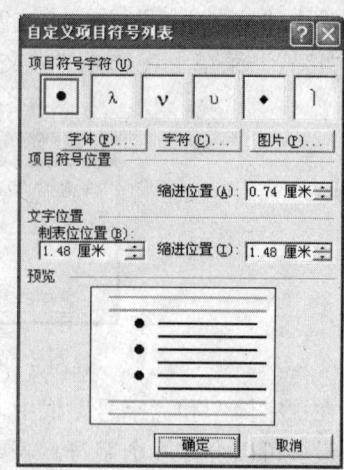

图2—2—9 "项目符号"选项卡　　　　图2—2—10 "自定义项目符号列表"对话框

⑤在符号列表中选择一种符号,单击"确定"按钮,返回到"自定义项目符号列表"对话框中会看到已将原来选中的符号替换了,再单击"确定"按钮即可。也可以通过字符、图片按钮来扩充符号集。

4)取消项目符号。如果要取消已有的项目符号,则按以下步骤进行操作:

①选定欲取消项目列表的全部内容。

②单击"格式"菜单中的"项目符号和编号",在"项目符号"选项卡中选择"无"单击"确定"按钮即可。

(2)设置项目编号。设置编号列表与项目符号列表的方法类似,既可以在输入时自动建立,也可以在输入之后设置。但修改的方法有所差别,具体操作方法如下:

1)选中更换项目编号的全部内容。

2)单击"格式"菜单中的"项目符号和编号"命令,打开"项目符号和编号"对话框。选中"编号"选项卡。如图2—2—11所示。

3)在"编号"选项卡中列出了7种编号格式,任选一种,单击"确定"按钮,则文档中的编号列表将被更换为新的编号格式。

4)如果列出的7种编号格式还不合适,也可以自定义其他编号格式。在"编号"选项卡中先任选一种编号格式,然后单击"自定义"按钮,给出"自定义编号列表"对话框如图2—2—12所示。

在"编号格式"中可以输入新的起始编号,也可以单击"编号样式"下拉按钮,选择合适的编号样式。

在"编号位置"框中确定编号的对齐位置。

在"文字位置"框中设置文字的缩进位置,即文字与编号之间的距离。

文字信息处理

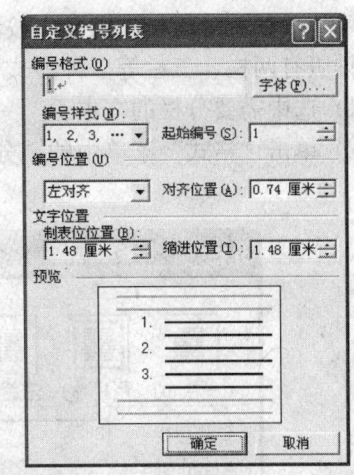

图2—2—11 "编号"选项卡　　　　图2—2—12 "自定义编号列表"对话框

单击"确定"按钮，则文档中的编号列表将按新定义的编号格式排列。

3．复制格式

（1）复制字符格式。在进行字符格式的操作中，如果需要频繁使用某种字体样式，可以通过使用Word 2003的"复制格式"功能，提高工作效率。操作步骤如下：

1）选中所需的文本，例如"树叶"。

2）单击"常用"工具栏上的"格式刷"按钮，鼠标指针变成如图2—2—13所示的形状。

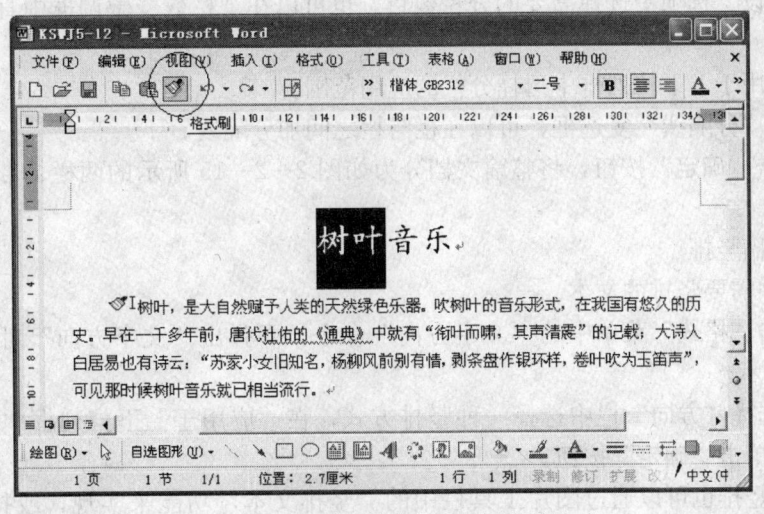

图2—2—13 用"格式刷"复制字符格式

3）使用格式刷选定需要应用此格式的字符，此时被选定的字符就会被设置成与原字符一样的格式。

（2）复制段落格式。复制段落格式的方法与复制字符格式的操作相同，但在复制段落格式中选择的是段落。

4．分栏排版及竖排

— 77 —

（1）分栏。分栏是在页面中按垂直方向逐栏排列文字，填满一栏后再转到下一栏。分栏排版有两栏、三栏等多种形式，可根据需要来设置。

1）选中需要分栏的文本。

2）单击"格式"菜单中的"分栏"命令，弹出"分栏"对话框，如图2—2—14所示。

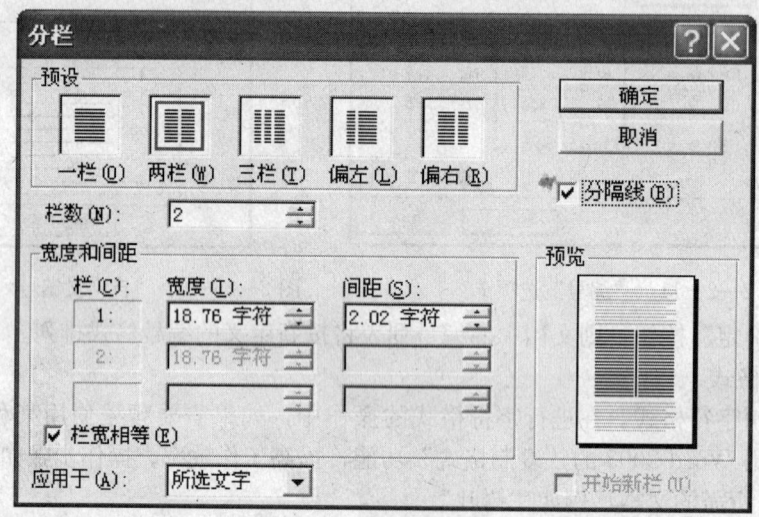

图2—2—14 "分栏"对话框

在"预设"选项中选择需要的分栏数目，也可以在"栏数"微调框中直接输入分栏数。

在"应用于"下拉列框中选择分栏的应用范围。

若选中"分隔线"复选框，可以在栏与栏之间加分隔线。

3）单击"确定"按钮，将整篇文档分为如图2—2—15所示的两栏、带分隔线的效果。

（2）文稿竖排

1）选中需要竖排的文本。

2）单击"格式"菜单中的"文字方向"命令，即弹出"文字方向"对话框，如图2—2—16所示。

3）在选择"方向"栏中选择一种竖排方式，在"应用于"下拉列框中选择竖排的应用范围，单击"确定"按钮。

文稿的竖排也可以通过图片工具栏中的"竖排文本"功能来实现，或打开"文件"菜单中"页面设置"中的"文档网络"选项卡，在"文字排列"项目组中，选择"垂直"按钮单击即可。

5. 页眉和页脚

（1）插入页眉和页脚

1）单击"视图"菜单中的"页面和页脚"命令，弹出如图2—2—17所示的"页眉和页脚"工具栏，这时文档正文呈灰色，即不可编辑。

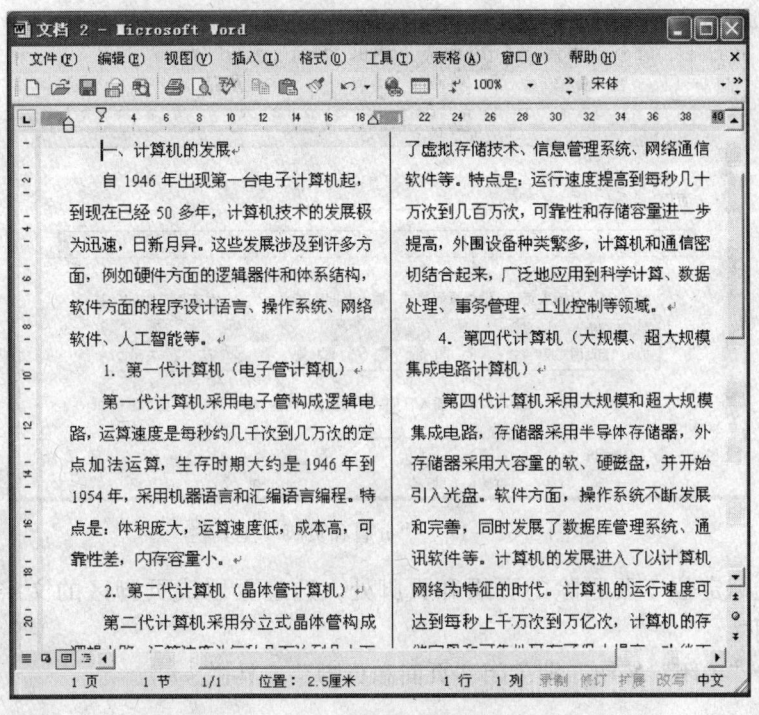

图 2—2—15 文档分为两栏的效果

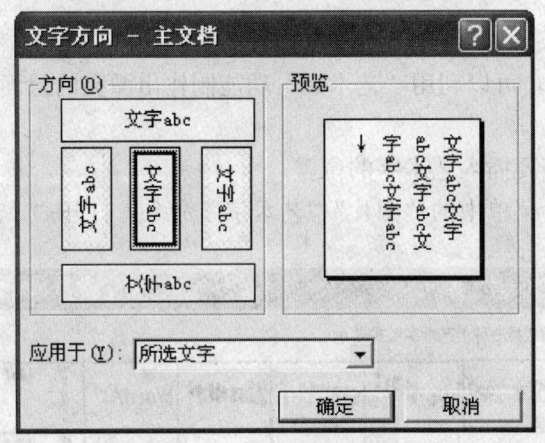

图 2—2—16 "文字方向"对话框

2）在"页眉"区内输入页眉内容，页眉内容的编辑方法与正文相同。

3）单击工具栏中的"在页眉和页脚间切换"按钮，可以切换到页脚区内输入信息。

(2) 修改页眉和页脚

1）单击"视图"菜单中的"页面和页脚"命令，打开"页眉和页脚"工具栏。

2）对选定的页眉和页脚内容像正文一样修改。

(3) 删除页眉和页脚

1）单击"视图"菜单中的"页面和页脚"命令，进入"页眉和页脚"编辑状态。

计算机操作员（中级）

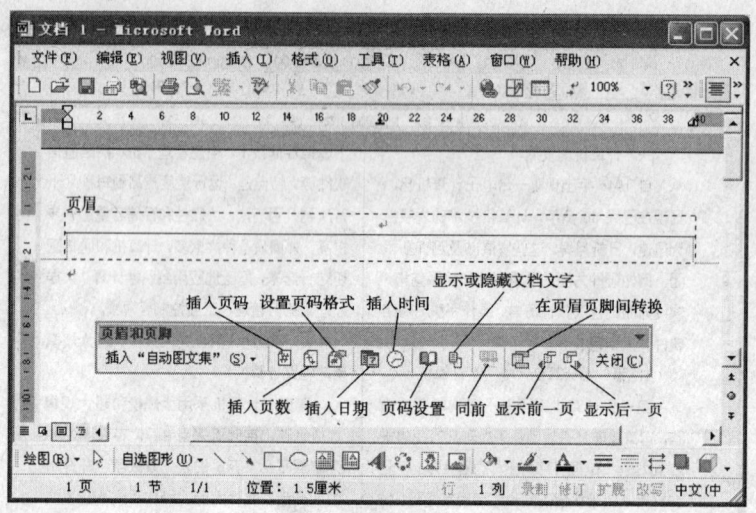

图 2—2—17 "页眉和页脚"工具栏

2) 将光标定位于要删除的页眉和页脚处，选定页眉或页脚区的文字或图形，按"删除"键删除。

3) 单击"关闭"按钮，即关闭"页面和页脚"工具栏。

二、图形对象处理

1. 艺术字

在 Word 2003 中，可以利用"艺术字"功能制作出漂亮的封面文字或标题文字。

（1）插入艺术字。

1) 将插入点置于要插入艺术字的位置。

2) 单击"插入"菜单中的"图片""艺术字"命令，打开"'艺术字'库"对话框，如图 2—2—18 所示。

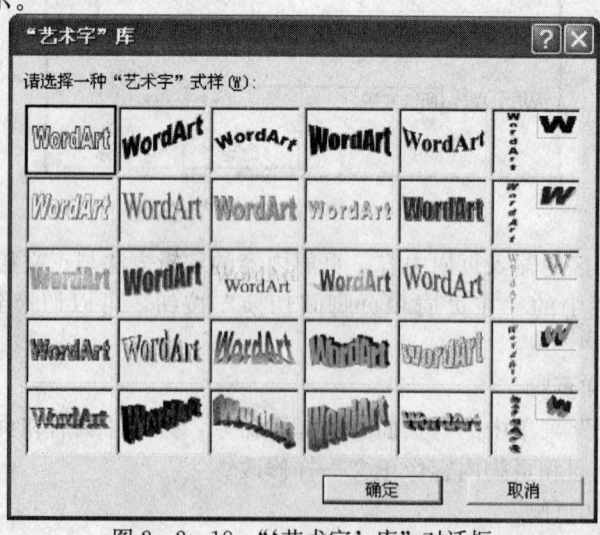

图 2—2—18 "'艺术字'库"对话框

3) 对话框中列出了30种预设的艺术字样式，选择其中一种样式，单击"确定"按钮，弹出"编辑'艺术字'文字"对话框，如图2—2—19所示。

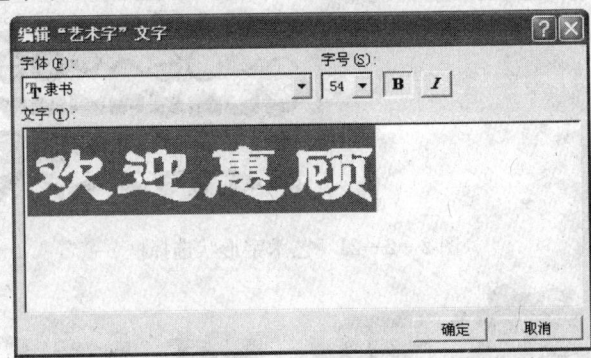

图2—2—19　编辑"艺术字"窗口

4) 输入文字的内容，同时还可以设置字体、字号、加粗和倾斜，单击"确定"按钮，即在文档中插入艺术字，同时打开"艺术字"工具栏，如图2—2—20所示。

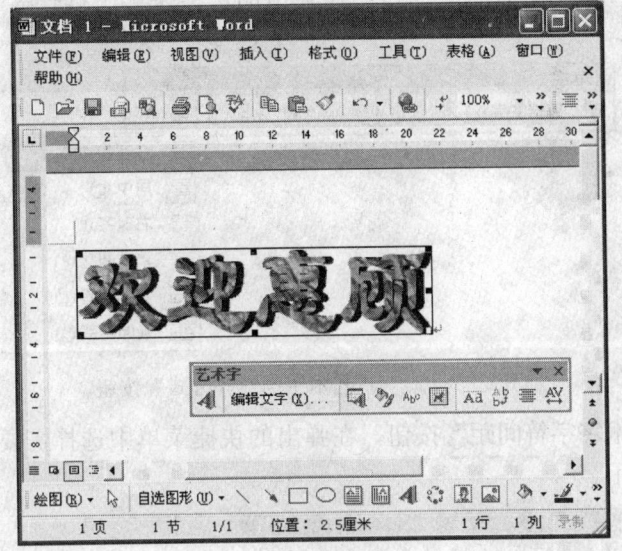

图2—2—20　"艺术字"工具栏

5) 插入的艺术字是作为图形对象，可以移动其位置，也可改变其大小。

(2) 编辑艺术字

1) 单击艺术字工具栏中的"艺术字形状"按钮，弹出如图2—2—21所示的艺术字形状选择框，选择其中所需的形状，例如，选择为"右牛角形"，显示结果如图2—2—22所示。

2) 单击"文字环绕"按钮，设置文字的环绕格式，能调整艺术字与文本的位置，该操作与图文混排中的文字环绕方式一样。

3) 单击"艺术字字母高度相同"按钮，统一艺术字字母高度。

4) 单击"艺术字竖排文字"按钮，用于设置艺术字横、竖排的转变。

图2—2—21 艺术字形状选择框

图2—2—22 改变艺术字的形状

5）单击"艺术字对齐方式"按钮，在弹出的快捷菜单中选择需要排列的方式，如图2—2—23所示。

图2—2—23 "艺术字的对齐方式"按钮

6）单击"艺术字字符间距"按钮，在弹出的快捷菜单中选择需要的字符间距方式，如图2—2—24所示。

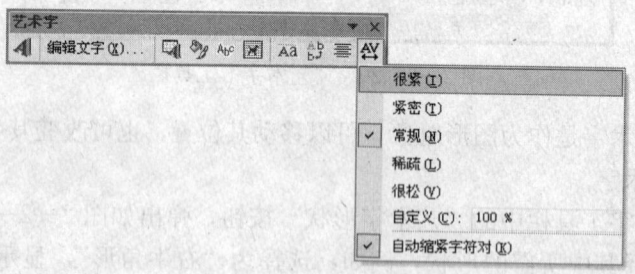

图2—2—24 "艺术字字符间距"按钮

2. 文本框

文本框是一个独立的区域，其中可以放置文本或图形。可将文本框中的内容作为一个整体来处理，文本框可分为横排文本框和竖排文本框两种。

（1）插入水平或竖直文本框

1）选择"插入"菜单中的"文本框"命令的"横排"或"竖排"子命令，鼠标指针变成十字形状。

2）用鼠标拖动文本框，即画出横排或竖排文本框，如图2—2—25所示，可在文本框中输入文字。

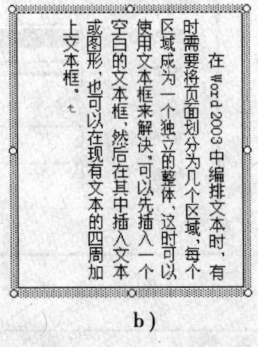

图2—2—25 文本框实例
a) 横排文本框 b) 竖排文本框

3）如果要将已有的文字加到文本框中，可以先选中这段文字，再选择"横排"或"竖排"命令，就能够将文字直接加入到文本框中。

（2）编辑文本框。Word 2003创建的文本框属于一种图形对象，因此，所有对图形的操作几乎都可以用在文本框上。但由于文本框又有其特殊性，所以对文本框的操作也不完全与图形相同。常用的文本框的操作如下：

1）调整文本框的大小与位置。如果要调整文本框的大小，应先选中文本框，使文本框四周出现控制点，再将鼠标移到文本框控制点上，拖动文本框四周的控制点进行水平或垂直方向的调整，以改变大小。如果将指针移到文本框的边框上，出现四个方向的箭头时，按住鼠标左键拖动到其他位置。

2）编辑内容。要编辑文本框中的文字，只要直接单击需要编辑的文本处，用编辑正文的方法编辑文本框中的内容。

3）设置格式。对文本框的设置，包括文本框的填充颜色、边框线条样式、颜色、版式以及文本框内部边距的设置等。

用鼠标右键单击文本框边沿，选择快捷菜单中的"设置文本框格式"，打开如图2—2—26所示的"设置文本框格式"对话框，可以设置文本框的颜色与线条、大小、版式等。

3. 图文混排

Word 2003中的图形处理是在页面视图下进行的。在Word 2003文档中，可以插入Office 2003自带的Microsoft剪辑库中的剪贴画和图片，还可以插入其他图形文件创建的图片及自绘图形等到文档中，从而生成图文并茂的文档。

1）在文本框中插入一幅图片，如图2—2—27所示。

2）鼠标右键单击图片，在弹出的快捷菜单中选择"设置图片格式"命令，打开"设置图片格式"对话框，选择"版式"选项卡，如图2—2—28所示。

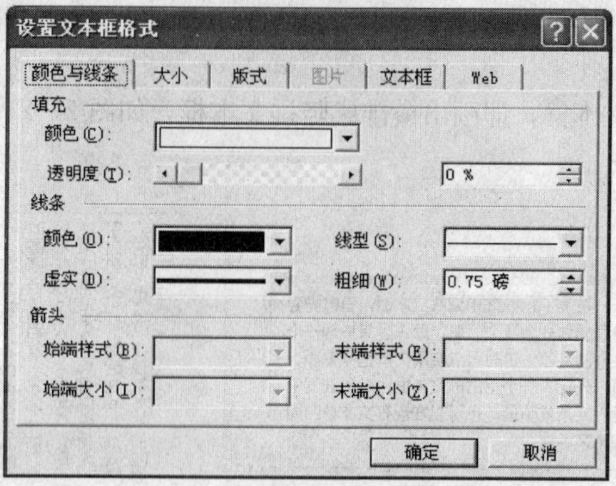

图 2—2—26 "设置文本框格式"对话框

　　想象力恐怕是人类所特有的一种天赋。其他动物缺乏想象力，所以不会有创造。在人类一切创造性活动中，尤其是科学、艺术和哲学创作，想象力都占有重要的地位。因为所谓人类的创造并不是别的，而是想象力产生出来的最美妙的作品。
　　如果音乐作品能像一阵秋风，在你的心底激起一些诗意的幻想和一缕缕真挚的思恋精神家园的情怀，那就不仅说明这部作品是成功的，感人肺腑的，而且也说明你真听懂了它，说明你和作曲家、演奏家在感情上发生了深深的共鸣。
　　音乐这门抽象的艺术，本是一个充满着诗情画意、浮想连翩的幻想王国。这个王国的大门，对于一切具有音乐想象力、多少与作曲家有着相应内在生活经历和心路历程的听众，都是敞开着的，就像秋光千里、白云蓝天对每个人都是敞开的一样。

图 2—2—27 在文档中插入图片

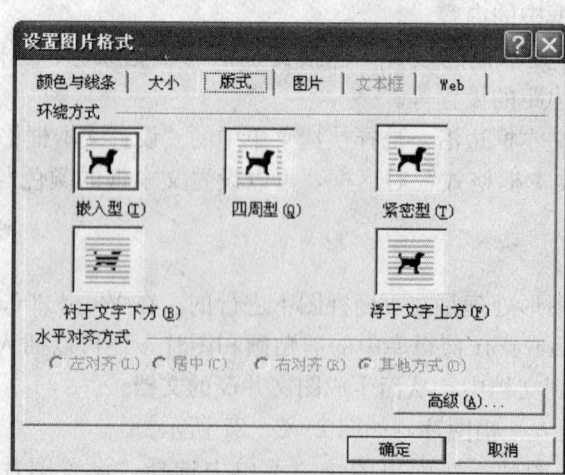

图 2—2—28 选择"版式"选项卡

3）选择对话框中五种环绕方式之一，可以产生多种图文混排的效果。如单击"四周型"，使文字环绕在图片边界的四周，如图2—2—29显示。单击"衬于文字下方"，使图片排在文字"后"形成水印效果，如图2—2—30所示。

图2—2—29　四周型环绕效果

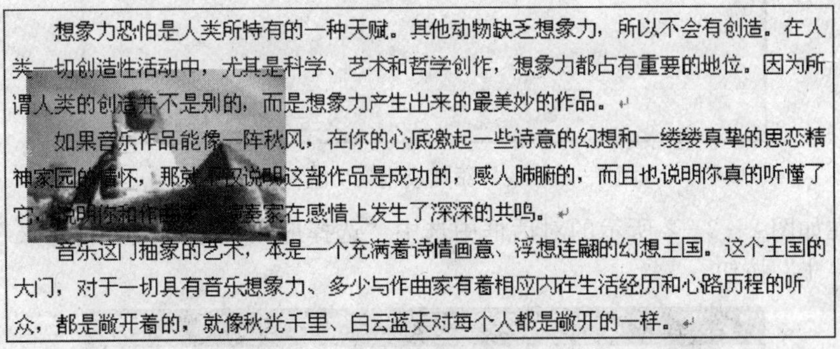

图2—2—30　水印效果

4）在对话框中的"水平对齐方式"选项组中选择一种图片与文本的对齐方式。在"高级"按钮中精确设置图片与文本之间的距离以及图片的环绕位置。

第三节　数学公式编辑

 → 能够完成两行带有分式或微积分符号的数学公式的编排

一、公式编辑器的安装

Microsoft公式编辑器3.0中文版不是Office默认安装的组件，需要使用的话，应在

计算机操作员（中级）

初次安装Office时，选择"自定义安装"，然后选中Office工具中的"公式编辑器"；或在已安装的Office中添加该组件。步骤如下：

（1）将Microsoft Office安装光盘放入光驱中，在如图2—3—1所示的安装界面中选中"添加或删除功能"项，单击"下一步"按钮。

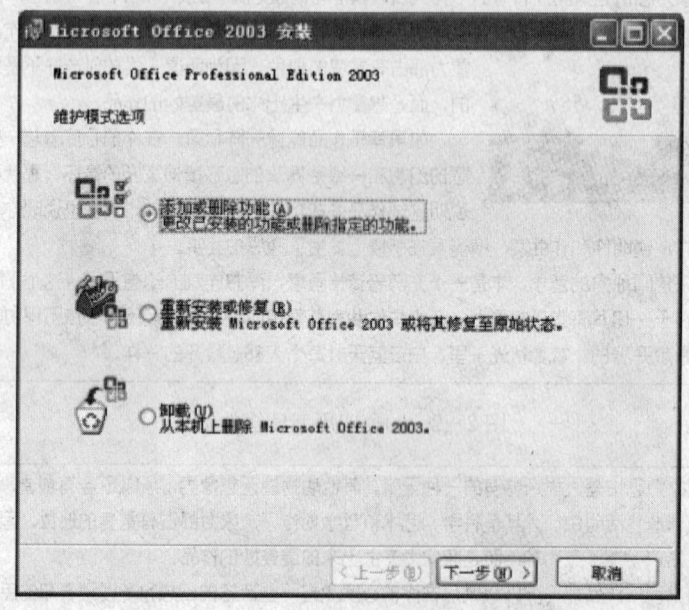

图2—3—1　"添加或删除功能"对话框

（2）在如图2—3—2所示的对话框中选中"选择应用程序的高级自定义"复选框，单击"下一步"按钮。

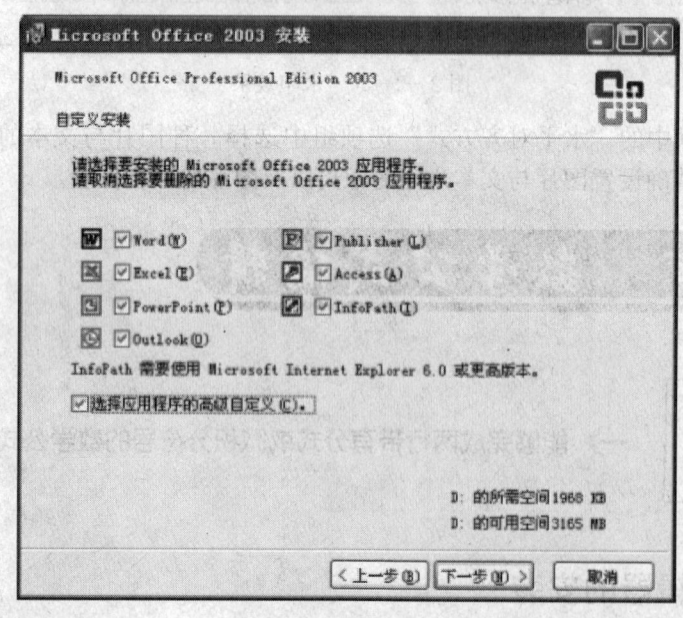

图2—3—2　"选择应用程序的高级自定义"对话框

（3）单击"Office工具"前面的"+"号，单击"公式编辑器"，选择"从本机运行"，再单击更新，系统将会自动安装公式编辑器，如图2—3—3所示。

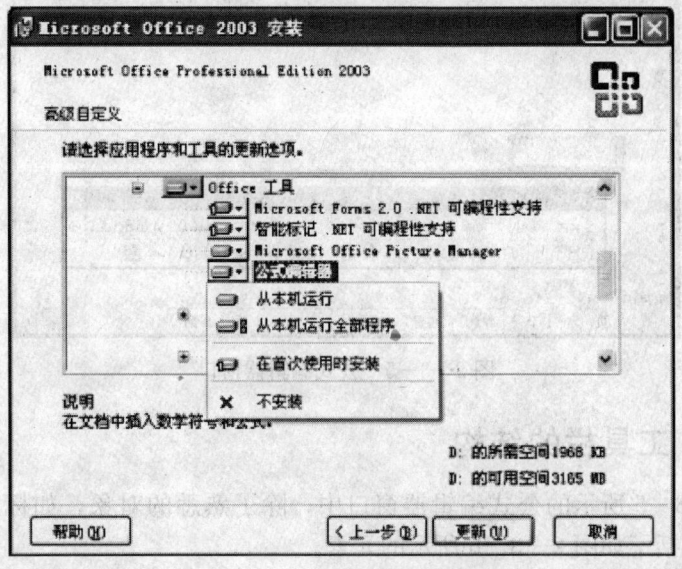

图2—3—3 安装"公式编辑器"

二、公式编辑器的启动和退出

1. 启动

单击"插入"菜单下的"对象"对话框并打开，如图2—3—4所示。

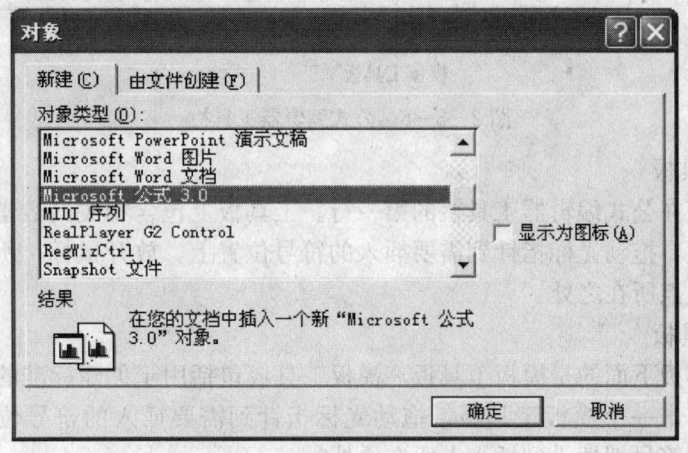

图2—3—4 "对象"对话框

在"新建"选项卡中的"对象类型"下拉选项框中，选中"Microsoft 公式3.0"，单击"确定"按钮，进入公式编辑状态，同时打开公式工具栏。如图2—3—5所示。

2. 退出

在公式编辑区域之外的任意位置单击鼠标，即可返回文档编辑状态，退出公式编辑。

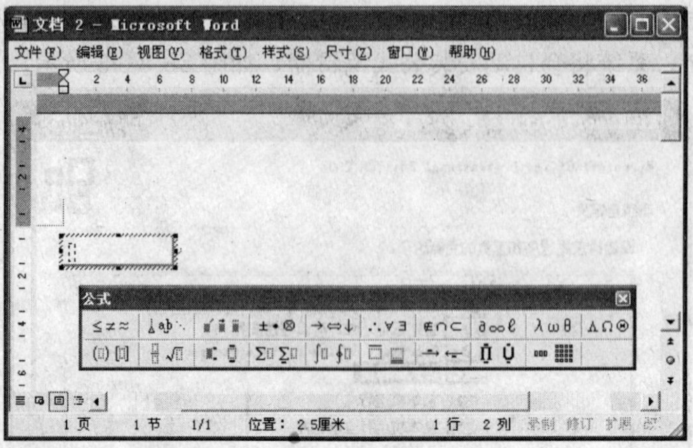

计算机操作员（中级）

图 2—3—5 公式编辑器窗口

三、"公式"工具栏的结构

在如图 2—3—5 所示的公式编辑器窗口中，除了熟悉的对象，如标题栏、滚动条、菜单栏等，还包括了如图 2—3—6 所示的元素。

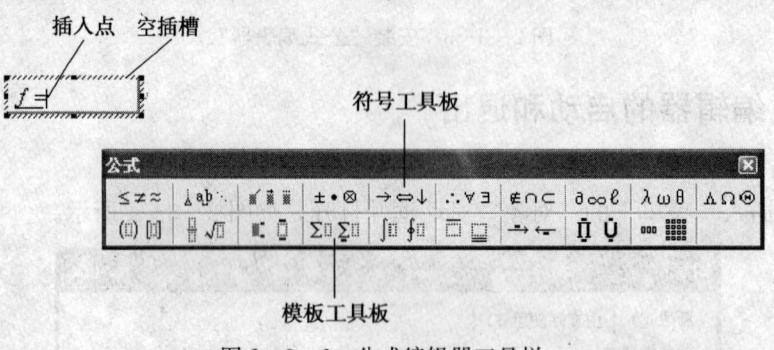

图 2—3—6 公式编辑器工具栏

1. 符号工具板

符号工具板在公式编辑器工具栏的第一行。工具板上包含相关的数学符号组，单击一个符号工具板，拖动光标指针到需要插入的符号位置上，放开鼠标，所选中的数学符号就插入到插入点所在之处。

2. 模板工具板

在符号工具板下面的是模板工具板。模板工具板包括用于创建标准的数学关系式的相关模板组，单击一个模板工具板，拖动光标指针到需要插入的符号位置上，放开鼠标，选中的数学符号就插入到插入点所在之处。

3. 空插槽

空插槽是由点画线组成的一个框，在插槽内，可以输入正文，也可以输入符号或模板。

4. 插入点

刚进入公式编辑器或插入一个模板时，插入点总是在空插槽内。插入点表示下一个要插入的模板或正文的位置,插入点的大小和形状随公式在槽内的变化而变化,但它始终由一条垂直线和一条水平线相交组成,可以用鼠标或箭头键来定位插入点。

四、创建数学公式实例

新建一个 Word 文档,建立以下的数学公式。

$$R_N = \frac{R_e}{1 + 2e - 3e\sin^2\varphi}$$

操作步骤如下:

(1) 单击"插入"菜单下的"对象"对话框并打开,在"新建"选项卡中的"对象类型"下拉选项框中,选中"Microsoft 公式 3.0",单击"确定"按钮,进入公式编辑状态。

(2) 键入"R"后,从模板工具板中的"下标和上标模板"中选择下标模板,目前公式显示为:

$$R_\square$$

(3) 键入"N"后,按"Tab"键移动插入点,使插入点的位置如下所示:

$$R_N$$

(4) 键入"="后,从"分数和根式模板"上选择分数模板,公式显示为:

$$R_N = \frac{\square}{\square}$$

(5) 按步骤(2)和(3)的方法键入 R_e。

(6) 按数次"Tab"键,直到插入点移至分号线下面的插槽中,键入分母,其中上标按步骤(2)、(3)的方法键入,希腊字母从小写希腊字母符号工具板中插入,可以看到数字、运算符号和"sin"都是以正体编排的,同时分号线的长度随着分母的长度而改变,建立完毕的数学公式显示如下:

$$R_N = \frac{R_e}{1 + 2e - 3e\sin^2\varphi}$$

(7) 编辑完成后,在公式区外任何一处单击,该程序即可关闭,同时数学公式插入 Word 文档中。需要修改时,在公式上双击即可启动该程序。

第四节 制作表格

→ 能够在规定的时间内,根据样张或版式制作一个表格(8~10 行,7~9 栏)

一、表格的操作

当创建了表格后,要在表格的单元格中输入表格数据,修改表格中的数据内容,增

计算机操作员（中级）

删行与列，合并与拆分单元格，调整行高与列宽，添加表格框线以及进行表格中的数据对齐方式等操作。

1. 合并、拆分单元格和拆分表格

（1）合并单元格。合并单元格可以将两个或多个相邻的单元格合并为一个单元格，具体操作如下：

1）选定需要合并的单元格，如图2—4—1所示。

姓名		性别		年龄		民族	
毕业学校						学历	
身份证号码							
家庭住址							
备注							

图2—4—1 选定需要合并的单元格

2）单击"表格"菜单的"合并单元格"命令，选定单元格之间的分隔线，然后合并为一个大的单元格，如图2—4—2所示。

姓名		性别		年龄		民族	
毕业学校						学历	
身份证号码							
家庭住址							
备注							

图2—4—2 合并单元格

（2）拆分单元格。拆分单元格能将一个单元格平均拆分成若干个小单元格，具体操作如下：

1）选定需要拆分的单元格或将光标插入点定位在单元格中，如图2—4—3所示。

姓名		性别		年龄		民族	
毕业学校						学历	
身份证号码							
家庭住址							
备注							

图2—4—3 插入点定位在单元格中

单元 2

2）在“表格”菜单中选定“拆分单元格”命令，弹出如图 2—4—4 所示的“拆分单元格”对话框。

3）在“列数”和“行数”微调框中分别输入需要拆分的列数和行数，如图 2—4—4 所示，列数和行数分别为 5 和 3。

4）单击“确定”按钮，将选定的单元格拆分成 5×3 的小单元格，如图 2—4—5 所示。

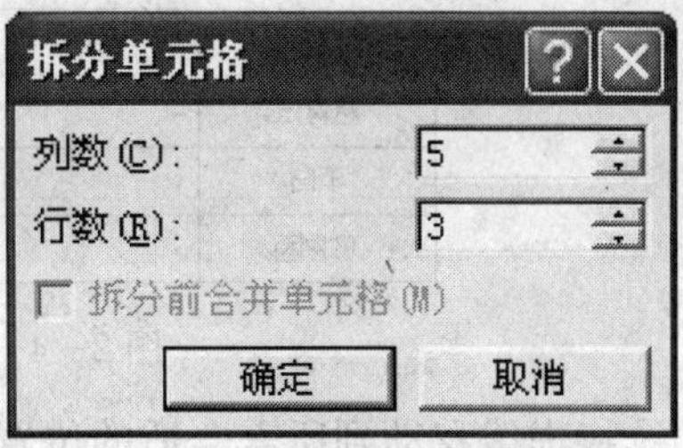

图 2—4—4 “拆分单元格”对话框

姓名		性别		年龄		民族	
毕业学校					学历		
身份证号码							
家庭住址							
备注							

图 2—4—5 拆分单元格

(3) 拆分表格。拆分表格是指将一张表从指定的某行一分为二，拆成完整的两张表，具体操作步骤如下：

1）将插入点移至要拆分表格所在行的任一单元格。

2）单击“表格”菜单的“拆分表格”命令，即将表格一分为二，如图 2—4—6 所示。

姓名		性别		年龄		民族	
毕业学校					学历		
身份证号码							
家庭住址							
备注							

图 2—4—6 表格拆分后的效果

2. 调整行高或列宽

(1) 调整行高

1）用鼠标拖动调整行高

①将鼠标指针移到表格的水平框线上，当鼠标指针变为双箭头时，按住鼠标左键根据需要上下拖动。

②在拖动鼠标的过程中，会出现一条水平的虚线以显示调整以后的行高位置，如图 2—4—7 所示。

姓名	数学	化学	物理	政治
赵育伍				
李白				
郑志国				

图2—4—7 拖动表格框线调整行高

③将虚线移动到所需合适的位置后，放开鼠标左键，即可调整行高。

2）使用"表格属性"对话框调整行高。在 Word 2003 中，要精确调整行高，可以使用菜单命令实现，具体操作步骤如下：

①单击"表格"菜单"表格属性"命令，弹出"表格属性"对话框，选择"行"选项卡，如图2—4—8所示。

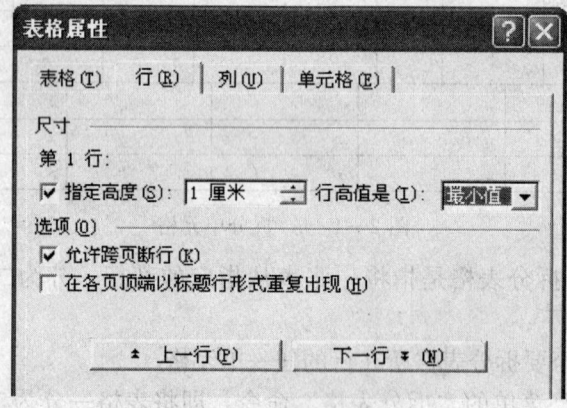

图2—4—8 "行"选项卡

②在"行高值是"下拉列表中的操作：

"最小值"：设定行的最小高度，如果单元格的内容超过最小值时，将自动调整行高与之匹配。

"固定值"：设定固定的行高，只显示或打印在行高固定值范围内的内容。

选择"指定高度"复选框，在右侧的微调框中输入合适的行高值。

③单击"前一行"或"后一行"按钮，可以设置其他的行高。

④单击"确定"按钮。

(2) 调整列宽

1）用鼠标拖动调整列宽

①将鼠标指针移到表格的垂直框线上，当鼠标指针变为双箭头时，按住鼠标左键，根据需要左右拖动，即可调整列宽。

②在拖动鼠标的过程中，会出现一条垂直的虚线以显示调整以后的列宽位置，如图2—4—9所示。

③将虚线移动到所需合适的位置后，释放鼠标左键。

2）使用"表格属性"对话框调整列宽。在 Word 2003 中，要精确调整列宽，可以使用菜单命令实现，具体操作步骤如下：

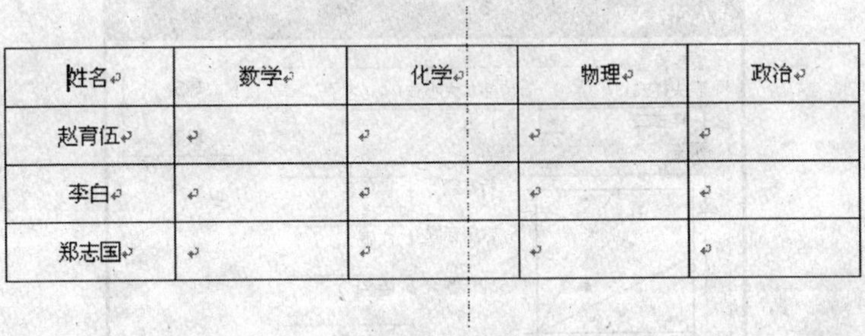

文字信息处理

姓名	数学	化学	物理	政治
赵育伍				
李白				
郑志国				

图 2—4—9　拖动表格框线调整列宽

①单击"表格"菜单"表格属性"命令，弹出"表格属性"对话框，选择"列"选项卡，如图 2—4—10 所示。

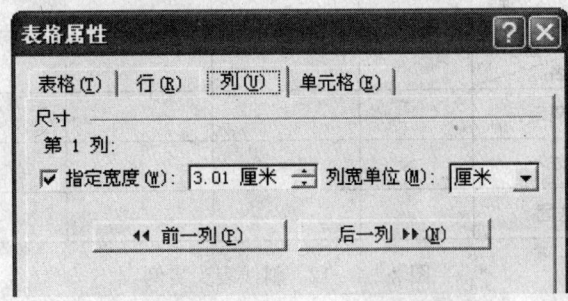

图 2—4—10　"列"选项卡

"最小值"：设定行的最小高度，如果单元格的内容超过最小值时，将自动调整行高与之匹配。

"固定值"：设定固定的行高，只显示或打印在行高固定值范围内的内容。

选择"指定宽度"复选框，在右侧的微调框中输入合适的宽度值，在"列宽单位"下拉列表框中指定列宽的单位为"厘米"或"百分比"。

②单击"前一列"或"后一列"按钮，可以设置其他的列宽。

③单击"确定"按钮。

3．绘制斜线表头

在编辑表格时，当需要制作带斜线的表头时，可以使用 Word 2003 的"绘制斜线表头"命令来实现，具体操作步骤如下：

（1）选中要添加斜线表格的单元格。

（2）单击"表格"菜单下的"绘制斜线表头"命令，打开"插入斜线表头"对话框，如图 2—4—11 所示。

（3）在"表头样式"下拉列表框中选择所需的表头样式，可以在"行标题"的文本框中输入相关标题，如图 2—4—12 所示。

（4）根据需要在"字体大小"下拉列表框中选择字体大小。

（5）单击"确定"按钮，完成斜线表头的设置。

4．单元格文本对齐

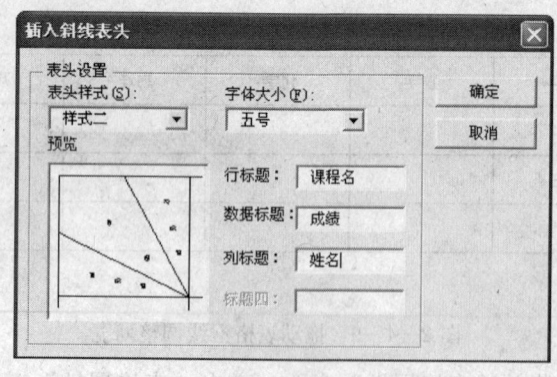

图 2—4—11 “插入斜线表头”对话框

课程 成绩 姓名	数学	化学	物理	政治
赵育伍				
李白				
郑志国				

图 2—4—12 斜线表头实例

文本在单元格中的位置，横向有左、中、右，纵向有上、中、下，交叉起来共有 9 种方式。设置单元格中文本的对齐方式的操作步骤如下：

（1）选中需对齐的单元格。

（2）用鼠标右键单击，打开如图 2—4—13 所示的快捷菜单，选择“单元格对齐方式”命令，在级联菜单中显示如下三类、九种对齐方式：顶端对齐、顶端居中、顶端右对齐、中部对齐、中部居中、中部右对齐、底端对齐、底端居中、底端右对齐等。

（3）根据需要选择一种对齐方式，实现单元格的对齐。

5. 表格的修饰

（1）自动套用格式。为了便于用户对表格进行修饰和美化，Word 2003 提供了预定义的表格样式，使用户能快速制作较为专业的表格。自动套用格式的具体操作步骤如下：

1）将插入点置于表格中，或选定表格。

2）单击“表格”菜单中的“表格自动套用格式”命令，弹出如图 2—4—14 所示“表格自动套用格式”对话框。

3）在“表格样式”下拉列表框中有 30 多种不同风格的表格格式，选择其中一种预定义的表格样式，每选择一种都可以在“预览”框中预览效果。

4）“将特殊格式应用于”选项组中的选择用于套用的对象。

5）单击“应用”按钮，即可将选中的“立体型 1”格式应用到当前的表格上，如图 2—4—15 所示。

（2）边框和底纹。Word 2003 允许用户根据需要设置表格的边框和表格线，同时还可以为表格添加底纹，以修饰表格。

文字信息处理

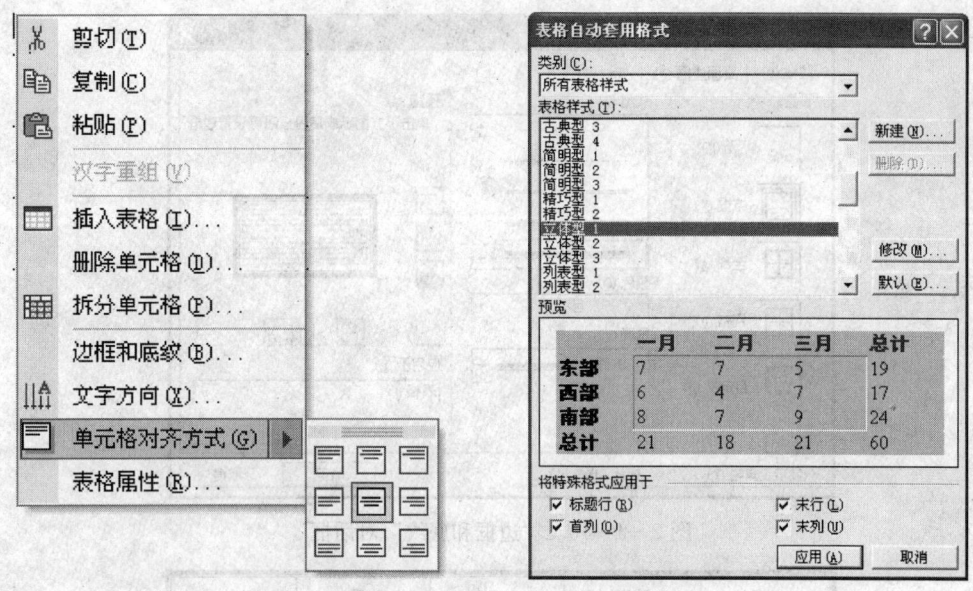

图2—4—13 "单元格对齐方式"命令　　图2—4—14 "表格自动套用格式"对话框

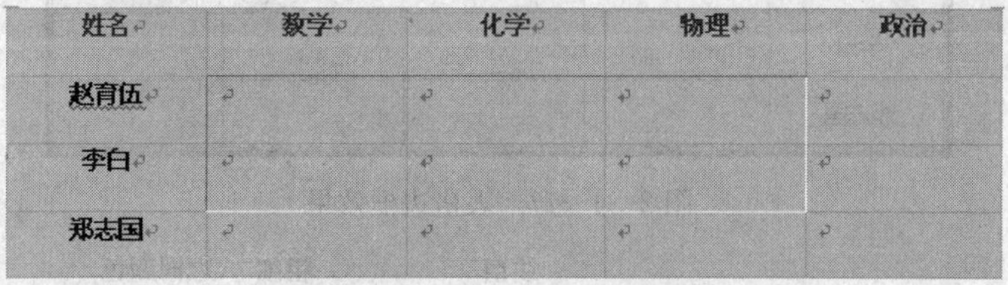

图2—4—15 自动套用格式效果

1）设置边框

①将插入点移至表格中或选中表格中需要添加边框的单元格，单击"格式"菜单的"边框和底纹"按钮，弹出"边框和底纹"对话框，选择"边框"选项卡，如图2—4—16所示。

②在"设置"区和"线型"区中选择边框的格式和线型；通过"预览"区可以看到设置效果，另外，还可以在"预览"区中直接设置局部的边框线，或对单元格添加斜线等，设置好后单击"确定"命令按钮即可，如图2—4—17所示。

图2—4—17所示表格的操作步骤如下：

在"边框设置"选择卡中，单击左侧的"方框"单选项，在"线型"下拉列表中选择"文武线"（上粗下细），在"预览"区中显示设置效果。

单击"自定义"单选项，在"线型"下拉列表中选择"直线"，在"宽度"下拉列表中选择"1磅"。

然后单击"预览"区表格的内侧框线，单击"确定"按钮，完成该表格的设置。

利用"表格和边框"工具栏来设置框线，可以快速完成边框线的设置，操作步骤如下：选定整个表格或单元格，单击"视图"中的级联菜单"工具栏"中的"表格和边框"命令，打开如图2—4—18所示的"表格和边框"工具栏。

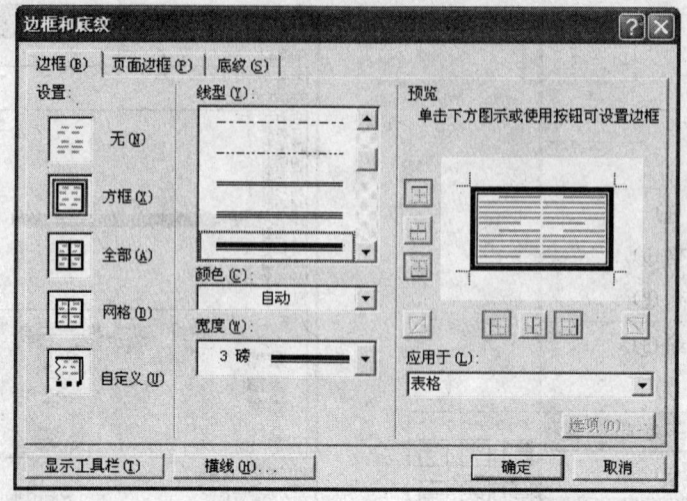

图2—4—16 "边框和底纹"对话框

姓名	数学	化学	物理	政治
赵育伍				
李白				
郑志国				

图2—4—17 表格边框效果

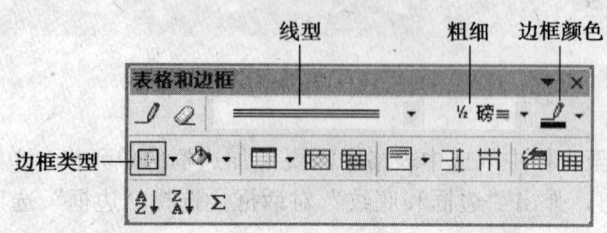

图2—4—18 利用"表格和边框"工具栏设置

单击"边框类型"下拉按钮,选择所需的边框类型。单击"线型"下拉按钮,选择所需的边框线型。单击"粗细"下拉按钮,选择所需边框线的宽度。单击"边框颜色"下拉按钮,选择所需的边框线颜色。

2) 设置底纹

①选中表格中需要添加底纹的单元格或行列,单击"格式"菜单中的"边框和底纹"命令,弹出"边框和底纹"对话框,选中"底纹"选项卡,如图2—4—19所示。

②在该"填充"区中选择填充的颜色,在"样式"区指定底纹的灰度。通过"预览"区可以看到设置效果,单击"确定"按钮即可。

利用"表格和边框"工具栏来设置底纹,可以快速完成底纹的设置,操作步骤如下:选定整个表格或单元格,单击"视图"中的级联菜单"工具栏"中的"表格和边框"命令,弹出如图2—4—18所示的"表格和边框"工具栏。单击"底纹颜色"按钮

文字信息处理

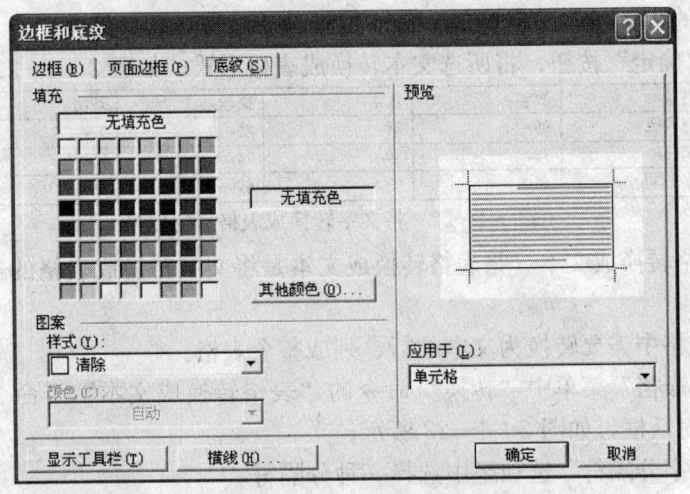

图 2—4—19　添加底纹

右侧下拉箭头，从调色板中选择所需的底纹颜色。

6．文本与表格的转换

Word 2003 可以将文本转换为表格，反之，也可以将表格转换为文本。

（1）将文本转换成表格。将文本转换成表格的操作步骤如下：

1）在文本中插手分隔符（如空格、制表符、逗号、段落标记或其他特殊字符等），使之成为矩阵形的文本，如图 2—4—20 所示。

姓名	数学	化学	物理	政治
赵育伍	90	88	85	77
李白	79	89	74	78
郑志国	65	93	69	83

图 2—4—20　待转换表格的文本

2）选定矩阵形的文本。

3）选择"表格"菜单中的"转换"命令中的"将文字转换成表格"子命令，弹出"将文字转换成表格"对话框，如图 2—4—21 所示。

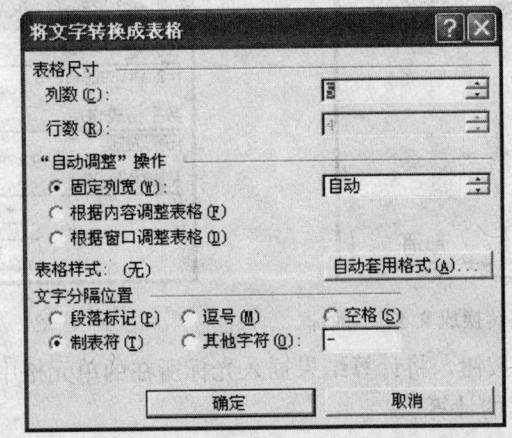

图 2—4—21　"将文字转换成表格"对话框

对话框中的行、列数据是 Word 2003 根据选中的文本的行列数。

4）单击"确定"按钮，将所选文本转换成表格形式，如图 2—4—22 所示。

姓名	数学	化学	物理	政治
赵育伍	90	88	85	77
李白	79	89	74	78
郑志国	65	93	69	83

图 2—4—22 将文字转换成表格后的效果

（2）将表格转换成文本。将表格转换成文本是将文字转换成表格的逆操作，具体操作步骤如下：

1）选中表格中需要转换为文本的行、列或整个表格。

2）选择"表格"菜单中"转换"命令的"表格转换成文本"子命令，弹出"表格转换成文本"对话框，如图 2—4—23 所示。

3）在"文字分隔符"选项组中选择一种分隔符。

4）单击"确定"按钮即可。

二、表格的计算

Word 提供了一些简单的公式命令，利用这些命令可以对单元格中的数据按列或行进行求和、平均值、最大值和最小值等计算。

操作数：参与计算的数字。

操作符：即数学符号，能参与计算的数学符号有＋（加）、－（减）、×（乘）、/（除）、%（百分比）、^（幂指数）。

1. 单元格的计算

例如，要在单元格中计算表达式 3.141 592 6×12＋6，操作步骤如下：

（1）单击需要填写计算结果的单元格。

（2）单击"表格"菜单中的"公式"命令，弹出"公式"对话框，在"公式"文本框的"＝"后，输入 3.141 592 6×12＋6，在"数字格式"下拉列表中选择所需的格式，如图 2—4—24 所示。

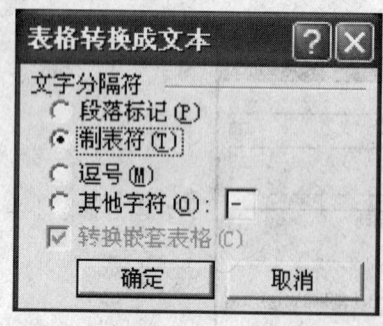

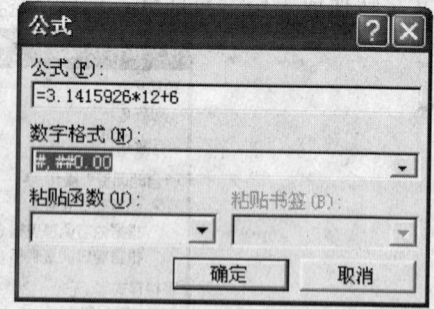

2—4—23 "将表格转换成文本"对话框   图 2—4—24 "公式"对话框

（3）单击"确定"按钮，将计算结果插入光标所在的单元格中。

2. 表格中行列数据的计算

例如，计算如图 2—4—25 所示表格中每个人的总分和各科成绩平均分。

姓名	数学	化学	物理	政治	总 分
赵育伍	90	88	85	77	
李白	79	89	74	78	
郑志国	65	93	69	83	
平均分					

图2—4—25 表格计算实例

(1) 将光标定位于表格第一行右边的"总分"单元格中。

(2) 单击"表格"菜单中的"公式"命令，弹出"公式"对话框，在"公式"文本框中出现求和公式Sum（Left）。在Word的计算函数中可以使用四个预定义参数，分别是Left、Right、Above、Below，分别代表光标所在单元格以左、以右、以上和以下的所有单元行或列。此处选择默认的Left参数。

(3) 在"数字格式"下拉列表中选择"0"，单击"确定"按钮，得到求和结果，如图2—4—26所示。

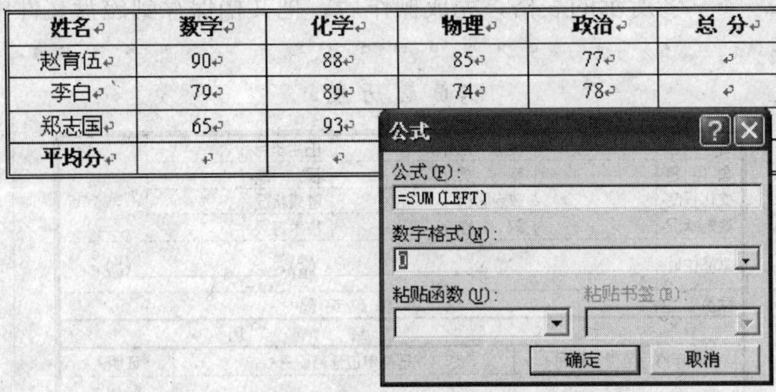

图2—4—26 按行计算数据累加和

(4) 用同样的方法，可以对其他总分进行计算。

1) 将光标定位于"数学"一列中的最下一个单元格中。

2) 单击"表格"菜单中的"公式"命令，弹出"公式"对话框，在"公式"文本框中出现求和公式Sum（Above），将其改为AVERAGE（ABOVE）。

3) 在"数字格式"下拉列表中选择"♯，♯♯0.00"，单击"确定"按钮，得到求平均分的结果，如图2—4—27所示。

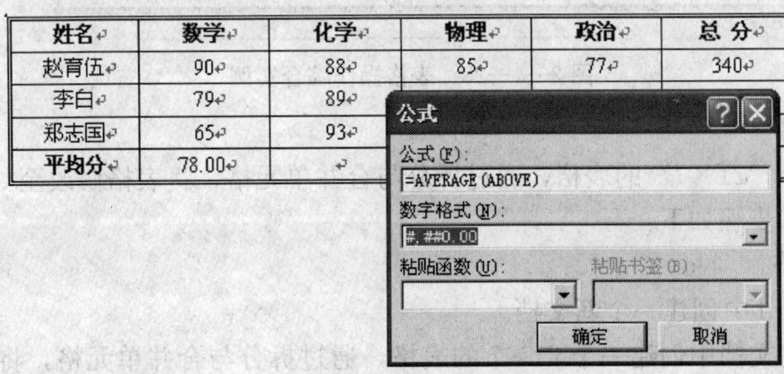

姓名	数学	化学	物理	政治	总 分
赵育伍	90	88	85	77	340
李白	79	89			
郑志国	65	93			
平均分	78.00				

图2—4—27 按列计算数据平均值

(5) 用同样的方法，计算其他课程的平均分。

"表格"菜单中的"公式"命令，既可在表格中计算数据，又可在文档中进行数据的计算。

3. 计算结果的更新

由于用"公式"命令得到的计算结果，实际上是以域的形式插入单元格内的，所以当单元格中的数据发生变化时，可以通过更新命令，对变动后的数据重新进行计算并得到结果。其操作步骤如下：

（1）单击计算结果所在的单元格。

（2）单击鼠标右键，在弹出的快捷菜单中选择"更新域"命令，或直接按 F9 键，可以将计算结果更新。

三、表格操作的综合实例

制作如图 2—4—28 所示的表格，完成操作后，把文档保存到磁盘文件中。

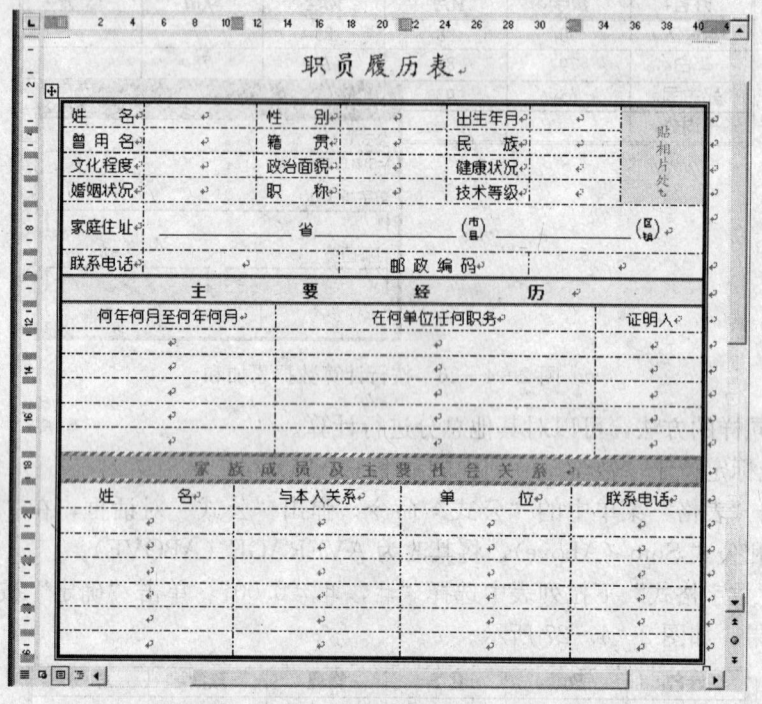

图 2—4—28　表格操作综合实例

【操作要求】

先插入一个"21×7"的表格，通过拆分与合并单元格，将表格修改至如样稿所示。
操作方法和步骤如下：

1. 制作表格

（1）在 Word 中创建一个新文档。

（2）在新建文档中创建一个 21×7 的表格，通过拆分与合并单元格，将表格修改至如图 2—4—28 所示。

（3）输入表格中相应的文字。其中市县及区镇的设置，调用"格式"→"中文版式"→"双行合一"功能完成。

（4）添加表格标题。字体：文鼎琥珀体；字号：小二号。

2. 设置字体格式

（1）表格中字体：幼圆，五号。

（2）"贴相片处"字颜色：粉红色；文字方向：纵向。

（3）"主要经历"字颜色：蓝色。

（4）"家庭成员及主要社会关系"字颜色：橘黄色。

3. 设置表格格式

（1）表格文字对齐方式：垂直居中与水平居中。

（2）表格框线：外框线为文武线（内粗外细），内框线为虚线。

（3）表格底纹："贴相片处"填充为淡绿色；"主要经历"填充为淡黄色；"家庭成员及主要社会关系"填充为淡蓝色。

4. 保存文件

上述工作完成后，单击"文件"菜单下的"保存"命令，在打开的对话框中，选择要保存的路径，输入文件名"职员履历表.doc"即可保存。

第五节　表格数据处理

→ 能够输入和编辑数据
→ 能够对数据进行简单处理，并插入图表
→ 能够打印输出数据表

一、Excel 2003 的基本操作

Excel 2003 是一个电子表格软件，其具有丰富的宏命令和函数，不但能够对表格数据进行运算，还能够进行数据分析和预测，可将表格数据用图表表示出来，同时还具有强大的数据库管理功能。

1. Excel 2003 的启动与退出

Excel 2003 是标准的 Windows 应用程序，可以用通用的方法启动和退出。

2. Excel 2003 的窗口组成

Excel 2003 的窗口与 Windows 窗口有共性，如标题栏、菜单栏、工具栏、状态栏等；但又具有其本身的特性，如工作簿窗口、编辑栏和工作表标签等，如图 2—5—1 所示。

（1）工作簿窗口

1）工作簿窗口是 Excel 2003 的主要工作区，内嵌于 Excel 2003 程序窗口之中。

2）关闭工作簿窗口，并没有关闭 Excel 程序；但关闭 Excel 程序窗口会同时关闭工作簿窗口。

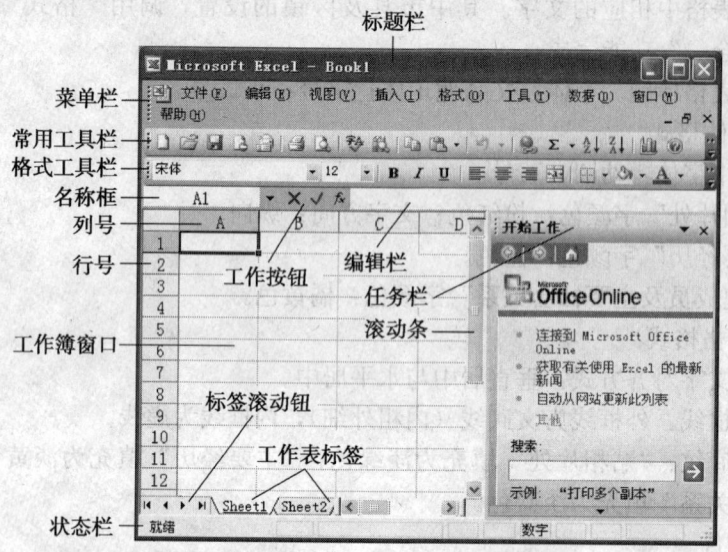

图2—5—1 Excel 2003 窗口组成

3）Excel 2003允许同时打开多个工作簿（各占用一个窗口），每个工作簿包含255张工作表。

(2) 工作簿窗口中的工作表区

1) 工作表标签。工作表标签在工作簿窗口底行左侧。新建的工作薄文件默认有3张工作表的标签，分别为Sheet1、Sheet2、Sheet3。用户还可以增加或删除工作表标签。工作表标签有下划线的为当前的工作表（见图2—5—1为Sheet1）。

2) 工作表工作区。工作区位于编辑栏与标签栏之间的区域，它由行和列构成，行和列的交叉处为单元格。粗边框的单元格为当前的活动单元格，图2—5—1所示的活动单元格为A1，它位于A列与1行的交叉点上。

每列的最上端为列标，每行的最左端为行标，行标与列标的交叉处为"全选"按钮。单击"全选"按钮，则选中当前工作表的所有单元格。

(3) 编辑栏。编辑栏位于工具栏的下方，自左至右依次为名称框、工具按钮和编辑框。当某个单元格被激活时，其单元格的地址（例如A1）即显示于名称框中。用户键入的数据，将在该单元格与编辑框中同时出现。"√"为确认按钮，用于确认输入单元格的内容；"×"为取消按钮，用于删除本次键入的内容；"fx"为粘贴函数按钮，仅在向单元格输入公式和函数时使用，如图2—5—2所示。

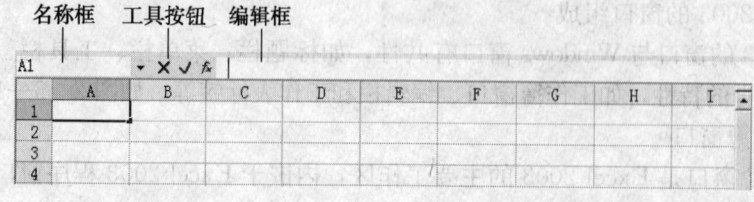

图2—5—2 编辑栏

(4)任务窗格。每次启动 Excel 2003 时会自动出现新建任务窗格,用户可以很方便地新建工作簿、打开已有的工作簿和利用模块等常用的功能。

3. 数据的基本类型及格式

Excel 2003 的数据类型包括数字型、文字型、日期及时间型。当向单元格输入数字时,Excel 2003 将其默认为数值类型。在输入的信息中,如果包含数字、字母、汉字及其他符号组合时,Excel 2003 将其默认为文字型。

Excel 2003 为数值数据提供了许多预定义的数字格式,用户也可以自定义所需的数字格式。

二、工作簿与工作表的操作

工作簿是 Excel 的基本单位,而工作表是工作簿的基本单位。

1. 工作簿操作

工作簿操作包括新建、保存、打开和关闭,其操作方法与 Word 文档的操作方法相同。

2. 工作表的操作

(1)选定工作表。工作表的选定方法见表 2—5—1。

表 2—5—1　　　　　　　　　工作表的选定方法

选定工作表	操　作
选定一个工作表	单击工作表标签
选定多个不连续的工作表	按住 Ctrl,再单击工作表标签
选定多个连续的工作表	按住 Shift,再单击工作表标签

(2)插入工作表。插入工作表也称新建工作表,插入新工作表的操作步骤如下:

1)用鼠标右键单击"Sheet3"工作表标签,在弹出的下拉菜单中选择"插入"命令,弹出如图 2—5—3 所示的"插入"对话框。

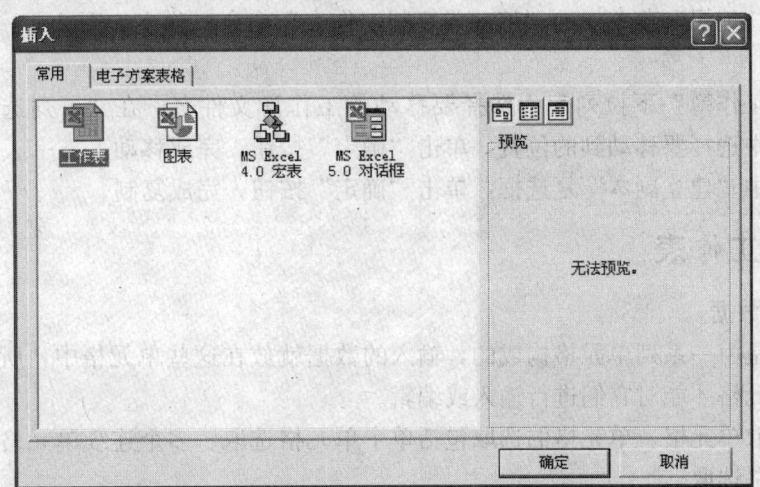

图 2—5—3　"插入"对话框

2) 单击"工作表"图标，再单击"确定"按钮，插入一个默认名称的工作表，并把新建的工作表设置为当前编辑的工作表。

（3）删除工作表。单击右键要删除的工作表标签，在弹出的下拉菜单中选择"删除"命令，弹出如图 2—5—4 所示的"删除"工作表对话框，让用户确认是否要删除。

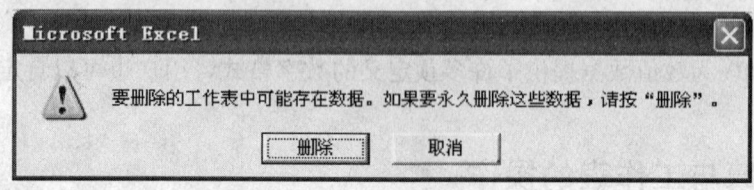

图 2—5—4　"删除"工作表对话框

（4）重命名工作表。在 Excel 2003 的工作簿中，所有工作表是以"Sheet1""Sheet2""Sheet3"……来命名的。在实际工作中，可以根据需要改变工作表的名字。

1) 单击右键要重命名的工作表标签，在弹出的下拉菜单中选择"重命名"命令，工作表标签呈反黑显示。

2) 直接输入新的工作表名，按回车键后，新工作表的名称即可代替原来的名称。

（5）移动或复制工作表

1) 移动工作表到当前工作簿的新位置。按住鼠标左键将要移动的工作表标签拖动至新的位置，松开鼠标即可将表移动到新的位置。在拖动鼠标的过程中，可以看到鼠标变成箭头的形式，同时在标签栏中有一个黑色的三角指示着工作表拖到的位置。

2) 复制工作表。用鼠标左键拖动要复制的工作表标签，同时按 Ctrl 键，此时，鼠标上的文档标记会增加一个小的加号，拖动鼠标到要插入工作表的新位置。

3) 移动或复制一个工作表到另一个工作簿中

①单击原工作簿中要移动的工作表标签。

②单击"编辑"菜单中的"移动或复制工作表"命令，弹出如图 2—5—5 所示的对话框。

③在"工作簿"下拉列表中选择要移动的工作簿文件名，在"下列选定工作表之前"列表框中选择要移动到的位置，单击"确定"按钮，完成移动。

④若选中"建立副本"复选框，单击"确定"按钮，完成复制。

三、编辑工作表

1. 输入数据

工作表是由一系列单元格构成的，输入的数据就放在这些单元格中，所以要选定某个或某些单元格才能对它们进行输入或编辑。

（1）选取单元格。单元格的选取包括单个单元格选取、多个连续单元格选取和多个不连续单元格选取。

1) 单个单元格选取。单击单元格可以选中单个单元格。使用键盘上的上、下、左、右"编辑"键，可以改变选中的单元格。另外，使用"编辑"菜单中的"定位"命令，在对话框中输入单元格地址（如d10），也可选取单个单元格。如图2—5—6所示。

图2—5—5 "移动或复制工作表"对话框　　　图2—5—6 "定位"对话框

2）多个连续单元格选取。选取一行：在工作表上单击某行的行号，例如要选取第6行，只需单击第6行的行号，选取后的结果如图2—5—7所示。

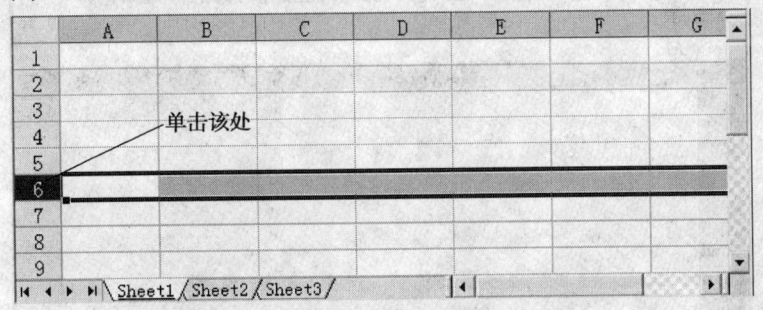

图2—5—7 选取一行

选取一列：在工作表上单击某列的列号，例如要选取第C列，只需单击第C列的列号，选取后的结果如图2—5—8所示。

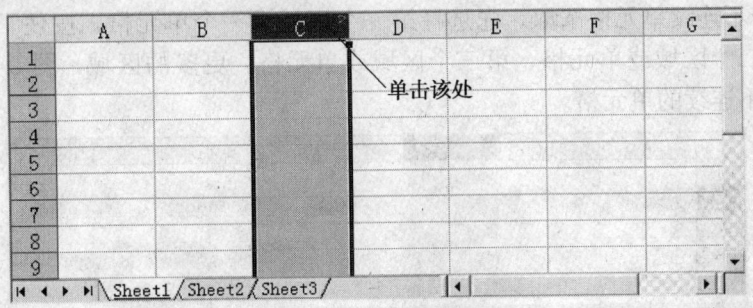

图2—5—8 选取一列

选取一个区域：用鼠标拖动可以选取多个连续单元格；或者用鼠标单击要选区域的左上角单元格，按住Shift键再用鼠标单击右下角单元格，同样可以选取一个矩形区域；在行号的位置，拖动鼠标可以选取连续的多行，同样在列号的位置拖动鼠标也可以选取连续的多列。

例如，要选取从 C2 到 F7 的矩形区域，先将鼠标指向 C2 单元格，然后拖动鼠标至 F7 单元格的右下角，松开鼠标即可，选中的区域如图 2—5—9 所示。

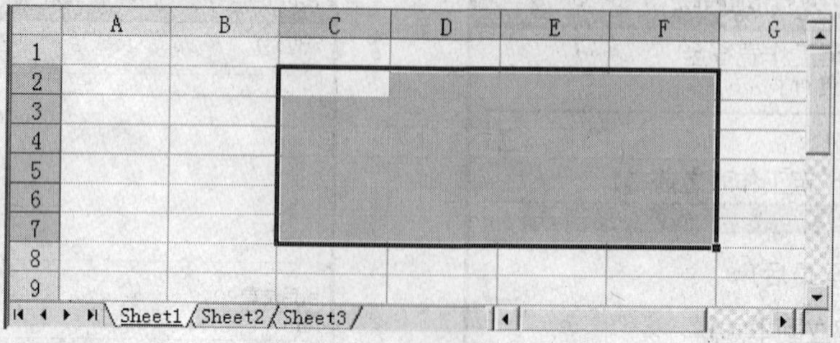

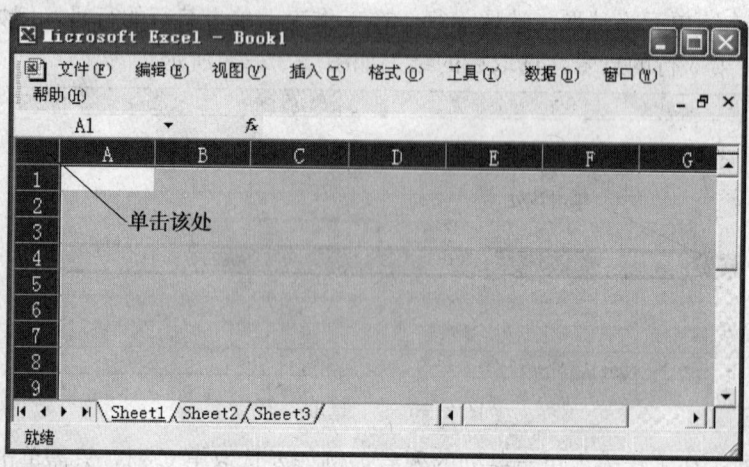

图 2—5—9　选取连续区域

选取整个工作表：单击工作表左上角行列交叉处的"选定整个工作表"按钮来选取整个工作表，如图 2—5—10 所示。

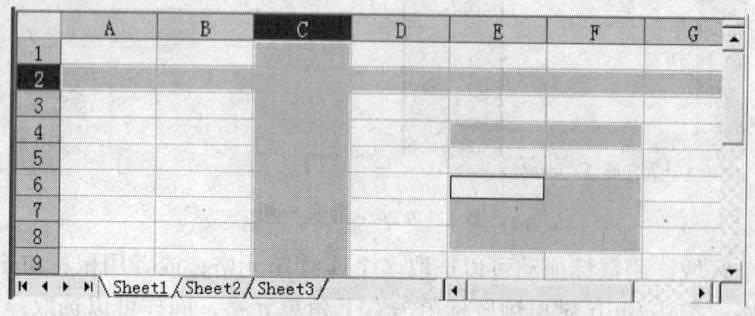

图 2—5—10　选取整个工作表

3) 多个不连续单元格选取。先选择第一个区域或一个单元格，按住 Ctrl 键，然后分别选择第二个区域或单元格、第三个区域或单元格、更多的区域，图 2—5—11 所示为选取多个不连续的单元格。

图 2—5—11　选取多个不连续的单元格

（2）输入数据。在工作表中可以输入两种数据——常量和公式。常量可以在选中某个单元格后，直接从键盘输入；而公式要先输入等号后再输入公式，是用这个公式计算的结果填入该单元格。

输入结束后按回车键、Tab 键、上、下、左、右"编辑"键或用鼠标单击编辑栏的"√"按钮均可确认输入。按 Esc 键或单击编辑栏的"×"按钮可取消输入。

常量数据类型可分为文本型、数值型和日期时间型。

1）文本输入。Excel 的文本包括汉字、英文字母、数字、空格及键盘能键入的符号。文本输入默认为左对齐，在输入文本时，Excel 默认对齐是单元格内靠左对齐。

①双击选中的单元格，例如，A1 单元格，出现输入定位光标"I"。

②在单元格中输入文字，例如，输入"×××学校第二学期课程表"，按回车键后，输入的文字被确认，活动单元格自动下移，如图 2—5—12 所示。

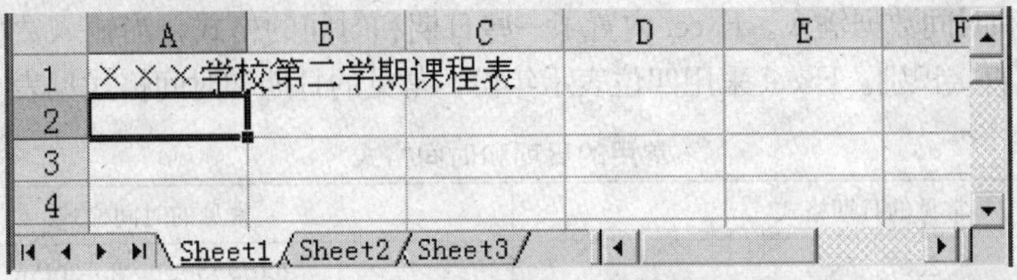

图 2—5—12 文本输入范例

如果输入的字符串全部由数字组成，如身份证、电话号码、邮政编码等，必须在数字前加一个半角的单引号"'"，使这类数字成为"字符型数字"。字符型数字在单元格中输入默认值为左对齐。

当输入的文字长度超出单元格宽度时，如右边单元格无内容，则扩展到右边列；否则将截断显示，调整单元格的宽度可以使数据全部显示出来。

2）数值输入

①双击欲输入数据的单元格，该单元格中出现插入点。

②在单元格中输入数值，按回车键后，输入的数据被确认。

表 2—5—2 列出的数字格式为 Excel 有效的数值输入格式。

表 2—5—2　　　　　　　　常用数字格式

输入的字符	值	数字格式
5 478.87	5 478.87	数值、常规格式
4 587	4 587	数值、千位分隔格式
−6 578	−6 578	负数
(6 578)	−6 578	负数
0 3/7	0.428 571 428 571 429	分数
1 3/7	1.428 571 428 571 43	分数
$546.54	546.54（美元）	数值、货币格式
2007 年	"2007 年"	文本、左对齐
50%	0.5	数值、百分比格式

数值除了数字（0～9）组成的字符串外，还包括＋、－、E、e、$、/、%以及小数点"."和千分位符号","等特殊字符（如$8,321）。另外还可使用分数输入，如2 2/3，在整数和分数之间应有一个空格，当分数小于1时，要写成0 3/5，不写0会被Excel识别为日期3月5日。字符"￥"和"$"放在数字前会被解释为货币单位，如￥1.8。数值型数据在单元格中输入默认值为右对齐。

Excel数值输入与数值显示未必相同，当输入的数据太长时，Excel会自动以科学计数法表示。如输入123 000 000 000，Excel表示为1.23E+11，E代表科学计数法，其前面为基数，后面为10的幂数。又如单元格数字格式设置为带两位小数，此时输入三位小数，则末位将进行四舍五入处理。因为Excel的数字精度为15位，当数字长度超过15位时，系统会将多余的数字位不进行四舍五入处理，而是直接去掉。如输入1 234 567 890 123 456时，在计算中以123 456 789 012 345参加计算。

3）日期和时间数据输入。Excel内置了一些日期和时间的格式，当输入数据与这些格式相匹配时，可直接识别。Excel采用四位表示年份，常见的日期和时间格式见表2—5—3。

表2—5—3　　　　　　　常用的日期和时间格式

常见的日期格式	常见的时间格式
2007－5－1	2007－5－1　2：30Pm
2007年5月1日	2007－5－1　2：30
二零零七年五月一日	07－5－1
二零零七年五月	07－5
五月一日	5－1
2007年9月	07－Sep
Sep－10	9月10日

日期在Excel中本质是数据，计算起点是1900－1－1，数字和日期可以相互转换，日期也可以参与计算。

4）数据自动输入。如果输入有规律的数据，可用Excel的数据自动输入功能，可以方便快捷地输入等差、等比数列，填充预定义的数据序列。

①自动填充。先在预定的单元格中填入初值项，再用鼠标指向初始值所在单元格的右下角，鼠标指针变为实心黑十字（此黑十字所在的点即为填充柄），按住左键拖动，使之通过要填充的所有单元格，然后松开左键，这时拖动所经过的所有单元格都被初值项填充了。

按住Ctrl键后再拖动，可在复制填充和序列填充中切换。

②等差、等比数列等数据序列的填充。在Excel中，可以通过把活动单元格中的数值递增到使用填充柄拖动过的区域中建立序列。例如，可以将1、2、3延长到4、5、6…。

建立序列的方法：

a. 选定序列初始内容的单元格和将要建立序列的所有单元格。

b. 选择【编辑】—【填充】—【序列】命令，打开【序列】对话框，如图2—5—13所示。

c. 在"序列产生在"选择框中指定序列产生在"行"或"列"。系统默认情况选定的单元格为行中的单元格。

文字信息处理

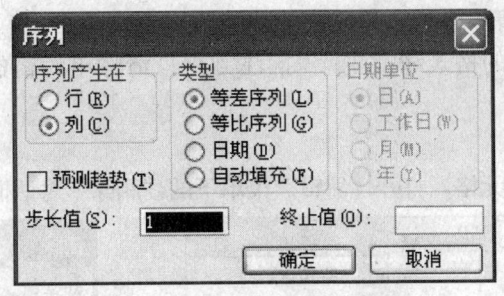

图 2—5—13 "序列"对话框

d. 在"类型"选择框中指定填充的类型。如果选择"等差序列"或"等比序列",则数字按此规律递增。

e. 如果在"类型"选择框选择了"日期",则要在"日期单位"选择框中选定内容。如果选择"自动填充"选项,则除了"序列产生在"选择框外其余都呈灰色。

f. 在"步长值"和"终止值"的文本框中分别输入步长值和终止序列。选择完成后按"确定"按钮,即可完成填充。

例如,在 B2 单元格中输入数字 2,选中 B2 至 F2 单元格区域,在"序列"对话框中,选择"序列产生在"的"行"单选框,"类型"单选框中选择"等差序列","步长值"设为"2",单击"确定"按钮,结果如图 2—5—14 所示。

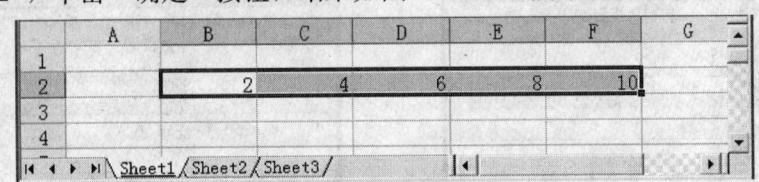

图 2—5—14 序列填充实例

2. 单元格的编辑

在 Excel 中有两种编辑数据的方法,一种是在编辑栏中进行编辑,另一种是直接在单元格中编辑。使用第一种方法时,先选中需编辑的单元格,在编辑栏中单击要编辑的位置,在出现闪烁的插入指针处进行编辑,完成后按回车键返回。

(1) 修改单元格数据

1) 全部修改。如果要重新输入某单元格中的数据,只要用鼠标单击该单元格,使其成为选中状态,输入新的数值即可。

2) 部分修改。如果要修改的只是该单元格数据的一部分,则要双击该单元格,这时单元格内出现插入点,移动插入点,即可进行修改。

(2) 清除单元格。清除单元格是指清除单元格中的内容、格式或批注,并不删除该单元格,即单元格本身还留在工作表中。

1) 选定需要清除的单元格,打开"编辑"菜单,选择"清除"命令,弹出如图 2—5—15 所示的清除子菜单。

2) 根据需要单击"全部""格式""内容"或"批注"。其中"全部"是指将所选单元格的所有内容,包括格式、单元格的内容、所有附加批注等,使单元格的格式返回到常规格式;"格式"只清除格式,单元格的格式返回到常规格式;"内容"指清除单元格的内容,但保留单元格的格式和批注;"批注"指只清除单元格的所有批注,但不改变单元格的内容和格式。

（3）删除单元格

1）选定要删除的单元格,打开"编辑"菜单下的"删除"对话框,如图2—5—16所示。

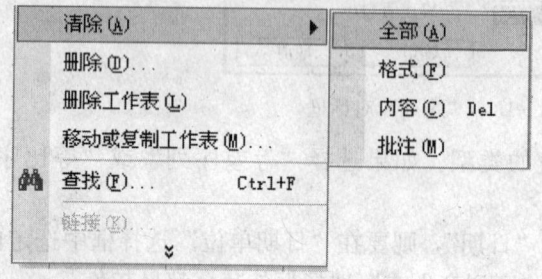 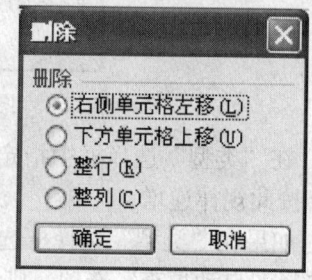

图2—5—15　清除子菜单　　　　　图2—5—16　"删除"对话框

2）在选项中选择删除后相邻单元格的移动方式,如选择"右侧单元格左移"单选按钮。例如,选中B2:B3单元格,执行删除时选"右侧单元格左移",则B2:B3的位置被C2:C3填充,删除前后的效果如图2—5—17所示。

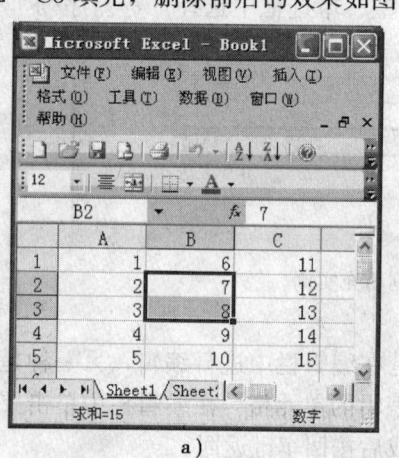 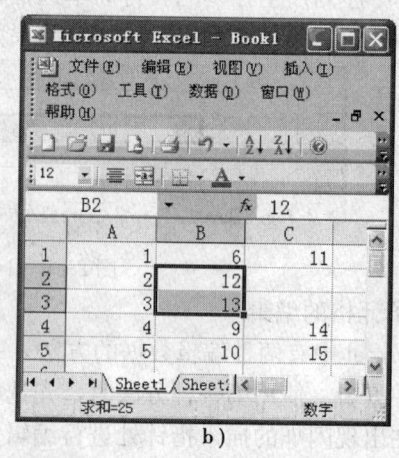

a)　　　　　　　　　　　　　　b)

图2—5—17　删除单元格实例
a）删除前　b）删除后

（4）插入单元格

1）在需要插入空单元格处选定相应的单元格,如果要同时插入多个单元格,则需选定相同数目的单元格。

2）单击"插入"菜单中的"单元格"命令,弹出如图2—5—18所示的"插入"对话框。

3）单击"活动单元格右移"或"活动单元格下移"选项,选择相应的活动单元格移动方式。

4）单击"确定"按钮,单元格中的内容向下移动,可在原来的位置上插入一个新的单元格,如图2—5—19所示。

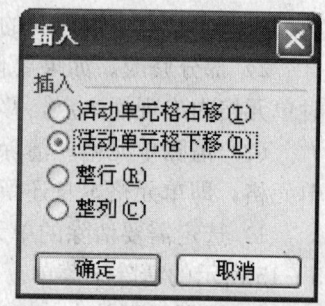

图2—5—18　"插入"对话框

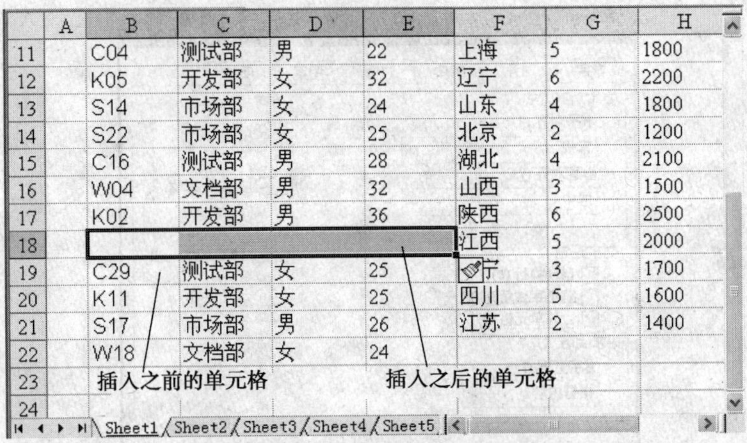

	A	B	C	D	E	F	G	H
11		C04	测试部	男	22	上海	5	1800
12		K05	开发部	女	32	辽宁	6	2200
13		S14	市场部	女	24	山东	4	1800
14		S22	市场部	女	25	北京	2	1200
15		C16	测试部	男	28	湖北	4	2100
16		W04	文档部	男	32	山西	3	1500
17		K02	开发部	男	36	陕西	6	2500
18						江西	5	2000
19		C29	测试部	女	25	辽宁	3	1700
20		K11	开发部	女	25	四川	5	1600
21		S17	市场部	男	26	江苏	2	1400
22		W18	文档部	女	24			

插入之前的单元格　　插入之后的单元格

图 2—5—19　插入单元格实例

(5) 插入行与列

1) 插入行

①选定指定行中的任意一个单元格。

②单击"插入"菜单中的"行"命令，可在该行的上方插入一行，如图 2—5—20 所示。

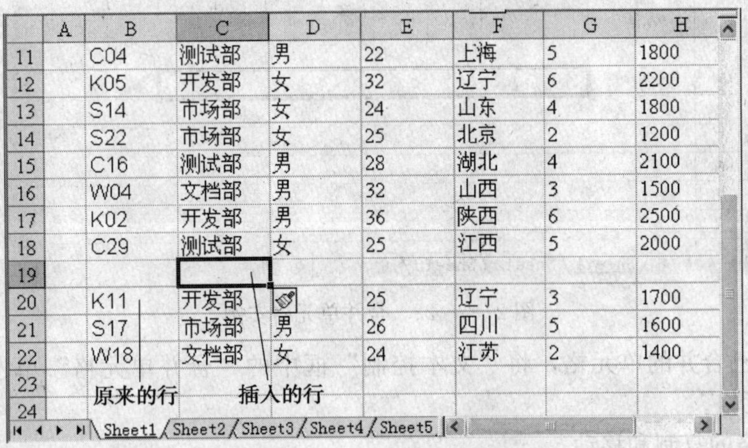

	A	B	C	D	E	F	G	H
11		C04	测试部	男	22	上海	5	1800
12		K05	开发部	女	32	辽宁	6	2200
13		S14	市场部	女	24	山东	4	1800
14		S22	市场部	女	25	北京	2	1200
15		C16	测试部	男	28	湖北	4	2100
16		W04	文档部	男	32	山西	3	1500
17		K02	开发部	男	36	陕西	6	2500
18		C29	测试部	女	25	江西	5	2000
19								
20		K11	开发部		25	辽宁	3	1700
21		S17	市场部	男	26	四川	5	1600
22		W18	文档部	女	24	江苏	2	1400

原来的行　　插入的行

图 2—5—20　插入行实例

2) 插入列

①选定指定列中的任意一个单元格。

②单击"插入"菜单中的"列"命令，可在该列的左方插入一列。

如果需要插入多列（或多行），则需要选择连续的若干列（或行），选定的列数（或行数）与待插入的空列数目（或空行数目）要相同。

(6) 单元格的合并与拆分

1) 选中要合并的连续的单元格，例如 B3 至 E3。

2) 单击"格式"菜单中的"单元格"命令，弹出如图 2—5—21 所示的"单元格格式"对话框，选中"对齐"选项卡。

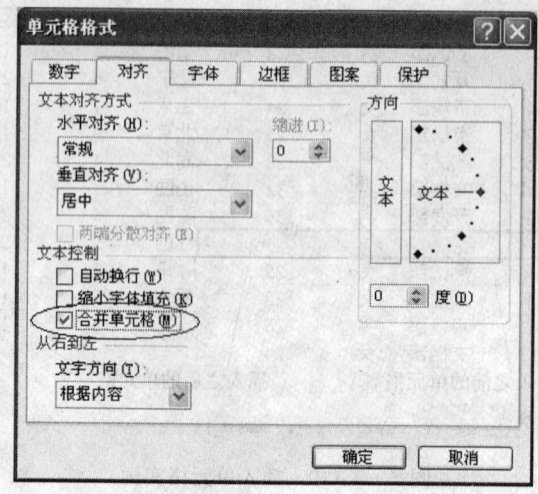

图 2—5—21 "单元格格式"对话框

3) 单击"文本控制"框中的"合并单元格"单选按钮。

4) 单击"确定"按钮,被选中的单元格则被合并成一个单元格,如图 2—5—22 所示。

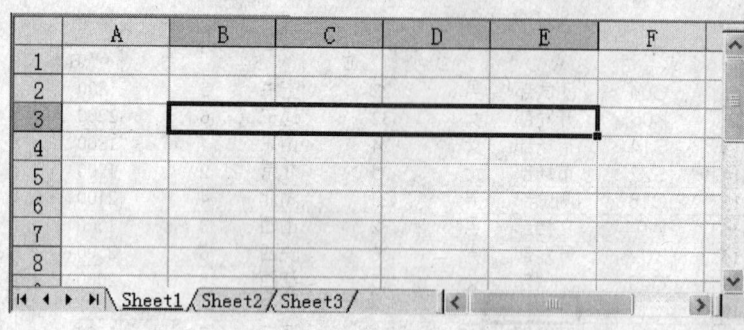

图 2—5—22 合并单元格实例

5) 选中已合并的单元格,将"文本控制"框中的"合并单元格"单选按钮去掉,可以拆分单元格。

3. 单元格的复制和移动

Excel 允许在同一个工作表中复制或移动单元格的内容,也可以把单元格的内容复制或移动到另一个工作表中。

(1) 用鼠标复制或移动

1) 选定需要移动或复制的单元格区域。

2) 将鼠标指向被选定区域的边框线上,出现十字光标。

3) 按住鼠标左键并拖到新的位置,释放鼠标后,所选区域移动到新的区域。

4) 在按住鼠标左键拖动的同时,按住 Ctrl 键,可以将所选的区域复制到新的区域。

(2) 用剪切板复制或移动

1) 复制

①选定需要复制的单元格区域,单击"编辑"菜单中的"复制"命令。

②选定要复制的目标区域左上角的单元格，单击"编辑"菜单中的"粘贴"命令，将所选的区域复制到新的区域。

2）移动

①选定需要移动的单元格区域，单击"编辑"菜单中的"剪切"命令。

②选定要移动的目标区域左上角的单元格，单击"编辑"菜单中的"粘贴"命令，将所选的区域复制到新的区域。

使用鼠标复制或移动的方法，只能在同一个工作表中进行；使用剪切板复制或移动的方法可以在另一个工作表或应用程序中进行操作。

4．查找与替换

在 Excel 的工作簿中，可以有选择地查找所需的数据，还可以进行数据的替换。这些数据可以是完整或部分的值，也可以是全部公式或单元格的批注。

（1）查找

1）单击"编辑"菜单中的"查找"命令，选择"查找"选项卡，如图 2—5—23 所示。

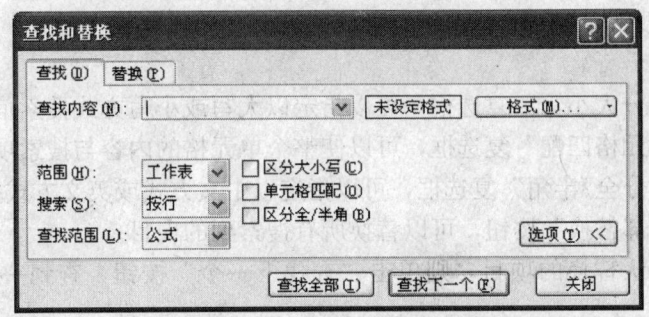

图 2—5—23 "查找"选项卡

2）在"查找内容"下拉列表框中输入要查找的信息，可以是公式、值或批注等，也可以使用通配符。

3）在"范围"下拉列表框中选择是工作表还是工作簿；在"搜索"下拉列表框中选择按行或按列搜索；在"查找范围"下拉列表框中选择查找"公式""值"或"批注"等。

4）选中"区分大小写"复选框，可以指定以大写或小写的方式搜索信息。

5）选中"单元格匹配"复选框，可以使整个单元格的内容与搜索项相匹配。

6）选中"区分全/半角"复选框，可以指定以中文方式或英文方式搜索信息。

7）单击"查找全部"按钮，开始查找。单击"查找下一个"按钮，找到所需内容后，该单元格将显示在屏幕上并被激活。

8）如果需继续查找，再次单击"查找下一个"按钮，否则单击"关闭"按钮。

（2）替换

替换命令与查找命令相似，不同之处是，替换命令将找到的字符串替换成新的字符串。

1）单击"编辑"菜单中的"替换"命令，选择"替换"选项卡，如图 2—5—24 所示。

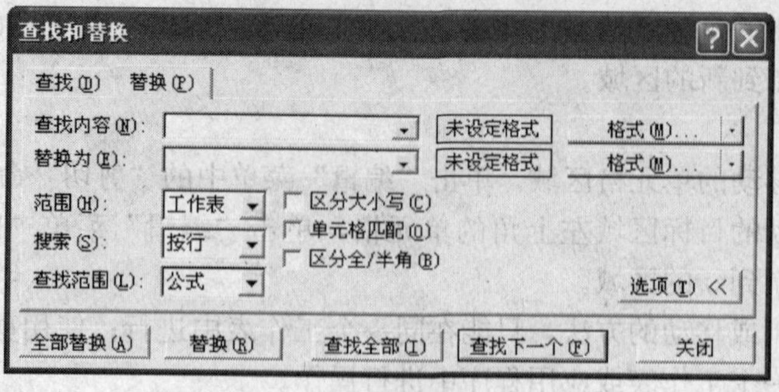

图2—5—24 "替换"选项卡

2）在"查找内容"下拉列表框中输入要查找的信息，可以是公式、值、批注等，也可以使用通配符。

3）在"替换为"下拉列表框中输入要替换的信息，单击"格式"按钮，可以设置替换成的格式。

4）在"范围"下拉列表框中选择是工作表还是工作簿；在"搜索"下拉列表框中选择按行或按列搜索；在"查找范围"下拉列表框中选择查找"公式""值"或"批注"等。

5）选中"区分大小写"复选框，可以指定以大写或小写方式搜索信息。

6）选中"单元格匹配"复选框，可以使整个单元格的内容与搜索项相匹配。

7）选中"区分全/半角"复选框，可以指定以中文方式或英文方式搜索信息。

8）单击"全部替换"按钮，可以替换所有搜索到的项目。

9）如果要确认替换的项目，则单击"查找下一个"按钮，查到一个匹配后，再单击"替换"按钮。

10）单击"关闭"按钮，完成替换操作。

四、格式化工作表

1. 设置数据格式

（1）设置文本格式。设置单元格中的文本，可使工作表更加美观。可以使用工具栏按钮和菜单命令这两种方法来设置单元格的文本。

1）使用格式工具栏按钮设置。在如图2—5—25所示的预算工作表中，将标题"1996年预算工作表"设置为楷体、加粗、20号字，操作步骤如下：

①单击标题所在的单元格A2。

②单击格式工具栏中的"字体"下拉列表框，从中选择"楷体"。

③单击格式工具栏中的"字号"下拉列表框，从中选择"20"。

④单击格式工具栏中的"加粗"按钮。

⑤选定A2：F2单元格区域。

⑥单击格式工具栏中的"合并及居中"按钮，设置结果如图2—5—26所示。

2）使用菜单命令设置

①单击标题所在的单元格A2。

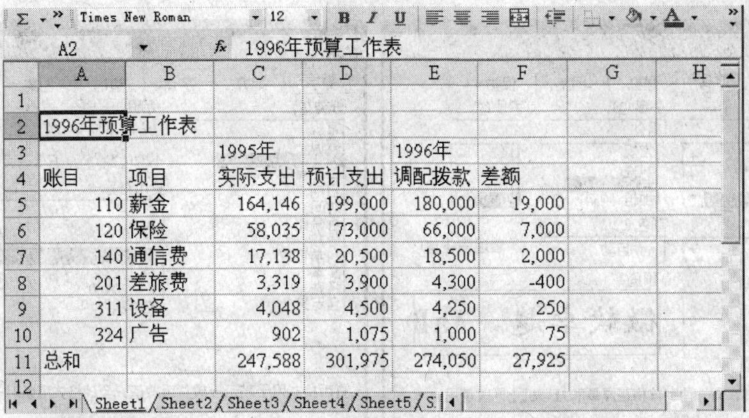

	A	B	C	D	E	F
1						
2	1996年预算工作表					
3			1995年		1996年	
4	账目	项目	实际支出	预计支出	调配拨款	差额
5	110	薪金	164,146	199,000	180,000	19,000
6	120	保险	58,035	73,000	66,000	7,000
7	140	通信费	17,138	20,500	18,500	2,000
8	201	差旅费	3,319	3,900	4,300	-400
9	311	设备	4,048	4,500	4,250	250
10	324	广告	902	1,075	1,000	75
11	总和		247,588	301,975	274,050	27,925

图 2—5—25　预算工作表

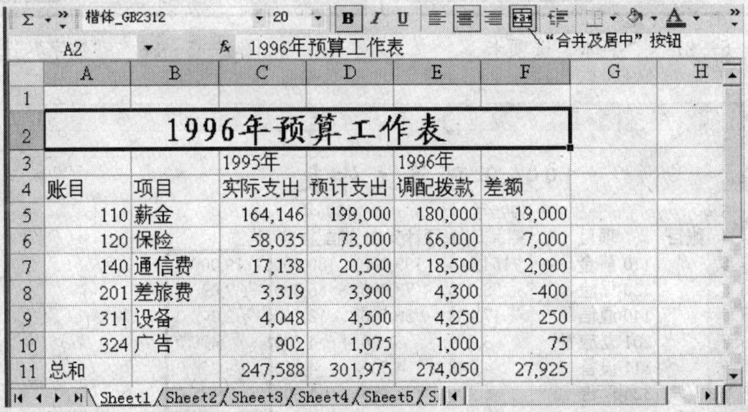

	A	B	C	D	E	F
1						
2	1996年预算工作表					
3			1995年		1996年	
4	账目	项目	实际支出	预计支出	调配拨款	差额
5	110	薪金	164,146	199,000	180,000	19,000
6	120	保险	58,035	73,000	66,000	7,000
7	140	通信费	17,138	20,500	18,500	2,000
8	201	差旅费	3,319	3,900	4,300	-400
9	311	设备	4,048	4,500	4,250	250
10	324	广告	902	1,075	1,000	75
11	总和		247,588	301,975	274,050	27,925

图 2—5—26　设置后的预算工作表

②单击“格式”菜单下的“单元格”命令，弹出“单元格格式”对话框，选择“字体”选项卡，如图 2—5—27 所示。

③可以在“字体”“字形”“字号”中设置相应的字体属性，单击“确定”按钮，完成字符的设置。

（2）设置数值格式。数字的格式化，包括设置数值的小数位、百分比、货币和会计形式等。

菜单命令设置：

1）选择图 2—5—26 中 F5：F11 的单元格区域。

2）单击“格式”菜单下的“单元格”命令，弹出“单元格格式”对话框，选择“数字”选项卡，如图 2—5—28 所示。

3）在“分类”列表框中分别选择“数值”“货币”“百分比”“会计专用”等项，给表格中的数据设定相应的格式。例如，选择“货币”，小数位数设为“1”，选择货币符号为“¥”。

4）单击“确定”按钮，完成数值的设置，如图 2—5—29 所示。

2. 设置单元格格式

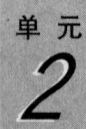

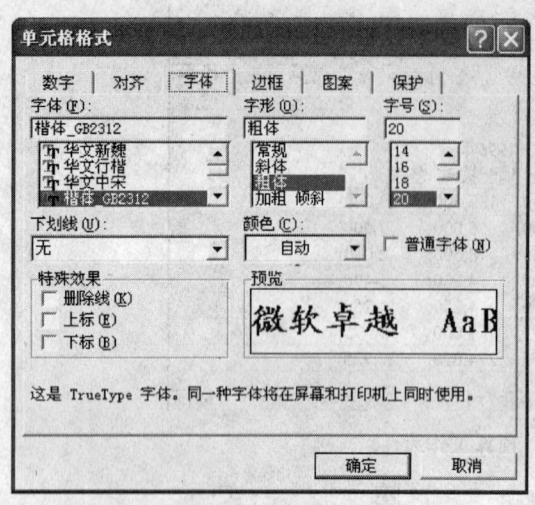

图 2—5—27 “字体”选项卡

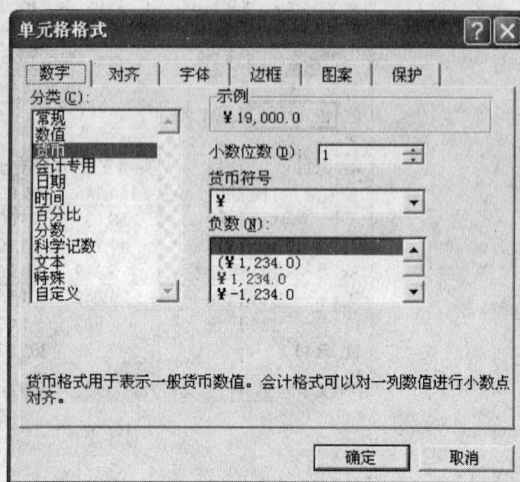

图 2—5—28 “数字”选项卡

	A	B	C	D	E	F
1						
2			1996年预算工作表			
3			1995年		1996年	
4	账目	项目	实际支出	预计支出	调配拨款	差额
5	110	薪金	164,146	199,000	180,000	¥19,000.0
6	120	保险	58,035	73,000	66,000	¥7,000.0
7	140	通信费	17,138	20,500	18,500	¥2,000.0
8	201	差旅费	3,319	3,900	4,300	¥400.0
9	311	设备	4,048	4,500	4,250	¥250.0
10	324	广告	902	1,075	1,000	¥75.0
11	总和		247,588	301,975	274,050	¥27,925.0
12						

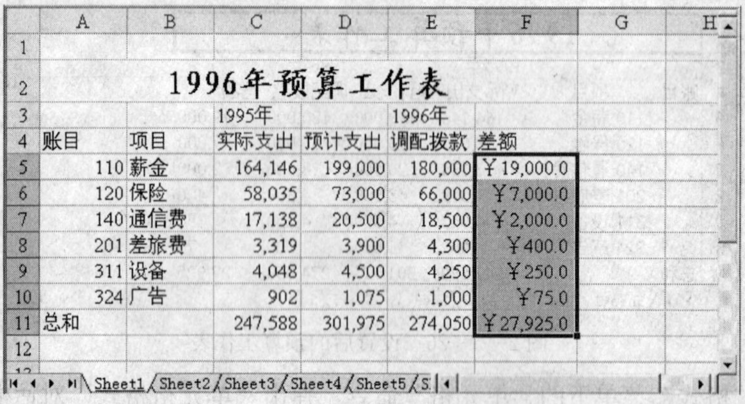

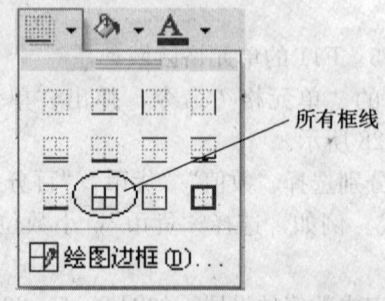

图 2—5—29 数据格式化实例

（1）使用格式工具栏按钮设置

1）在图 2—5—26 中选择 A2：F11 单元格区域。

2）单击格式工具栏中的“边框”下拉列表按钮，弹出如图 2—5—30 所示的边框样式选择项。

图 2—5—30 边框样式选择项

3）单击边框样式选择项第 3 行、第 2 列的“所有框线”按钮，完成表格框线的设置，执行结果如图 2—5—31 所示。

	A	B	C	D	E	F
1						
2	1996年预算工作表					
3			1995年		1996年	
4	账目	项目	实际支出	预计支出	调配拨款	差额
5	110	薪金	164,146	199,000	180,000	19,000
6	120	保险	58,035	73,000	66,000	7,000
7	140	通信费	17,138	20,500	18,500	2,000
8	201	差旅费	3,319	3,900	4,300	-400
9	311	设备	4,048	4,500	4,250	250
10	324	广告	902	1,075	1,000	75
11	总和		247,588	301,975	274,050	27,925
12						

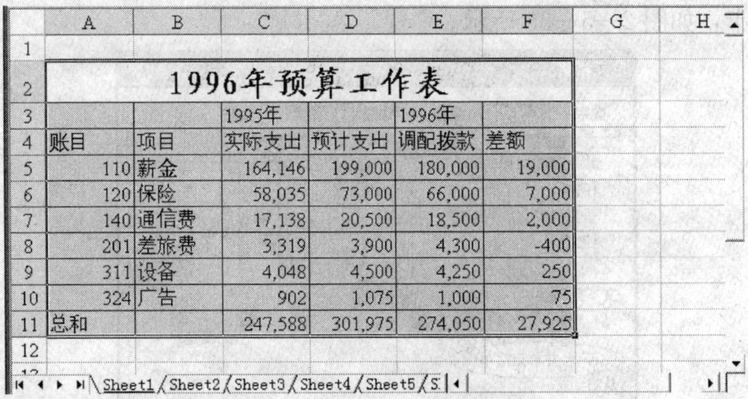

图 2—5—31　边框线的设置实例

（2）使用菜单命令设置

1）在图 2—5—26 中选定 A2：F11 单元格区域。

2）单击“格式”菜单下的“单元格”命令，弹出“单元格格式”对话框，选择“边框”选项卡，如图 2—5—32 所示。

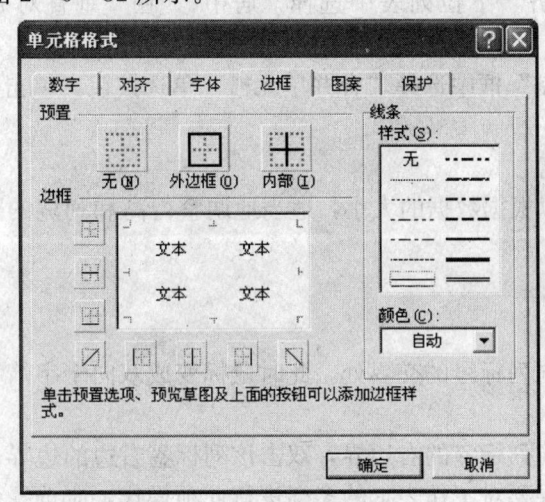

图 2—5—32　“边框”选项卡

3）分别单击“预置”项中的“外边框”和“内部”按钮，给表格加上边框线。也可以在“线条”列表框中选择边框样式，在“颜色”下拉列表框中选择边框线的颜色等。

4）单击“确定”按钮，完成表格边框的设置。

3. 单元格内容的对齐

单元格的内容有左对齐、右对齐、合并及居中等四种对齐方式。前三种对齐方式是针对一个单元格进行的，合并及居中则是针对选定的若干单元格对齐的。在默认方式下，文字靠左对齐，数字靠右对齐。

（1）在图 2—5—26 中选定 A2：F2 单元格区域。

（2）单击"格式"菜单下的"单元格"命令，弹出"单元格格式"对话框，选择"对齐"选项卡，如图 2—5—33 所示。

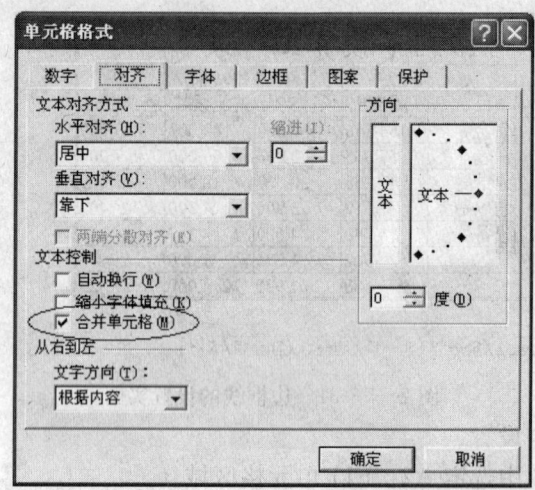

图 2—5—33 "对齐"选项卡

（3）在"水平对齐"下拉列表中选择"居中"，在"垂直对齐"下拉列表中选择"居中"。

（4）在"文本控制"框中选择"合并单元格"单选按钮，单击"确定"按钮，完成设置。

4. 调整行高/列宽

在 Excel 中，可以根据数据的大小，适当地调整行高和列宽的数值，可使用以下的两种方法进行调整。

（1）调整列宽

1）采用鼠标操作

①将鼠标指针指向列标号的交界处，此时鼠标变成双向十字箭头，拖动鼠标即可设置所需的列宽。

②将鼠标指针指向列标签的右边界，双击该列标签右边的边界，可以为列中的内容选择适合的列宽。如果要对工作表上的多列进行此项操作，应选择多列，然后双击某一列标右边的边界。

③将鼠标指针指向列标签的右边界，拖动鼠标选定要改变的列，然后再拖动选定列中任意一列的列标签右边的边界，可以同时改变多列的列宽。

2）采用菜单命令

①选定要更改列宽的列。

②单击"格式"菜单中的"列"子菜单，选择"列宽"命令，在弹出的"列宽"对话框中输入列宽值。

③单击"确定"按钮即可。

（2）调整行高。行高的调整与列宽类似，也可以用鼠标方式和菜单命令来调整，具体操作步骤不再介绍。

5. 自动套用格式

自动套用格式是指已经定义好的格式组合，如数字格式、正文格式、对齐格式、数据表格框线模式以及行高列宽等。Excel 2003 提供了丰富的表格套用格式，用户不仅能直接套用，而且还可以修改，大大减轻了工作量。

（1）选中要套用格式的单元格区域，单击“格式”菜单下的“自动套用格式”命令，弹出如图 2—5—34 所示的“自动套用格式”对话框。

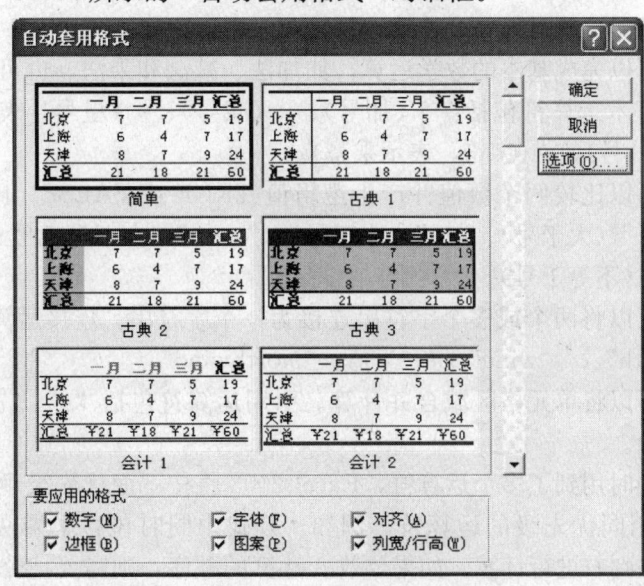

图 2—5—34 “自动套用格式”对话框

（2）在下拉列表框中选择所需的格式，如“简单”。

（3）单击“选项”按钮，弹出“要应用的格式”选项组，该选项组可以将选择格式应用到所选定的表格上。例如单击“边框”复选框，则只将边框格式应用到所选的表格中。

（4）选中“要应用的格式”选项组中的全部选项，单击“确定”按钮，自动套用了所选格式，如图 2—5—35 所示。

	A	B	C	D	E	F	G	H
1								
2			1996年预算工作表					
3			1995年		1996年			
4	账目	项目	实际支出	预计支出	调配拨款	差额		
5	110	薪金	164,146	199,000	180,000	¥19,000.0		
6	120	保险	58,035	73,000	66,000	¥7,000.0		
7	140	通信费	17,138	20,500	18,500	¥2,000.0		
8	201	差旅费	3,319	3,900	4,300	¥400.0		
9	311	设备	4,048	4,500	4,250	¥250.0		
10	324	广告	902	1,075	1,000	¥75.0		
11	总和		247,588	301,975	274,050	¥27,925.0		
12								

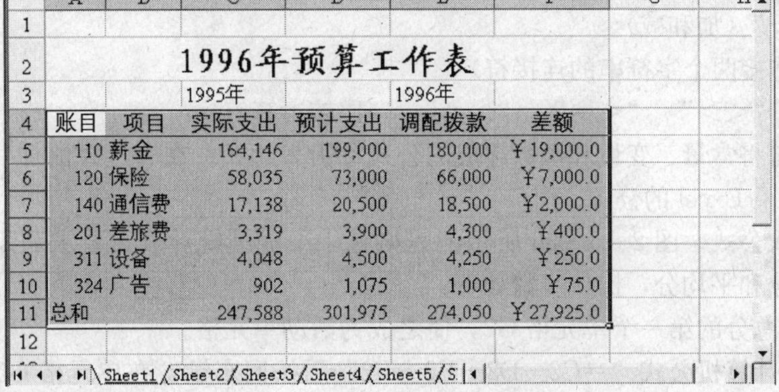

图 2—5—35 自动套用格式范例

五、公式与函数

Excel 2003不仅允许用户直接在单元格中输入公式进行计算,而且还可使用系统提供的函数来完成对工作表的计算,可以进行多维引用完成复杂的计算。

1. 公式

(1) 运算符。运算符是公式组成的元素之一。运算符是一种符号,用于指明对公式中元素进行计算的类型,如:加法、减法或乘法。在Excel 2003中包含四种类型的运算符:即算术运算符、比较运算符、连接运算符和引用运算符。

算术运算符可以完成基本的数学运算,如加法、减法和乘法,也可以连接数字,并产生数字结果。算术运算符包括:＋(加号)、－(减号)、*(星号,表示乘)、/(斜杠,表示除)、%(百分号)、∧(字符,表示乘幂)。

比较运算符可以比较两个数值并产生逻辑值TRUE或FALSE。比较运算符包括:"＝"(等号)、">"(大于号)、"<"(小于号)、">＝"(大于等于号)、"<＝"(小于等于号)、"<>"(不等于号)。

连接运算符可以将两个或多个字符串连接为一个字符串。连接运算符用"&"(连字符),如:"North" & "wind"将产生值:"Northwind"。

引用运算符可以将单元格区域合并计算。引用运算符包括":"(冒号)、","(逗号)、"±"(空格)。

如果公式中同时用到了多个运算符,Excel 2003将按下面优先级顺序进行运算。如果公式中包含了相同优先级的运算符,例如,公式中同时包含了乘法和除法运算符,Excel 2003将从左到右进行计算。如果要改变计算的顺序,则需要把公式首先计算的部分用圆括号括起来。

运算符运算优先级别如下(从高到低排列):

":"(冒号)","(逗号)"±"(空格)引用运算符

"—"(负号)(如—1)

"%"(百分比)

"∧"(乘幂)

"*""/"(乘和除)

"＋""—"(加和减)

"&"(连接两个字符串的连接符)

"＝" "<>" "<＝" ">＝" (比较运算符)

用运算符将常量、变量和函数连成的公式称为表达式。在表达式前加一个前导等号"＝"就构成了Excel的公式。

(2) 输入公式。图2—5—36所示的表格是一个成绩统计表,要求利用公式计算每个学生的总分和平均分,操作步骤如下:

1) 单击总分的第一个单元格G2,使之成为活动单元格。

2) 输入计算机公式"＝C2＋D2＋E2＋F2"后按回车键,在单元格G2中将显示计算结果305。

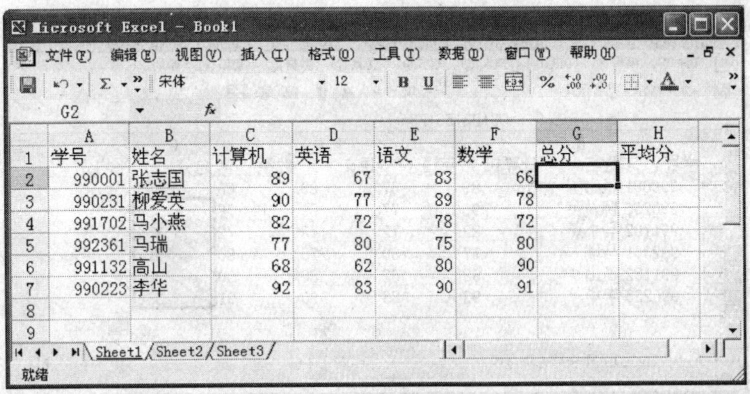

文字信息处理

图2—5—36 成绩统计表

3）再次单击单元格G2，使之成为活动单元格，同时在编辑栏中显示该计算公式，如图2—5—37所示。

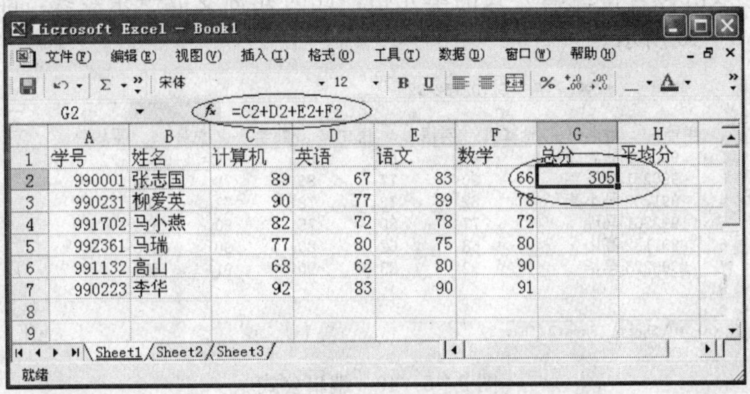

图2—5—37 总分计算结果

4）单击常用工具栏中的"复制"按钮，选定总分的其他单元格区域G3：G7，如图2—5—38所示。

5）单击常用工具栏中的"粘贴"按钮，执行结果如图2—5—39所示。

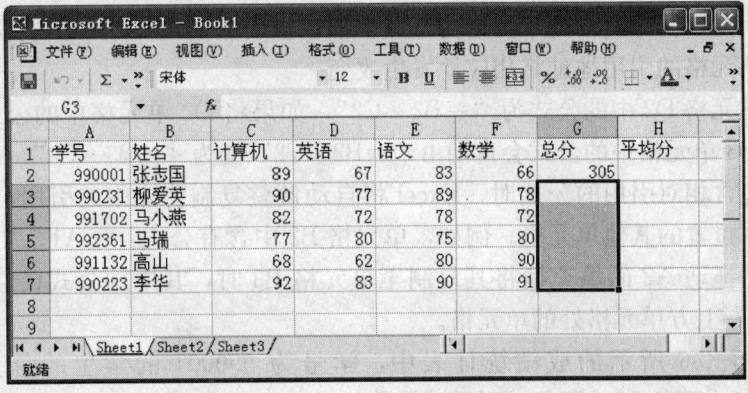

图2—5—38 选定区域

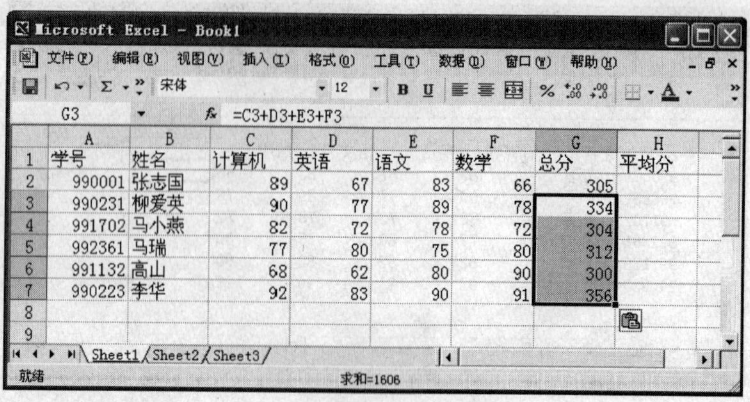

图 2—5—39 执行结果

(3) 编辑公式。单元格中的公式也可以像单元格中的其他数据一样被编辑，具体操作方法如下：双击包含待编辑公式的单元格，此时光标变成一条竖线，即进入编辑状态，如图 2—5—40 所示。

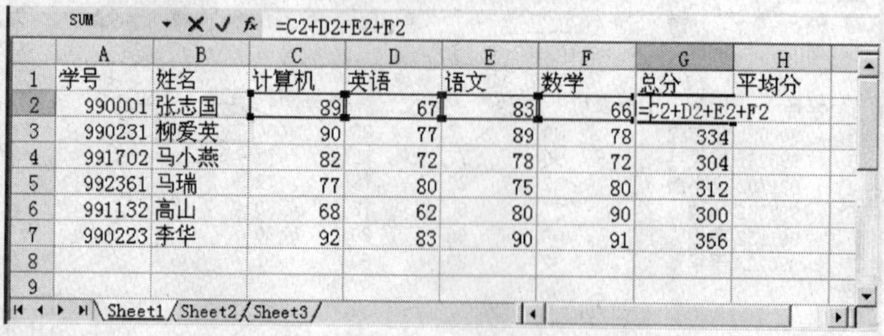

图 2—5—40 编辑公式

(4) 删除公式。单击包含公式的单元格，按"DELETE"键即可删除公式。

2. 单元格的引用

单元格的引用是指通过单元格的引用位置来得到公式中使用的数据。

(1) 相对引用。相对引用是指单元格的引用将随着公式所在单元格的位置变化而改变。相对引用是以公式所在的单元格为基点来描述被引用的单元格，在被复制到其他单元格时，其单元格的引用地址将相应地发生改变。

例如，单元格 D2 中的公式为"＝B2＊C2"，如果将 D2 单元格中的公式复制到 D3 单元格，则 D3 单元格中的公式会自动由"＝B2＊C2"变为"＝B3＊C3"。

在复制包含相对引用的公式时，Excel 将自动调整复制公式中的引用，以便引用相对于当前公式位置的其他单元格。例如，单元格 B2 中含有公式：＝A1，A1 是 B2 左上方的单元格，拖动 A2 的填充柄将其复制至单元格 B3 时，其中的公式已经改为＝A2，即单元格 B3 左上方单元格处的单元格。

在图 2—5—36 所示的成绩统计表中，学号为 990001 的学生的总分计算公式为：＝C2＋D2＋E2＋F2，用相对引用计算其他学生的总分，操作步骤如下：

➢ 选定 G2 单元格。

➢ 将鼠标移置 G2 单元格右下角的填充柄上。
➢ 按住鼠标左键并向下拖动。
➢ 拖动到 G7 单元格后松开鼠标左键，即在 G3、G4、G5、G6 和 G7 单元格中复制了 G2 单元格中的公式，在相应的单元格中为每个学生建立了计算总分的公式。公式中的相对引用会自动进行调整以适应新的位置，用 G2 单元格填写充句柄在 G3：G7 单元格区域中建立的公式见表 2—5—4。

表 2—5—4　　　　　　　G3：G7 单元格区域公式

单元格	计 算 公 式
G3	＝C3＋D3＋E3＋F3
G4	＝C4＋D4＋E4＋F4
G5	＝C5＋D5＋E5＋F5
G6	＝C6＋D6＋E6＋F6
G7	＝C7＋D7＋E7＋F7

（2）绝对引用。在复制或移动单元格时，如果不希望其中的公式中引用的单元格发生变化，则需要使用绝对引用。绝对引用是以工作表为基点来描述被引用的单元格，绝对引用是在单元格的列号和行号前加一个美元符号"＄"。例如，将 D2 单元格中的公式"＝B2＊C2"改为"＝＄B＄2＊＄C＄2"，则将其复制到 D3 单元格中时，公式将保持不变，即 D3 单元格中的公式也为"＝B2＊C2"。这种在复制或移动单元格到目的地，原单元格中的公式中的运算符和操作数（原来引用的单元格）都不变的情况，称为绝对引用。

在图 2—5—41 所示的贷款统计表中，列出了贷款代码、贷款金额、期限和贷款日期，年利率为 10.5%。其中"年利率"存储在 A2 单元格中；10.5% 存储在 B2 单元格中。

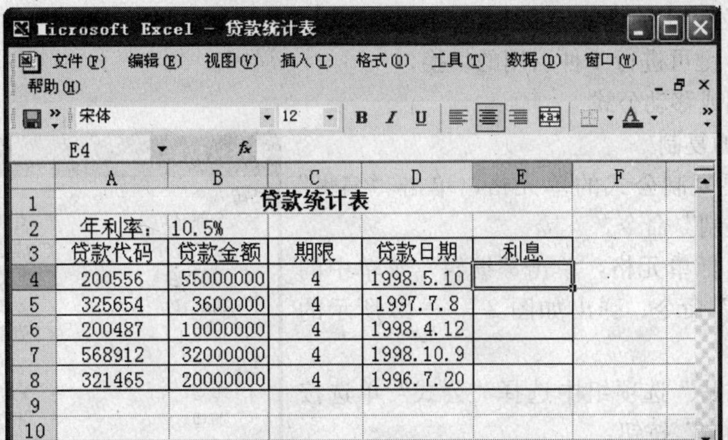

图 2—5—41　贷款统计表

计算各单位到期应偿还的利息。操作步骤如下：
➢ 选定 E4 单元格，输入"＝"号。

计算机操作员（中级）

➢ 单击第一个贷款单位的贷款金额单元格B4，输入"＊"后再单击C4单元格，输入"＊B2"，其中"B2"是贷款年利率的单元格地址。
➢ 按回车键后，建立了公式并将计算结果显示在E4单元格中。
➢ 将鼠标移至E4单元格右下角的填充柄上。
➢ 按住鼠标左键并向下拖拽。
➢ 拖拽到E8单元格后松开鼠标左键，即在E5、E6、E7和E8单元格中复制了E4单元格中的公式，在相应的单元格中建立了到各单位期应偿还利息的公式。用E4单元格填写充句柄在E5：E8单元格区域中建立的公式见表2—5—5。

表2—5—5　　　　　　　　E5：E8单元格区域公式

单元格	计算公式
E4	＝E4＊C4＊B2
E5	＝E5＊C5＊B2
E6	＝E6＊C6＊B2
E7	＝E7＊C7＊B2
E8	＝E8＊C8＊B2

（3）混合引用。混合引用是指在一个公式中既有相对引用又有绝对引用。混合引用可分为两种形式，一种是列绝对行相对，另一种是列相对行绝对。

例如，单元格中的公式为：＝$E4，表示为列绝对行相对的混合引用，即列不发生变化，但行随着复制位置而发生变化；同样，单元格中的公式为：＝E$4，表示为行绝对列相对的混合引用，即行不发生变化，但列随着复制位置而发生变化。

（4）几种引用的转换
1）选定公式中的地址。
2）按F4键可进行4种引用的切换。
（5）复制或移动公式
1）公式的复制
①选定要复制公式的单元格，单击"编辑"菜单中的"复制"命令。
②选定目标单元格，单击"编辑"菜单中的"选择性粘贴"命令，弹出如图2—5—42所示的对话框。
③在"粘贴"选项组中选择"公式"单选按钮，单击"确定"按钮。
2）公式的移动。公式的移动与单元格中数据的移动方法相同，可以用鼠标直接移动，也可以使用命令来移动公式。

3．常用函数

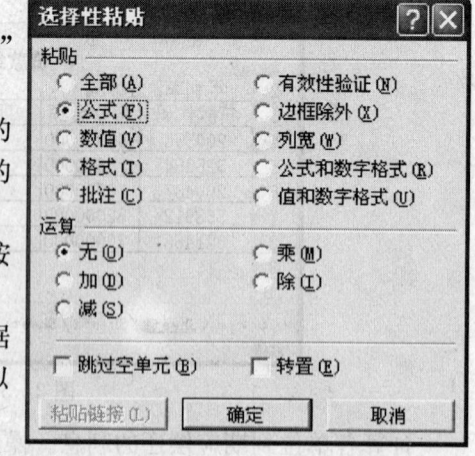

图2—5—42　"选择性粘贴"对话框

函数是系统预置的、具有特定功能的程序段。用户只需知道 Excel 函数的功能和用法即可。Excel 函数是作为 Excel 公式的特例使用，所以公式前面都要加前导等号。

函数是指对单个或多个数值进行运算操作，并返回单个值或多个值的已定义好的公式。Excel 2003 提供了 11 个种类的函数，其中包括财务函数、日期与时间函数、数学与三角函数、统计函数、数据库函数、信息处理函数、字符处理函数和逻辑处理函数等。大多数函数是常用公式的简写形式，利用函数能够提高操作效率。

函数由函数名及参数组成，例如 SUN（C2：F2）函数表示对从 C2 单元格到 F2 单元格之间的区域进行求和运算，相当于公式"＝C2＋D2＋E2＋F2"。其中，SUM 是函数名，C2：F2 是 SUM（）函数的参数。

(1) 插入函数

1）选定要输入函数的单元格。

2）单击编辑栏中的"函数"按钮 fx，弹出如图 2—5—43 所示的对话框。

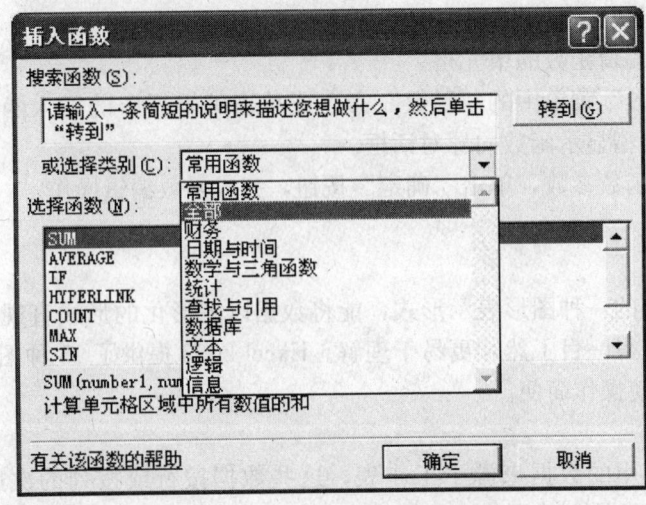

图 2—5—43　"插入函数"对话框

3）在"或选择类别"下拉列表框中选择函数类型，例如选择"常用函数"。

4）在"选择函数"下拉列表框中选择所需的函数，例如选择"SUM"，单击"确定"按钮，弹出如图 2—5—44 所示的"函数参数"对话框。

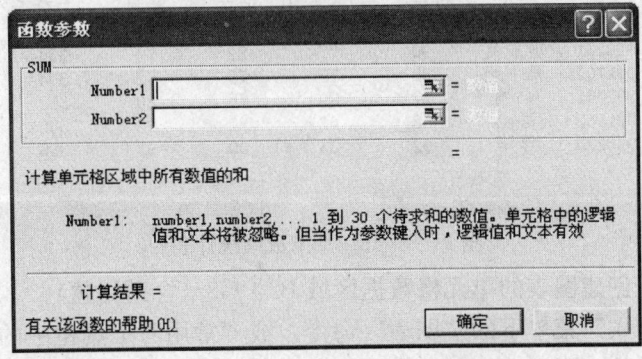

图 2—5—44　"函数参数"对话框

5）在“SUM”项目组的“Number 1”文本框中输入需要计算的数据区域，也可以用鼠标单击文本框右边的红箭头，使工作表数据可见，用鼠标直接拖动，选定需要计算的数据区域。

6）单击“确定”按钮，完成函数的输入。

（2）直接输入函数

如果熟悉要使用的函数，可以直接用键盘输入要使用的函数。操作步骤如下：

1）选定需要使用函数的单元格，输入“＝”号后。

2）输入函数名和参数，例如输入“SUN（C2：F2)”。

3）按回车键确认。

直接输入函数的方法简单，适合一些单变量的函数，如果函数的参数较多或较复杂，最好采用菜单方式来输入函数。

（3）编辑函数

在输入一个函数后，可以用手工或函数向导来编辑函数。

1）选定需要编辑函数的单元格。

2）单击“插入”菜单中的“函数”命令或单击编辑栏中的插入函数按钮，将按该单元格中函数的类型显示函数向导对话框。

3）编辑修改函数参数，单击“确定”按钮，完成函数编辑操作。

六、图表操作

图表是工作表的一种图形表示形式，能将数据以图形化的形式直观清晰表达，使数据的比较和趋势变得一目了然，更易于理解。Excel 2003 提供了 15 种图表类型，并提供了“图表向导”，使操作简便。

1. 创建图表

创建图表所使用的数据来源于工作表，这些数据按行或按列的次序存放在工作表中，以下使用图表向导创建图表。

先建立一个如图 2—5—45 所示的“期末成绩统计表”，利用该工作表中的数据，创建“总分”柱形图。

	A	B	C	D	E	F	G
1	期末成绩统计表						
2	学号	姓名	计算机	英语	语文	数学	总分
3	990001	张志国	89	67	83	66	305
4	990231	柳爱英	90	77	89	78	334
5	991702	马小燕	82	72	78	72	304
6	992361	马瑞	77	80	75	80	312
7	991132	高山	68	62	80	90	300
8	990223	李华	92	83	90	91	356
9							
10							

Sheet1 Sheet2 Sheet3

图 2—5—45 期末成绩统计表

（1）选定用于创建图表的单元格数据区域 B2：G8（含列标题）。

（2）单击“插入”菜单下的“图表”命令，或“常用”工具栏中的“图表向导”按钮，弹出如图所示的“图表向导－4 步骤之 1－图表类型”对话框，如图 2—5—46 所示。

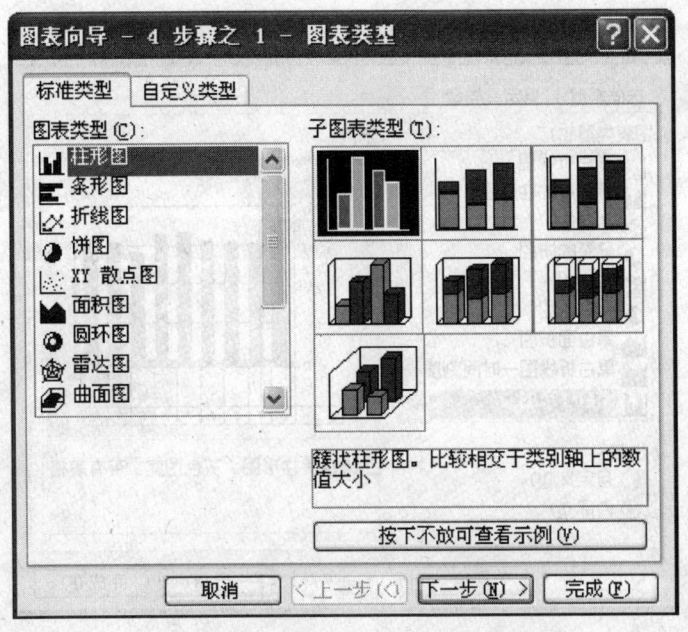

图 2—5—46 "图表向导之 1" 对话框

（3）从"图表类型"下拉列表中选择一项，如选择"柱形图"；再从"子图表类型"列表中选择一项，如选择"簇状柱形图"。

该对话框中各选项含义如下：

在"标准类型"中，列出了常用图标类型，根据数据所要表达的含义进行选择。

单击"按下不放可查看示例"可以查看所选数据的该类型图表，如图 2—5—47 所示。

在"自定义类型"选项卡中，列出了一些特殊的图表，如图 2—5—48 所示。

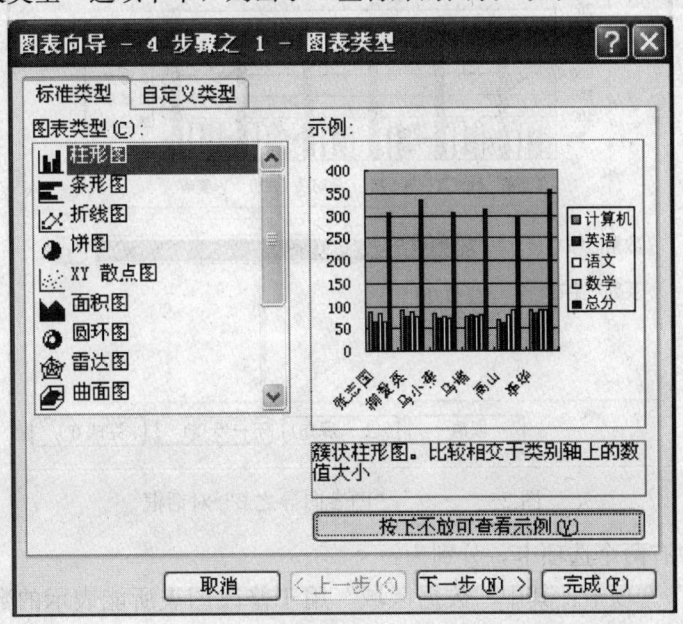

图 2—5—47 查看示例窗口

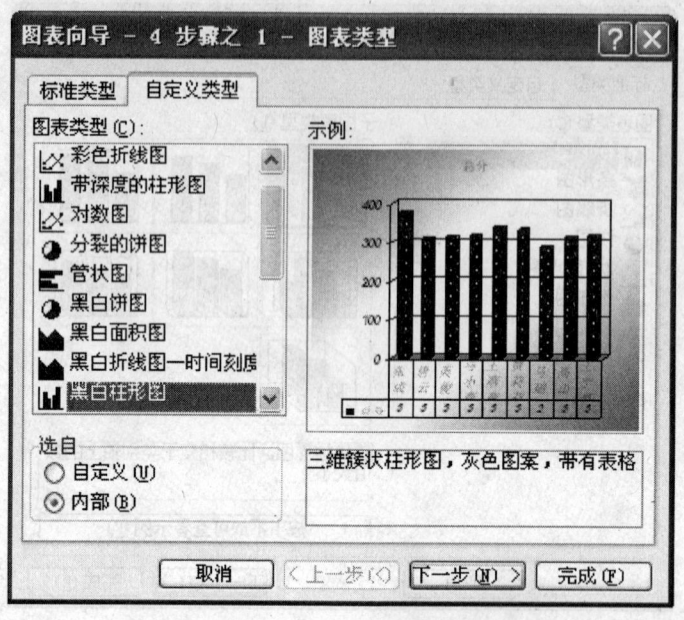

图2—5—48 "自定义类型"对话框

(4) 在上图中,单击"下一步"按钮,弹出"图表向导-4步骤之2-图表类型"对话框,如图2—5—49所示。

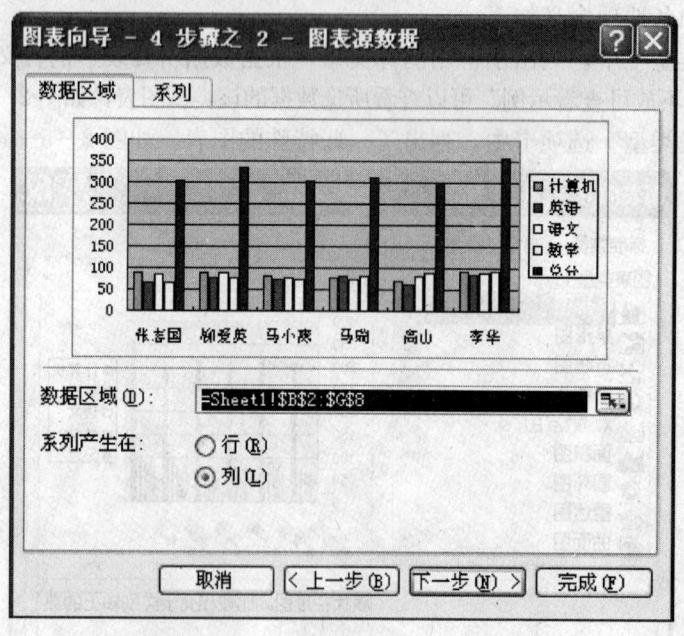

图2—5—49 "图表向导之2"对话框

该对话框中有两个选项卡,分别为:

"数据区域"选项卡:其中"数据区域"用于修改图表所能表示的数据区域,如果执行插入图表时没有选择数据,也可以在此处进行数据选择。"系列产生在"则用来控制产生图表的数据是按行产生，或是按列产生，图2—5—50所示为相同数据按行产生的情况。

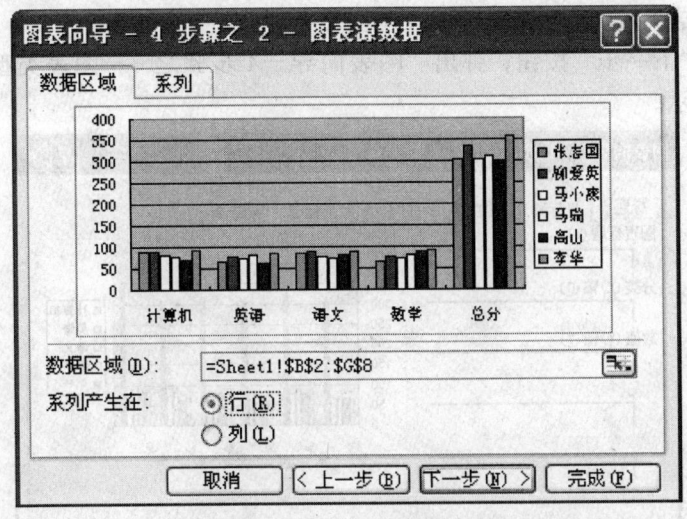

图2—5—50　按行产生数据表

"系列"选项卡：用于修改数据系列的名称、数值以及分类轴标志，如图2—5—51所示。

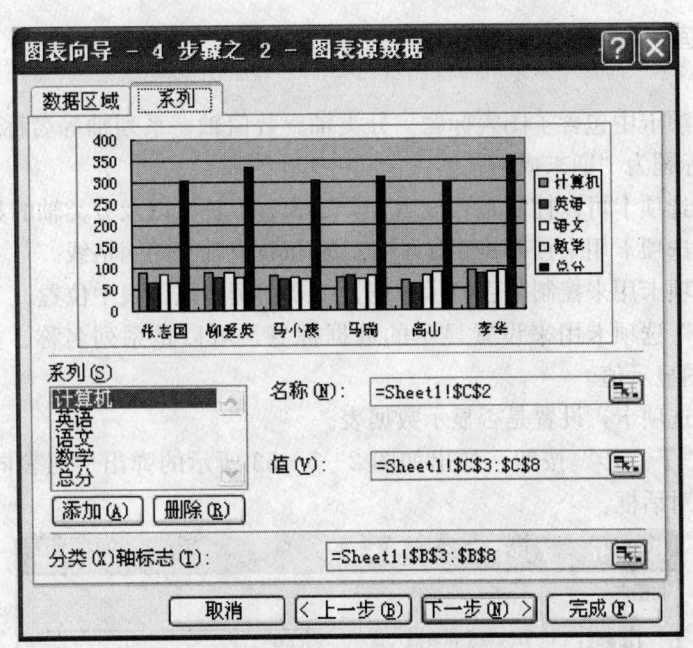

图2—5—51　"系列"对话框

其中：

"系列"列表中列出了当前图表中的内容，右侧的"名称"和"值"分别显示当前选中系列的名称和数据。名称的位置可以选择Excel表中名称，也可以自行输入合适的名称。

"系列"可以通过"添加"按钮来添加,添加默认为"系列X",为其输入名称后则显示改名称。

"分类轴标志":分类轴所要显示的内容。

(5)单击"下一步"按钮,弹出"图表向导－4步骤之3－图表类型"对话框,如图2—5—52所示。

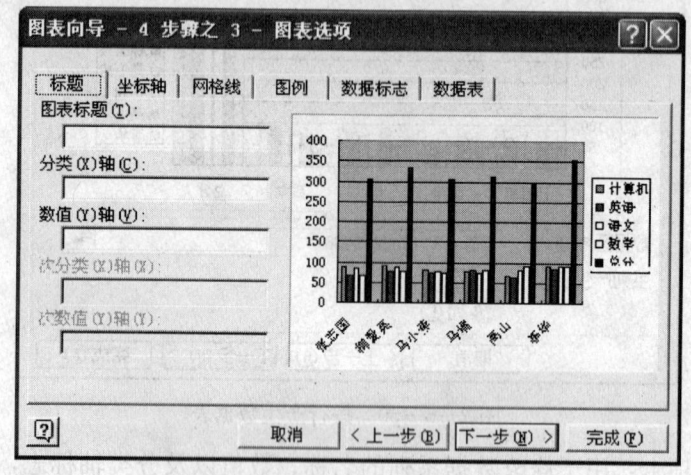

图2—5—52 "图表向导之3"对话框

在该对话框中有6个选项卡,分别用于设置标题、坐标轴、网格线、图例、数据标志和数据表。

"标题"选项卡中包含了图表标题、分类轴、数值轴、系列轴等名称的修改和编辑。如:输入图表标题为"期末成绩"。

"坐标轴"选项卡可以控制是否显示分类轴和数值轴,以及分类轴的显示情况。

"网格线"选项卡用来控制是否显示分类轴和数值轴上的网格线。

"图例"选项卡用来控制是否显示图例,以及图例在该图表中位置。

"数据标志"选项卡用来设置显示的数据标签,可以是系列名称、类别名称、值、百分比等,如图显示值。

"数据表"选项卡,设置是否显示数据表。

(6)单击"下一步"按钮,弹出如图2—5—53所示的弹出"图表向导－4步骤之4－图表类型"对话框。

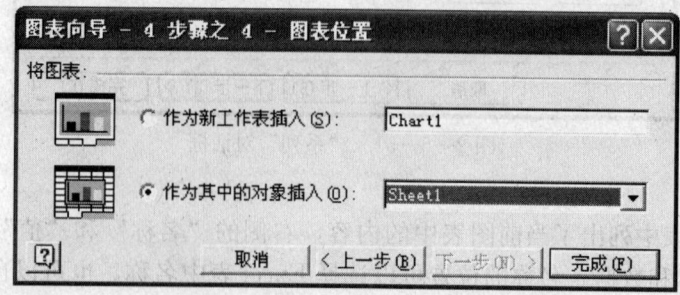

图2—5—53 "图表向导之4"对话框

该对话框用于确定图表的摆放位置，其中"作为新工作表插入"单选框的功能是将图表插入一个新工作表中；"作为其中的对象插入"单选框的功能是将图表插入原工作表中。

（7）单击"完成"按钮，创建的图表即以所选择的形式显示出来，如图2—5—54所示。

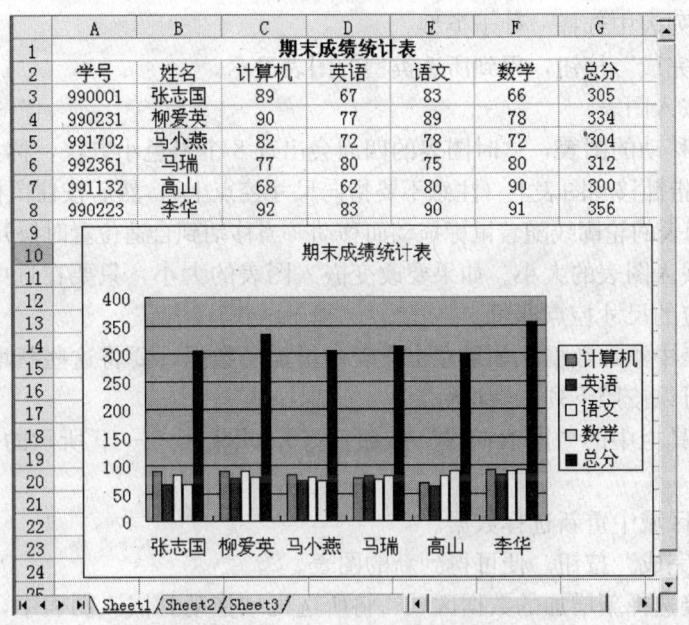

图2—5—54 成绩统计表柱形图

2. 编辑图表

创建图表之后，可以通过增加数据系列、图例、标题、文字、趋势线、误差线以及网格线等来美化图表或者突出某些信息，也可以用图案、颜色、对齐、字体以及其他格式属性来设置图表项的格式。

（1）图表工具栏。图表工具栏如图2—5—55所示，各工具的功能如下：

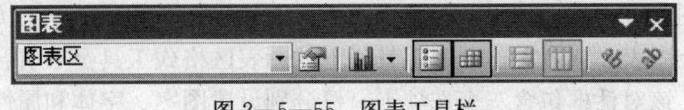

图2—5—55 图表工具栏

图表区 ：图表下拉列表框。用来精确选中图表中的对象，如绘图区、图标标题、图表区、图例，系列中的一个对象等，以便进行编辑。

：图表格式工具，包括图案、字体等的设置。

：图标类型工具。用来更改图表的类型。

：图例。控制是否显示图例。

：数据表。控制是否显示数据表。

：从这两个工具可以设置图表是按数据源的行产生还是列产生。

：设定分类轴或数值轴上文字的显示方向。

(2) 改变图表类型

1) 选择要更改类型的图表。

2) 单击工具栏中的"图表向导"按钮，打开如图 2—5—48 所示的"图表类型"对话框。

3) 选择"标准类型"选项标签，再从"图表类型"列表中选择一种图表类型，从"子图表类型"列表中选择一种子类型。

4) 单击"完成"按钮，得到所选类型的图表显示。

(3) 移动嵌入图表

1) 单击要移动的图表，这时图表的四周会出现 8 个黑色小方块，称为尺寸控制点。

2) 将鼠标指针移到图表上（注意不要指向尺寸控点上），然后按住鼠标左键拖动，这时会出现一个图表的轮廓线随着鼠标拖动而移动。当移动到合适位置时松开鼠标左键即可。

(4) 改变嵌入图表的大小。如果要改变嵌入图表的大小，只要在选中图表之后，拖动图表四周相应的尺寸控点即可。

(5) 向图表中添加数据。如果在工作表中增加了数据，要将这些新增的数据信息反映到图表中，可以按照下列步骤进行：

1) 单击工具栏中的"图表向导"按钮，打开如图 2—5—49 所示的"图表数据源"对话框。

2) 在数据区域中重新选择数据。

3) 单击"完成"按钮，便可得到新的图表。

也可以直接选择新增加的数据区域。将所选区域拖动到嵌入图表中，数据就被加入到图表中了。

(6) 删除图表中的数据系列。将工作表中的某个数据系列和图表中的数据系列一起删除，可选取工作表中的欲删除数据系列，然后按键盘中的"Del"键一次即可。如果仅删除图表中的数据系列，则单击图表中要删除的数据系列，选中。然后按键盘中的"Del"键一次即可。

3. 格式化图表

(1) 设置图表区格式。如果要对整个图表区设置统一的格式，可以单击图表空白的位置，选中整个图表，或者单击图表工具栏上的图表区格式工具，弹出如图 2—5—56 所示的对话框。该对话框包含三个选项卡，可分别设置图案、字体和属性。

1) "图案"选项卡中包含边框和区域两个部分。

①边框。设置图表区域最外围的边框样式。

自动：即默认的细实线。

无：没有边框。

自定义：可以分别设置边框线的样式、颜色和粗细。

阴影：边框呈现阴影。

圆角：边框外围为圆角矩形。

其中，阴影和圆角为可选项。可以不选，也可以选择一项或两项。

②区域。设置图表区域空白位置的填充色。

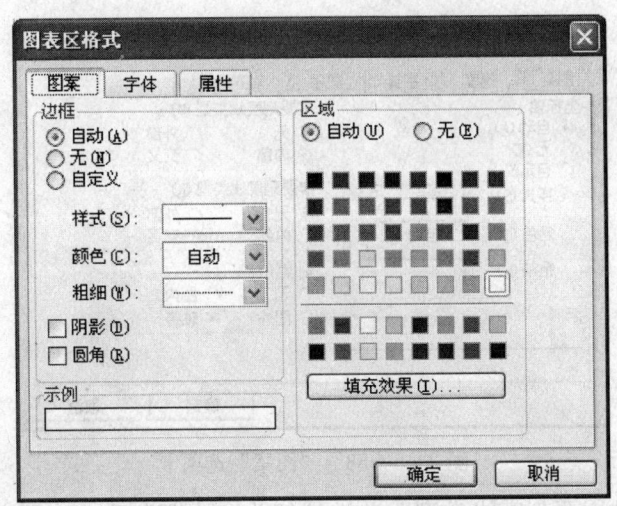

图 2—5—56 "图表区格式"对话框

自动：即为白色。

无：即为透明色。

也可以选择某种颜色，或填充效果作为填充色。

2) "字体"选项卡包含了对整个图表区域字体、字形、字号以及颜色等的设置。

3) "属性"选项卡用来设置图表的位置变化等。

（2）设置坐标轴格式

1) 鼠标右键单击图 2—5—54 所示图表坐标纵轴中，在弹出的快捷菜单中选择"坐标轴格式"，再选择"刻度"选项卡，如图 2—5—57 所示。

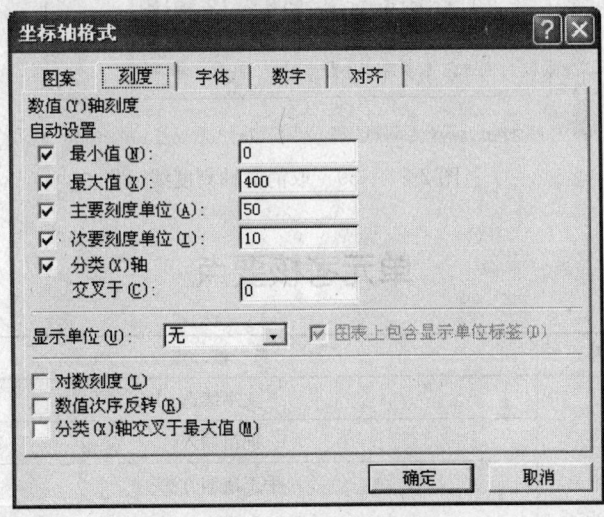

图 2—5—57 "刻度"选项卡

2) 根据需要修改刻度的最小值、最大值及刻度单位等。

3) 在图 2—5—54 所示中，右击图表坐标横轴，在弹出的快捷菜单中选择"坐标轴格式"，在弹出的"坐标轴格式"对话框中选择"图案"选项卡，如图 2—5—58 所示。

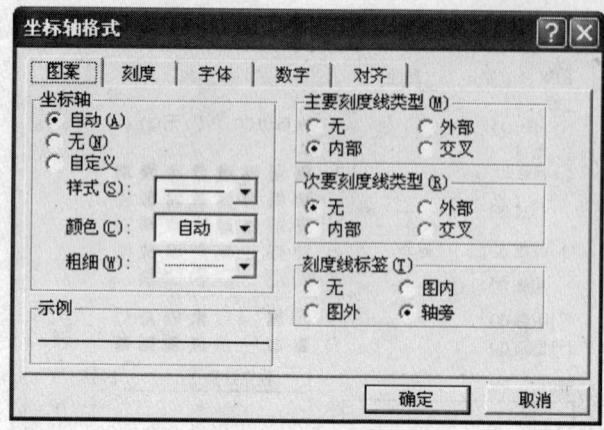

图2—5—58 "图案"选项卡

4）分别选择"主要刻度线类型"单选按钮为"内部"和"次要刻度线类型"单选按钮为"无"；选择"刻度线标签"为"轴旁"。

5）单击"确定"按钮后，横轴上取消了刻度线，如图2—5—59所示。

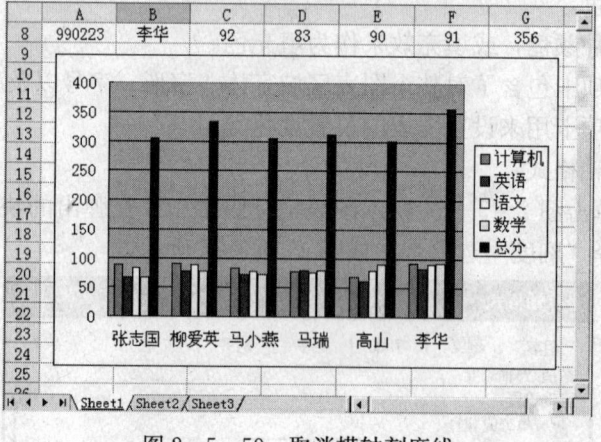

图2—5—59 取消横轴刻度线

单元考核要点

考核类型	考核范围	考核点	重要程度
理论知识	文字输入	文字续选	★
		词组输入	★★
		手工造词方法	★★
		中文标点符号与特殊符号的输入方法	★★
		安装输入法的方法	★★
		排版工艺知识	★★
		校对知识	★★

续表

考核类型	考核范围	考核点	重要程度
理论知识	版面排版	字体格式的设置方法	★★★
		段落格式的设置方法	★★★
		分栏排版	★★
		设置页眉和页脚	★★★
		设置艺术字	★★
		设置文本框	★★
		设置图片	★★
	数学公式编辑	公式编辑器的主要功能	★★
		公式编辑器的操作方法	★★
	制作表格	合并和拆分单元格的方法	★★
		调整行高和列宽的方法	★★
		表格对齐方式	★★
		表格的底纹和边框	★★
	表格数据处理	Excel 2003 的启动和退出	★★
		基本数据类型及格式	★★
		工作簿的建立	★★
		工作表的建立	★★
		向单元格输入文字、数字、时间和日期	★★★
		数据的类型和有效范围	★★
		单元格的复制和移动	★★
		单元格的编辑	★★★
		查找和替换	★★
		工作表的编辑	★★★
		单元格的格式化	★★
		调整行高/列宽	★★
		自动套用格式	★★
		样式	★★
		创建图表	★★
		编辑图表	★★
		格式化图表	★★
		运算符与公式的使用	★★★
		单元格的引用方式	★★
		页面设置	★★
		打印表格	★★

续表

考核类型	考核范围	考 核 点	重要程度
操作技能	文字输入	进行手工造词	★★
		输入中文标点符号与特殊符号	★★
		安装指定的输入法	★★
		按工艺进行排版	★★
		进行文稿校对	★★
	版面排版	设置字号、字体、加粗、倾斜等	★★★
		设置下划线、边框、底纹等	★★
		改变文字颜色	★★
		改变字符间距	★★
		段落对齐方式、段落缩进	★★
		分栏排版	★★
		插入页眉和页脚	★★★
		修改页眉和页脚	★★
		在页眉和页脚中引用章节标题	★★
		删除页眉和页脚	★★
		插入艺术字	★★
		插入文本框	★★
		插入图片	★★
	数学公式编辑	在公式编辑器中输入正文	★★
		插入符号	★★
		插入模板	★★
		进行带有微积分式符号的编排	★★★
	制作表格	单元格的合并和拆分操作	★★
		调整行高和列宽	★★
		进行表格的对齐	★★
		设置表格底纹	★★
		设置表格边框	★★
	表格数据处理	文字、数字、时间和日期的输入	★★★
		插入、删除工作表	★★
		复制、移动、重命名工作表	★★
		编辑单元格中的数据	★★
		查找和替换操作	★★
		公式的复制	★★★
		函数引用	★★★
		创建、编辑图表	★★
		自动套用表格样式	★★
		页面设置	★★
		打印工作表、工作簿和指定区域	★★

单元测试题

一、单项选择题(下列每题的选项中,只有1个是正确的,请将其代号填在横线空白处)

1. 打开 Word 时,_____没有出现在打开的屏幕上。
   A. Microsoft Word 帮助主题   B. 菜单栏
   C. 滚动条   D. 工具栏
2. Word 中保存文档的命令出现在_____菜单里。
   A. 保存   B. 编辑   C. 文件   D. 实用程序
3. 在 Word 编辑状态下,操作的对象经常是被选择的内容,若鼠标在某行行首的左边,下列_____操作可以仅选择光标所在的行。
   A. 双击鼠标左键   B. 单击鼠标右键
   C. 将鼠标左键击 3 次   D. 单击鼠标左键
4. 在 Word 中,可以双击状态栏中的_____指示器,通过扩展选取文本的方法来选择任意大小的文本。
   A. 插入   B. 录制宏   C. 扩展   D. 改写
5. 要使 Word 能自动更正经常输错的单词,应使用_____功能。
   A. 拼写检查   B. 同义词库   C. 自动拼写   D. 自动更正
6. 在 Word 编辑中,要移动或拷贝文本,可以用_____来选择文本。
   A. 鼠标   B. 键盘   C. 扩展选取   D. 以上方法都可以
7. 在 Word 文档中显示不可打印字符时,抬高的小点表示_____。
   A. 逗号   B. 分号   C. 空格   D. 制表符
8. 在 Word 编辑中,模式匹配查找中能使用的通配符是_____。
   A. +和-   B. *和,   C. *和?   D. /和*
9. Word 中在文档里查找指定单词或短语的功能是_____。
   A. 搜索   B. 局部   C. 查找   D. 替换
10. 当创建或编辑文档时,可以使用同义词库来找_____。
    A. 同义词   B. 反义词   C. 相关词   D. 以上都对
11. 要插入由 Word 或其他程序生成的文件,需要_____。
    A. 从"插入"菜单中选择"文件"   B. 单击文件名并单击"打开"按钮
    C. 从"文件"菜单中选择该文件   D. 从"窗口"菜单中选择该文件
12. 要复制字符格式而不复制文字,需用_____按钮。
    A. 格式选定   B. 格式刷   C. 格式工具框 D. 复制
13. 如果想增大选定文本的字体大小,应该_____。
    A. 选比默认值小的字体尺寸   B. 单击增加缩进量按钮
    C. 单击缩放按钮   D. 按 Ctrl+I
14. 等于每行中最大字符高度两倍的行距被称为_____行距。

A. 两倍　　　　B. 单倍　　　　C. 1.5倍　　　　D. 最小值

15. 当一页已满，而文档仍需继续输入时，Word将插入_____。
   A. 硬分页符　　B. 硬分节符　　C. 软分页符　　D. 软分节符

16. 在Word中可以在文档的每页或一页上打印一图形作为页面背景，这种特殊的文本效果被称为_____。
   A. 图形　　　　B. 艺术字　　　C. 插入艺术字　　D. 水印

17. 可以通过_____菜单来插入或删除行、列和单元格。
   A. 格式　　　　B. 编辑　　　　C. 视图　　　　D. 表格

18. 在Word操作时，通过使用_____方法，能在屏幕上看到按所选取的字体和大小显示的全部文本。
   A. 打印预览　　B. 自由表格　　C. 帮助　　　　D. 缩放

19. 当用Word图形编辑器的基本绘图工具绘制正方形、圆或30°、45°、60°、90°直线时，在单击相应的绘图工具按钮后，必须按住_____键来拖动鼠标绘制。
   A. Ctrl　　　　B. Alt　　　　C. Shift　　　　D. Tab

20. 在Word中，打开_____模式后，当按键盘上的一个键时，插入点右边的字符会被替代掉。
   A. 编辑　　　　B. 插入　　　　C. 改写　　　　D. 录制宏

21. 要使单词以粗体显示，应进行_____操作。
   A. 选定单词并单击粗体按钮　　　B. 选定单词按Ctrl＋空格键
   C. 单击粗体按钮然后输入单词　　D. A和C都对

22. 通过使用_____，可以设置或删除自定义制表位。
   A. 水平标尺和鼠标　　　　　　　B. 制表位对话框
   C. 断字对话框　　　　　　　　　D. A和B

23. _____不是格式工具栏上的对齐按钮。
   A. 左对齐　　　B. 左调整对齐　　C. 居中　　　　D. 右对齐

24. 要给选中段落的左边添加边框，可单击边框工具栏的_____按钮。
   A. 顶端框线　　B. 左侧框线　　C. 内部框线　　D. 外围框线

25. 要想观察一个长文档的总体结构，应当使用_____方式。
   A. 主控文档视图　　　　　　　　B. 页面视图
   C. 全屏幕视图　　　　　　　　　D. 大纲视图

26. 当插入点在表的最后一行最后一单元格时，按Tab键，将_____。
   A. 在同一单元格里建立一个文本新行
   B. 产生一个新列
   C. 插入点移到新的一行的第一个单元格
   D. 插入点多到第一行的第一个单元格

27. 要在表格里的右侧增加一列，首先选择表右侧的所有行结束标记，然后单击常用工具上的_____按钮。
   A. 插入行　　　B. 插入列　　　C. 增加行　　　D. 增加列

28. 删除表格中斜线的正确命令或操作方法是_____。
    A. 选择表格菜单中的删除斜线命令
    B. 单击表格和边框工具栏上的"擦除"按钮
    C. 选择表格菜单中的删除单元格
    D. 选择单元格单击合并单元格按钮

29. 下面关于表格中单元格的叙述错误的是_____。
    A. 表格中行和列相交的格称为单元格
    B. 在单元格中既可以输入文本，也可以输入图形
    C. 可以以一个单元格为范围设定字符格式
    D. 表格的行才是独立的格式设定范围，单元格不是独立的格式设定范围

30. 有一篇文稿有 50 页，共 4 人去录入，最后要把它们放在一个文档中，正确的命令是_____。
    A. 邮件合并   B. 合并文档   C. 剪切   D. 跨列居中

31. "三维效果"按钮在_____工具栏中。
    A. 常用   B. 格式   C. 绘图   D. 图片

32. 在打印文档之前可以预览，以下命令中正确的是_____。
    A. 选择文件菜单中的打印预览命令
    B. 单击常用工具栏中的"打印"按钮
    C. 单击常用工具栏中的"打印预览"按钮
    D. A 和 C 都正确

33. 一份合同要输出三份，正确的操作是_____。
    A. 在"打印份数"文本框内输入"三份"
    B. 在"打印份数"里输入"3"
    C. 打开"双面打印"
    D. 打开"打印到文件"

34. 以下有关常用工具栏上"打印"按钮的说法中，正确的是_____。
    A. 可以选择不同的打印机型号   B. 可以设置不同的打印范围
    C. 可以设置打印份数   D. 文档立即送到打印机

35. 下列选择图形的叙述中，错误的是_____。
    A. 依次单击各个图形可以选择多个图形
    B. 按住 Shift 键，依次单击各个图形可以选择多个图形
    C. 单击绘图工具条上的"选择图形"按钮，在文本区内单击鼠标并拖动一个范围，把将要选择的图形包括在内
    D. 单击图形或图片，选中图形或图片后，才能对其进行编辑操作

36. 在文件菜单中打印对话框的"页面范围"下的"当前页"项是指_____。
    A. 当前窗口显示的页   B. 插入光标所在的页
    C. 最早打开的页   D. 最后打开的页

37. "数据"菜单中的"排序"命令对数据列表的默认操作过程是_____。

A. 整列数据在数据列表中左右移动　　B. 整行数据在数据列表中上下移动
C. 指定字段中各个数据项上下移动　　C. 指定记录中各个数据项左右移动

38. 在Excel的"排序"命令对话框中有三个关键字输入框，其中_____。
A. 三个关键字都必须指定　　　　B. 三个关键字可任意指定
C. 一个主要关键字必须指定　　　D. 主要关键字和次要关键字必须指定

39. 数据列表的筛选操作是_____。
A. 按指定条件保留若干记录，其余记录被删除
B. 按指定条件保留若干字段，其余字段被删除
C. 按指定条件显示若干记录，其余记录被隐藏
D. 按指定条件显示若干字段，其余字段被隐藏

40. 在Excel中，图表是工作表数据的一种视觉表示形式，图表是动态的。改变图表_____后，Excel会自动更新图表。
A. X轴数据　　　B. Y轴数据　　　C. 所依赖的数据　　D. 标题

41. 在Excel中，只需复制某个单元格的公式而不复制该单元格格式时，在菜单栏上单击"编辑"，选择"复制"选项后，选择目标单元格，再执行_____。
A. 选择性粘贴　　B. 粘贴　　　　C. 剪切　　　　D. 以上命令都行

42. 在Excel中，用工具栏中的"格式刷"复制某一区域的格式，在粘贴时只选择一个单元格，则_____。
A. 无法粘贴
B. 以该单元格为左上角，向下、向右粘贴整个区域的格式
C. 以该单元格为左上角，向上、向左粘贴整个区域的格式
D. 以该单元格为中心，向四周粘贴整个区域的格式

43. 在单元格中输入_____，使该单元格显示0.3。
A. 6/20　　　　B. ="6/20"　　　C. "6/20"　　　D. =6/20

44. 若要选定区域A1：C5和D3：E5，应_____。
A. 按鼠标左键从A1拖动到C5，然后按鼠标左键从D3拖动到E5
B. 按鼠标左键从A1拖动到C5，然后按住Ctrl键，并按鼠标左键从D3拖动到E5
C. 按鼠标左键从A1拖动到C5，然后按住Shift键，并按鼠标左键从D3拖动到E5
D. 按鼠标左键从A1拖动到C5，然后按住Tab键，并按鼠标左键从D3拖动到E5

45. 在Excel中要选取多个相邻的工作表，需要按住_____键。
A. Ctrl　　　　B. Tab　　　　C. Alt　　　　D. Shift

46. 在单元格中输入"(123)"则显示值为_____。
A. －123　　　B. 123　　　　C. "123"　　　D. (123)

47. 在单元格中输入数值时，当输入的长度超过单元格宽度时自动转换成_____方法表示。
A. 四舍五入　　B. 科学计数　　C. 自动舍去　　D. 以上都对

48. 在输入数字字符串时，为了与数值区别，应在数字的前面加上_____符号。
A. "　　　　　B. /　　　　　C. ：　　　　　D. '

49. 如果复制批注,复制的内容将_____目标单元格中原有的批注内容。
    A. 隐藏   B. 增加   C. 替换   D. 以上都可能
50. 计算某一项目的总价值,如果单元格 A8 中是单价,C8 中是数量,则计算公式是_____。
    A. ＋A8×C8   B. ＝A8＊C8   C. ＝A8×C8   D. A8＊C8
51. 公式 SUM(C2:C6)的作用是_____。
    A. 求 C2 到 C6 这五个单元格数据之和
    B. 求 C2 和 C6 这两个单元格数据之和
    C. 求 C2 与 C6 单元格的比值
    D. 以上说法都不对
52. 要获得 Excel 的联机帮助信息,可以按的功能键是_____。
    A. ESC   B. F10   C. F1   D. F3
53. 在 Excel 中,字符型数据默认显示方式是_____。
    A. 中间对齐   B. 右对齐   C. 左对齐   D. 自定义
54. Excel 2003 提供的图表类型共有_____种。
    A. 5   B. 15   C. 14   D. 10
55. "Excel 工作表编辑"栏包括_____。
    A. 名称框   B. 编辑框
    C. 状态栏   D. 名称框和编辑框
56. 在某个单元格的数值为 1.234E＋05,它与_____相等。
    A. 1.234 05   B. 1.234 5   C. 6.234   D. 123 400
57. 如果某单元格显示为 #VALUE! ~ #DIV/0!,这表示_____。
    A. 公式错误   B. 格式错误   C. 行高不够   D. 列宽不够
58. 如果某单元格显示为若干个"#"号(如########),这表示_____。
    A. 公式错误   B. 数据错误   C. 行高不够   D. 列宽不够
59. Excel 2000 工作表中,_____是单元格的混合引用。
    A. B10   B. ＄B＄10   C. B＄10   D. 以上都不是
60. 为了输入一批有规律的递减数据,在使用填充柄实现时,应先选中_____。
    A. 有关系的相邻区域   B. 任意有值的一个单元格
    C. 不相邻的区域   D. 不要选择任意区域
61. 在 Excel 工作表中,不正确的单元格地址是_____。
    A. C＄66   B. ＄C66   C. C6＄6   D. ＄C＄66
62. 在 Excel 工作表中,在某单元格内输入数值 123,不正确的输入形式是_____。
    A. 123   B. ＝123   C. ＋123   D. ＊123
63. 在 Excel 工作可以进行智能填充时,鼠标的形状为_____。
    A. 空心粗十字   B. 向左上方箭头

C. 实心细十字 D. 向右上方箭头

64. 在 Excel 工作簿中，有关移动和复制工作表的说法正确的是_____。

A. 工作表只能在所在工作簿内移动不能复制
B. 工作表只能在所在工作簿内复制不能移动
C. 工作表可以移动到所在工作簿内，不能复制到其他工作簿内
D. 工作表可以移动到所在工作簿内，也可复制到其他工作簿内

二、汉字录入综合训练：选用一种文字处理软件，如 Windows XP 的记事本、写字板或 Word 文档等。

1. 五笔字型汉字录入训练（单字）

（1）输入高频字、键名字及成字字根

1) 一级简码练习

一地在要工　　上是中国同　　和的有人我　　主产不为这　　民了发以经
在中有为以　　经国工这我　　是产要的民　　一同了和主　　地发上不人

2) 键名与成字字根练习

王土大木工　　目日口田山　　禾白月人金　　言立水火之　　已子女又纟
大口月火又　　纟田工之金　　日立木白已　　王山子禾言　　土女目水人

五一，士二干十寸雨，犬三古石厂，西丁，七戈；
上止卜，日早虫，川，四甲车力皿，由贝几；
竹，手斤，用乃，八，儿夕；
文方广；辛六门，小，米；
乙心羽己巳，耳也了，刀九臼，巴马，弓匕。

（2）二级简码练习

参加列宁理事长绿化委员会居然赠给他粗画笔高度紧张实现代化平原村渐向南面宾客宛强与弱互相进餐厅春天进昆明城曾到风景区第肆册空军部安全行车好协作垃圾增加成龙顾朋友放肆机械格式基本早隐明晚暗用心诉说才能保姆作用小商贩内外科瞎眼睛呼吸好爱你虽然没办法决定下来公社化阿姨艰难曲直帝后宫前继承交际断定胸膛学习提纲蝗蛤脂称冰珍珠降职红色芭朵瓣采变得累避得最慢审查站铁管秒针年级显示陈旧率陛下大量问或攻关服权眯眩瞳睡睦偿罚普轻孤寂报批虎骨马牙药扔炒米粉敢于张粘遇害嫌多历史左右盯秋季丰收百灵注淡水原料李胡耿杨刘邓表达财处联防官曙闻听太夫岂知如此杰作手术出现驻守脸面煤灶及时呀计较争取信于屡负怕换届构成喧吵啼叫耻阴阳怪相志载霜雪充当角色各样分析支持舅妈啊哟嘛怀导限定亲近得矣宽顺条约夺取寻找甩毁良宵绵纱档灰砂燕尼检查搂克凤楷晃晕崭楞秘遥澡吉娄炽惭愉懈悄忧驼顷另综

（3）识别码练习

把败备草叉场倡尘驰尺斥丑愁悉仇臭触床辞歹待单旦刁冬抖斗肚妒兑尔伐仿访飞奋赶杠告匀辜故固刮旱享幻皇回汇荤昏击剂忌佳肩奸见戒巾仅京惊井竞酒巨句卷卡刊看抗孔哭苦库框矿旷亏垃兰雷泪厘里礼利粒连凉晾疗秀漏仓码吗买忙冒枚美闷苗灭尿牛农拘判匹票迫扑奇齐企仟浅巧青去泉仁刃杀洒晒扇尚舌声升什市谁宋岁她讨套童头吐推万忘唯未位汇问午勿闲香乡享兄朽血训厌着仰页艺异音应拥痛尤幼余予元圆云责

债章丈正仔自走足阻值址置钟住状卓

2. 五笔字型汉字录入训练（词组）

（1）双字词

程度 清醒 格式 城市 窗口 插入 改革 开放 成就 实验 大胆 应用 逐步 实现 热爱
数学 英语 调和 设备 彻底 坚信 效率 部门 先进 根本 江苏 南京 西藏 拉萨 比赛

（2）三字词

计算机 党中央 国务院 办公室 工作者 组织部 北京市 上海市 电视机 数据库
怎么样 为什么 难道说 操作员 信用卡 星期日 工作组

（3）四字词

社会主义 四化建设 知识分子 五笔字型 操作系统 程序设计 爱国主义 科学管理

（4）多字词

中华人民共和国 全国人民代表大会 中国共产党 全民所有制 新华通讯社
四个现代化 民主集中制 五笔字型计算机汉字输入技术

3. 五笔字型汉字录入训练（文章）

在掌握基本字根和汉字拆分的基础上，重要的是提高录入速度。提高录入速度的技巧如下：由于双字词在汉字词语中占有相当大的比重，在录入文档的过程中，尽量使用双字词和一、二级简码，熟记部分二级简码能够大幅度提高录入文档的速度。

以下文章的字里行间标上了字的码长（数字）及词汇标记（下划线），要求每次练习录入一段200~300字的文字，反复数遍，记录每遍录入时间，速度接近20个字/分钟时，再进入下一段录入练习，不要随意选择录入。通过这样强化训练，将取得事半功倍的效果，录入速度会明显提高。

汉字与计算机
——2——
（一）
1

人类在社会发展中，对于自然世界的认识和在精神世界里的追求，源远流长，形成
——1——1————1——1 1——3 1—————
了巨大的精神财富，如文学、艺术、教育、科学等，这些以文字或符号加以记载和传播，就
1——1——2————————4——1——2——2 1——1——2
形成了我们所说的文化。历史上，尽管各民族的文化差异很大，但一项重大的科学成
——1——2 2 1——1——1——1————3——1—
就，常常能够影响整个世界文化发展的进程。
—————1—————

机械的发明，延长了人类用于劳动的四肢，电子计算机的出现，则延伸了人类用于
——1——1——1—————1——2——1—
思维的大脑，使人类智慧挣脱时间和空间的限制，开创了人类改造自然也改造自身的新
——1——4————1——1————1——2——1 3

纪元。为此,电子计算机(也称电脑)。在过去短短的十年中,西方各国已生产了上千万部,并获得应用。在今后的五年之内,可望达到一亿部。计算机在涌向科研机关、军事系统和工矿企业的同时,也悄悄地走进办公室、家庭和教室。既万马奔腾,又涓涓细流,风靡了全世界。计算机之进入人类活动的一切领域,正无情地改变着文化和文明的本来含义:一个人的文化程度,将要以计算机知识多少来重新评价;一个国家的发展水平,将要以计算机应用的程度来加以衡量,计算机成了文明的同义词。

(二)

数据的应用程序过分地相互依赖。因为文件系统完全是根据具体的应用程序的要求建立的,数据的逻辑结构是对该应用程序优化的,其存储的物理结构与其逻辑结构是一致的,要想对现有的数据进行一些新的应用很困难,而且数据的结构需要修改,应用程序也必须相应地修改。反之,应用程序的改变也将影响到数据结构的改变。使得数据使用不便,数据缺乏独立性。对数据缺乏统一控制和管理的应用程序的编制相当繁琐。而且对数据的正确性、安全性、保密性等缺乏有效而统一的控制手段。

世界上一切艺术都是趋向于音乐状态的,特别是书法,不同的节奏,可以产生不同的艺术效果;不同形式的线条,可以给观赏者不同的艺术感受。譬如挺拔的直线富有一种阳刚之美;活泼流利的线条如珠之走盘,能给人以一种轻松愉快的感受;激越顿挫的线条似泉之激石,能给人以一种激昂兴奋的感受;纤徐凝练的线条,如大江之东逝,能给人以一种沉着从容的感受;盘郁飞动的线条,似飞瀑之泻崖,能给人以一种痛快淋漓的感受;轻灵淡古的线条,澄如秋潭,皎如寒月,自有一种清冷之气,沁人肺腑;苍劲

文字信息处理

1— 2 2 3 3 1— 4 2 2 3 3 2 4 3 3 1——2 3 —
雄浑的线条，静如虎卧，动如龙腾，自有一种雄峻轩昂之气。
—1— 3 2 2 4 3 2 2 3 3 1 1 3 3 3 2 3 2 3

（三）
2

　　人类总是在思索与探求着太空的奥秘，有的动物也认识星辰，某些候鸟在其移居的
—— 1 —— 2 —— 3 —— 1 — 1 1 — 2 —— 1 3 —1
漫长途程中，显然是凭借星斗导向的，但唯有人类对天空总是不断地进行着探索。天文
—3 4 1 —— 1 — 1 — 3 —— 1 — 1 —3
学家从事的宇宙研究，不单是对人类本身及栖居的世界产生了深刻的影响，并且还能加
—2 — 1 — 1 4 1 2 — 1 — 1 — 3 2 —
深对物理以及化学两学科的认识，特别是近些年来对地球的生命起源的了解也极有贡献。
—2 — 2 — 4 — 1 — 1 — 2 — 1 — 2 2 1—
可能导致复杂有机分子的有机化合物，在形成于太阳系而不受地球影响的陨星中屡有发现。
—— 1 — 1 — 2 — 3 1 — 1 —1 2 1—

　　天文学家可以提出这样的问题：既然太阳由行星环绕，且其中一颗行星还有生命存
—— 2 —— 1 —— 2 — 2 — 1 3 —
在，那为何其他的恒星就不应拥有行星系统，而且其中一些行星不能有生物栖息其上
— 3 — 1 — 1 1 3 — —— 1 — 3 1
呢？那些生物同地球上的生物形态是一样的吗？为什么不可以一样呢？哪些观测结果能
3 — 1 — 1 1 — 1 — 1 3 — 1 — 3 — 2
帮助我们解释上述问题？

　　虽然探索其他天体上的生物不是天文学家的主要任务，但只有对诸天体（其中不少
—— 1 1 — 2 1 — 3 — 2 3 —
就是我们在夜空中所见到的恒星）有了更为透彻的了解，其他星体上的生物才能为我们
— 1 — 1 — 2 1 — 1 1 3 1 — 1 1— 1
所认识。人类总是要求认识他们周围的客观环境，而且那个环境远远超出了我们居住的
2 — — 1 —— 1 —1
窄小庭院或附近污秽不堪的江河，这个环境小至显微镜下的世界，大至遥远无边的星系，
4 2 — 2 — 1 — 2 3 — 2 1 — 2 3 — 1—
如果我们的兴趣完全局限于现实的生活，我们的眼界也将相应地缩小，人类便太渺小了。
— 1 — 1 — 1 2 3 1 — 4 2 — 1

（四）
2

　　如果说人生是环环相扣的链条，那么读书大概就会有阶梯。这阶梯的第一步，便是

青年时代的读诗。我们的读书,似乎都是从读诗开的头。不仅读,那当儿确乎自己也在写着。梁实秋先生说:"大概每个人都曾经有过做诗人的一段经验。在'怨黄莺儿作对,怪粉蝶儿成双'的时节里,看花谢也心凉,听猫叫也难过,诗就会来了,如枝头舒叶那么自然。但是入世稍深,渐渐煎熬成一颗'煮硬了的蛋',散文从门口进来,诗从窗口出去了。"

紧接着读诗之后,随着年龄的增长,青春的热情尚未全部落潮,就去读散文。散文是情感性质的,需要赤忱的心去体验感应,等到散文失却了吸引力,记录人间悲喜剧的小说就受到我们的青睐。

小说读多了,世态冷暖也经历知晓了,光是原地打转不行,需要一种形而上的提炼和升华,哲学就来找我们。读了哲学,人变得明快透彻,但还应保留一份稚嫩和天真,太彻底了,心灵有的空虚,人生感到孤寂,总想皈依什么,那时忙不迭地寻觅宗教读物了。

一俟练达人情、洞察世事到了炉火纯青的地步,也就雅俗都赏、深浅不分了。小孩子喜欢喝糖茶,老年人爱好品苦茶。读书大概确乎有着阶梯。曾经有人指出,读周作人先生平实冲淡的文章,需要用人生的阅历去铺垫。

有人永远读诗。有人只读浓得化不开的散文。有人读读小说就够了。只有一部分人,在读书的阶梯上不断地走下去。

树叶,是大自然赋予人类的天然绿色乐器。吹树叶的音乐形式,在我国有悠久的历史。早在一千多年前,唐代杜佑的《通典》中就有"衔叶而啸,其声清震"的记载;大诗人白居易也有诗云："苏家小女旧知名，杨柳风前别有情，剥条盘作银环样，卷叶吹为玉笛声"，可见那时候树叶音乐就已相当流行。

　　树叶这种最简单的乐器，通过各种技巧，可以吹出节奏明快、情绪欢乐的曲调，也可吹出清亮悠扬、深情婉转的歌曲。它的音色柔美细腻，好似人声的歌唱，那变化多端的动听旋律，使人心旷神怡，富有独特情趣。

　　吹树叶一般采用橘树、枫树、冬青或杨树的叶子，以不老不嫩为佳。太嫩的叶子软，不易发音；老的叶子硬，音色不柔美。叶片也不应过大或过小，要保持一定的湿度和韧性，太干易折，太湿易烂。它的演奏，是靠运用适当的气流吹动叶片，使之振动发音的。叶子是簧片，口腔像个共鸣箱。吹奏时，将叶片夹在唇间，用气吹动叶片的下半部，使其颤动，以气息的控制和口形的变化来掌握音准和音色，能吹出两个八度音程。

单元测试题答案

一、单项选择题

1. A	2. C	3. D	4. C	5. D	6. D	7. C	8. C	9. C
10. D	11. A	12. B	13. C	14. A	15. C	16. D	17. C	18. A
19. C	20. C	21. D	22. D	23. B	24. B	25. D	26. C	27. B
28. B	29. D	30. C	31. C	32. D	33. D	34. C	35. A	36. C
37. B	38. C	39. C	40. C	41. A	42. B	43. D	44. B	45. A
46. C	47. B	48. D	49. C	50. B	51. A	52. C	53. C	54. C
55. D	56. D	57. A	58. D	59. C	60. A	61. C	62. D	63. C
64. D								

第3单元

图形图像处理

- 第一节 图形、图像基本的绘制与获取/151
- 第二节 图形、图像的编辑处理/167

图形图像处理的应用十分广泛，也是多媒体技术应用的一个方面。图像的获取通常有自行绘制、屏幕截取及图片扫描等三种途径，获取的图形图像文件还得进行图像格式的转换才能在图形图像软件中被处理。处理完毕的图形图像能从打印机输出。

图形图像编辑处理软件Photoshop是一种广泛使用的平面图形图像处理软件，利用Photoshop可以绘制简单图形，处理各种平面图像，进行格式和色彩模式的转换等，几乎所有的图像处理都会用到Photoshop。其基本功能包括绘画功能、文字工具、处理图像尺寸和分辨率、选取功能、色调和色彩功能、图像旋转和变形、通道、滤镜、图层功能等。

第一节　图形、图像基本的绘制与获取

→ 能够完成简单图形的绘制
→ 能够完成屏幕显示图像的截取
→ 能够使用扫描仪完成图片的输入
→ 能够对图形、图像文件的常见格式进行转换
→ 能够完成图形、图像文件信息的打印输出

一、图形图像的基础知识

常见的计算机图形主要有两种，一种是位图，另一种是矢量。这两种图形都有其各自的特点，适用于不同的方面。下面主要对这两种图形进行介绍。

1. 位图

位图是一种基于像素点的图像。它所定义的图像是由一个个的点所组成（又称为点阵图）。每个点都是一个颜色方格，不同的颜色方格排列在不同的位置上便形成不同的图像。如图 3—1—1 所示的左图为原位图图像，右图为放大显示的情况下位图显示出的颜色方格，这些颜色方格有时被称为像素。

原位图图像

放大后的部分图像
显示的颜色方格（像素）

图 3—1—1　位图图像的颜色对比

由于位图图像由很多不同的颜色像素组成，适用于表现具有写实效果、颜色丰富的图像。例如数码照片及许多招贴画、海报中的图像大都是位图图像。

2. 矢量图

矢量图是一种可以用函数形式精确表示其线型曲率等属性的图形格式。矢量图是依据图形的几何特性来表现的。当用户对矢量图形进行缩放时，图像的质量和颜色都不会发生变化。如图 3—1—2 所示的左图是一张矢量原图，右图是局部放大后的矢量图。

由于矢量图是一种基于函数的图形格式，所以矢量图形文件的尺寸通常很小，比较适合表现颜色变化不多，具有明显边框和形状的图片。现在矢量图的用途很广泛，尤其在对速度要求十分严格的网络中，大多数图形、动画都采用矢量图形，这样可有效地提高图形图像的传送速度。

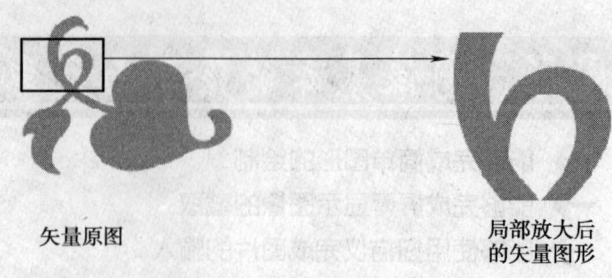

矢量原图　　　　　　　　　　局部放大后
　　　　　　　　　　　　　　的矢量图形

图 3—1—2　矢量图对比

3. 图像分辨率

分辨率是指在单位面积上容纳像素的数量。而图像分辨率是指图像中存储的信息量，主要表示图像的精密程度，是图像的重要指标。这种分辨率有多种衡量方法，典型的是以每英寸的像素数（PPI）来衡量。

图像分辨率和图像尺寸的值一起决定文件的大小及输出质量，该值越大，图形文件所占用的磁盘空间也就越多。图像分辨率以比例关系影响着文件的大小，即文件大小与其图像分辨率的平方成正比。如果保持图像尺寸不变，将图像分辨率提高一倍，则文件大小增大为原来的四倍。将不同分辨率的图像以同样大小显示，高分辨率的图像质量会比低分辨率的图像质量好，如图 3—1—3 所示。

高分辨率　　　　　　　　　　低分辨率

图 3—1—3　高低分辨率图像对比

4. 常用图像格式

图像文件格式决定了应该在文件中存放何种类型信息，文件如何与各种应用软件兼容，如何与其他文件交换数据。目前图像文件的格式有很多种，应该根据图像的用途决定图像应存为何种格式。

（1）常用图像格式介绍

1）BMP 格式。BMP 格式是最普遍的点阵图格式之一，同时也是 Windows 操作系统中的标准图像文件格式，能够被多种 Windows 应用程序所支持。随着 Windows 操作系统的流行与各种 Windows 应用程序的开发，BMP 位图格式被广泛应用。这种格式的特点是包含的图像信息较丰富，几乎不用进行压缩，但占用磁盘空间比较大。

2）JPG格式。JPG格式是一种高效率的压缩文件，存储时能够将肉眼无法分辨的信息删除，以节省空间。此类压缩方法一般被称为"失真压缩"，会使图形品质下降。文件压缩比可根据需要来调整，压缩比越大品质就越差，反之品质就越好。JPG格式应用很广泛，也是网上比较流行的图像格式。

3）GIF格式。GIF是由Compu Serve公司为了方便网络传送图像数据而制定的一种图像文件格式。采用改进版的LZW压缩方式。最多只能存储256种颜色。它可使背景为透明色，并可将数张图片存为一个文件，形成简单动画。该格式与JPG格式一样在网上被广泛使用，在网页制作中占有很重要的地位。

4）PSD。PSD为Adobe Photoshop图像处理软件的专用格式。可以存储成RGB或CMYK模式，也能自定颜色数目储存。PSD文件可将不同的物件以图层形式分别存储，很适用于修改和制作各种特色效果。

（2）图像格式转换。每种图像格式都有各自的特点与应用领域，比如说做网页绝不能用BMP格式的图片，而用GIF、PNG、JPEG格式就比较合适。有时根据不同的应用需要将图像的格式进行转换。图像格式转换有许多种方法，下面介绍几个常用的方法。

1）ACDSee看图软件转换法。图像格式转换比较简单的方法是使用ACDSee看图软件。在ACDSee看图软件中，打开保存图像文件的文件夹，选择需要转换的图像，在其缩略图上单击鼠标右键，选择"转换"命令，显示出一个"图像格式转换"对话框，如图3—1—4所示。在"格式"列表中选择要转换的格式，如果需要更改转换后文件所存的位置，单击"选项"按钮，在新弹出的窗口中设置好输出文件夹，确认后即可。

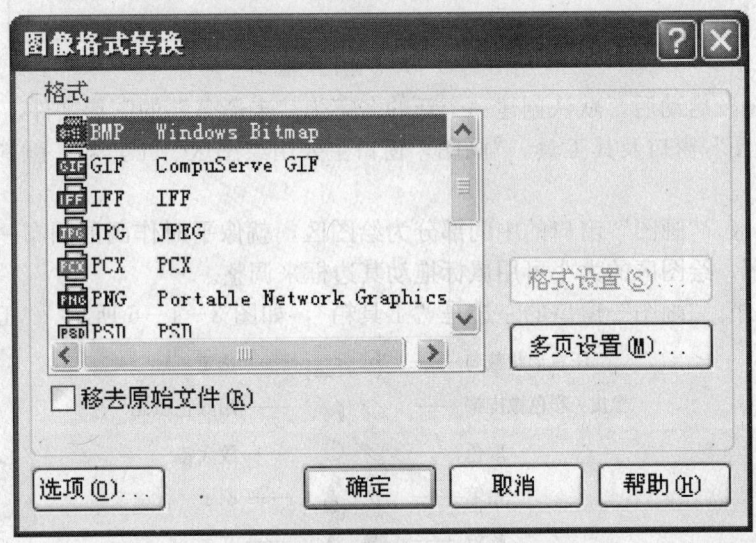

图3—1—4 "图像格式转换"对话框

2）编辑软件转换法。图像编辑软件（简单的如Windows自带的"画图"程序，专业的如Adobe Photoshop等）支持且能处理绝大部分格式的图像。利用图像编辑软件打开一幅图，然后选择"文件"/"另存为"命令，在"保存类型"中选为另一种格式即可。

二、绘制图片

1. 使用 Windows 中的"画图"程序绘制位图

"画图"是 Windows 操作系统提供给用户的一个可以绘画、作图的应用程序,可以用来创建简单或者精美的图画。

(1) 启动画图程序。按以下步骤可以启动"画图",创建新的图形文件:

1) 单击"开始"菜单,选择"程序"菜单中的"附件"子菜单。

2) 再单击"画图"命令,弹出如图 3—1—5 所示的"画图"窗口。

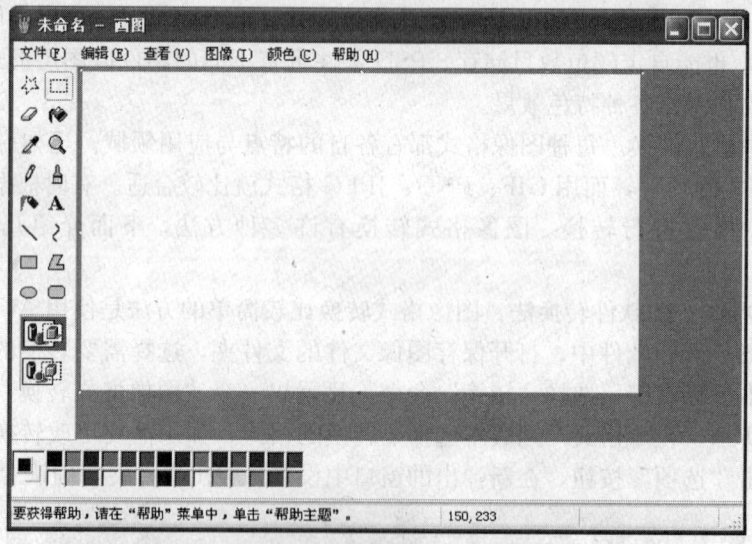

图 3—1—5 "画图"窗口

3) "画图"启动后,默认创建一个新的名字为"未命名"的图形文件。

(2) "画图"窗口及其工具。"画图"窗口主要由绘图区、工具箱、颜料盒等部分组成。

1) 绘图区。"画图"窗口的中间部分为绘图区,就像平时作画的画布一样,可以在该区域中作图。绘图区的大小可用鼠标拖动其边框来调整。

2) 工具箱。"画图"窗口的左边是"工具箱",如图 3—1—6 所示。"工具箱"中提

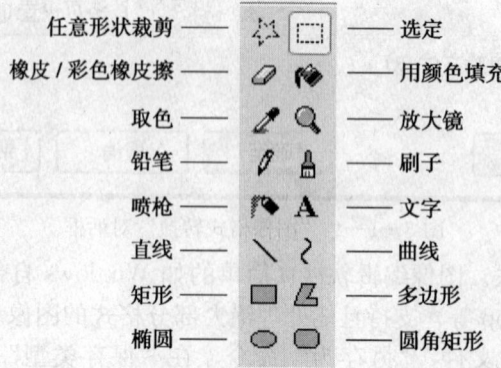

图 3—1—6 画图"工具箱"

供了各种绘画工具，这些工具配合使用可以绘制各种各样的图画。

若想选取某一种工具进行绘画，只需单击该工具的图标即可。

3) 颜料盒。"画图"窗口的底部是"颜料盒"，如图3—1—7所示。单击某种颜色，该颜色便成为前景色；用鼠标右键单击某颜色，该颜色便成为背景色。

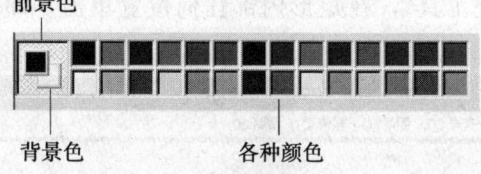

图 3—1—7 画图"颜料盒"

"颜料盒"最左侧的两个部分重叠的小方块，左上方的代表所选中的前景色，右下方的代表所选中的背景色。

（3）简单绘图实例。下面通过绘制五星红旗的简单图形实例来介绍画图程序中常见的操作。

【例3—1—1】五星红旗的绘制。绘制效果如图3—1—8所示。

【操作步骤】

➢ 启动画图程序，会自动新建一个"未命名"图像文件。

➢ 由于默认新建的文件的画布大小不一定符合要绘制的图像的要求，要对图像大小进行设置。前

图 3—1—8 绘图实例效果图

面介绍的通过鼠标拖拉绘图区边框来调整画布大小的方法，这种方法只能设置大概的图像大小；如果要设置精确的图像大小，则应设置图像属性。

设置方法：单击菜单"图像"/"属性"，出现如图3—1—9所示的图像属性窗口，可以通过修改宽度、高度的值来设置图像大小。本例图像宽度设置550像素，高度设置

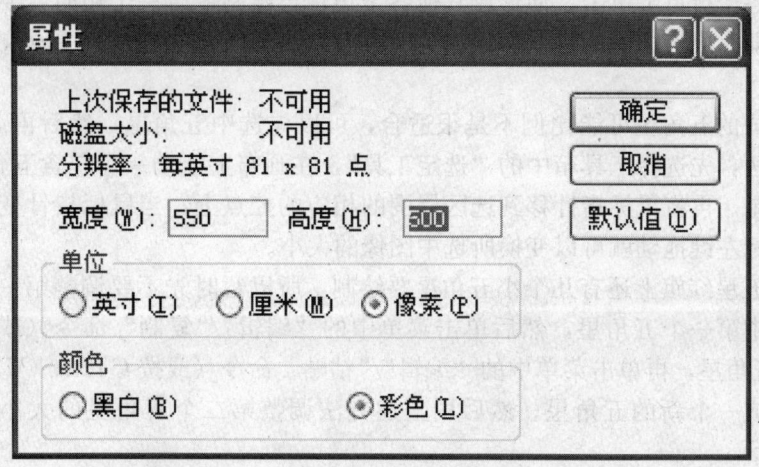

图 3—1—9 图像属性窗口

500像素。

➢ 绘制红旗旗面形状，在绘图工具箱中选择矩形工具，在画布上用鼠标拖动画出一个矩形。

➢ 给矩形旗面填充颜色，单击颜料盒中的红色，即设置前景色为红色。然后在绘图工具箱中选择"颜色填充工具"，在矩形内部任何位置单击，即给矩形填充了红色。效果如图3—1—10所示。

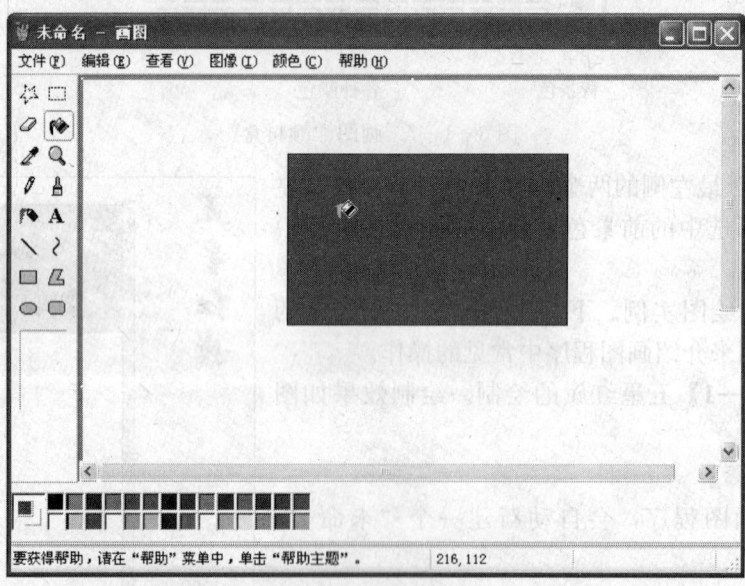

图3—1—10 填充颜色后的旗面

➢ 选择矩形工具，在旗面的左侧画一个旗杠，并填充为灰色。具体的操作方法与旗面的绘制方法相同。

➢ 接着利用工具箱当中的"多边形工具"在旗面以外的白色背景绘制一个五角星。要绘制多边形，需在选择"多边形工具"后，在画布上用鼠标拖动多边形的第一个边，然后在其他各个折点上单击，便形成其他各个边，当绘制最后一个边时，要在终点双击鼠标左键，即完成多边形的绘制。绘制完五角星后并填充黄色背景。具体效果如图3—1—11所示。

➢ 绘制成的五角星可能比例不是很适合，可以先选中五角星，然后再调整其大小。具体操作方法：先选择工具箱中的"选定工具"，在画布上拖动一个包含五角星的选区，即选中五角星。再将鼠标指针移到选区周围的相应的控点上，当鼠标指针变成箭头形状时，按住鼠标左键拖动就可以变换所选中图像的大小。

➢ 由于五星红旗上还有几个小五角星要绘制，所以暂时先不要调整第一个五角星的位置。再选中第一个五角星，然后单击菜单中的"编辑"/"复制"命令（或按CTRL+C）复制该五角星，再单击菜单中的"编辑"/"粘贴"命令（或按CTRL+V），则会在画布上复制生成一个新的五角星。然后用上述方法调整第二个五角星的大小。效果如图3—1—12所示。

➢ 用"选定"工具选中大的五角星，按住鼠标左键拖动到红旗上适当的位置。如果

图形图像处理

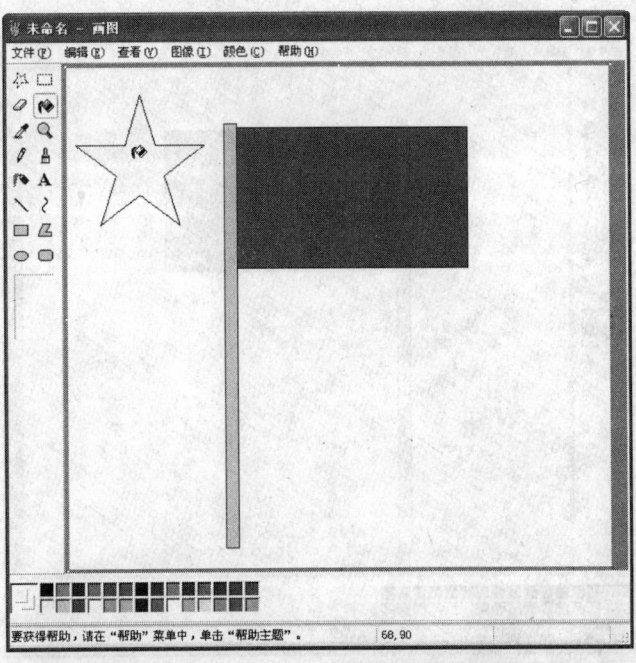

图 3—1—11　第一个五角星绘制完效果

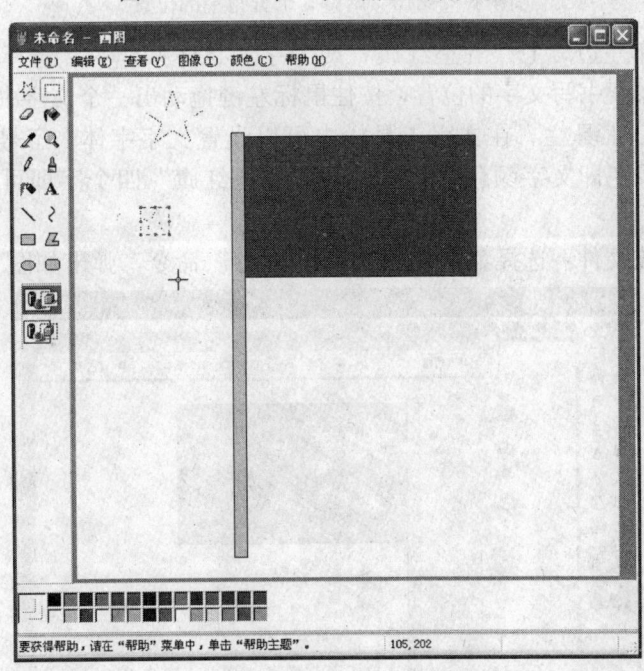

图 3—1—12　复制一个五角星

发现五角星边上有白色的背景，则单击菜单中的"图像"/"不透明处理"命令，使该命令前面的对号去掉，则五角星就会变成透明的。

➢ 再复制三个小五角星，然后将这四个小五角星分别拖动到红旗上的合适位置就可以了。效果如图 3—1—13 所示。

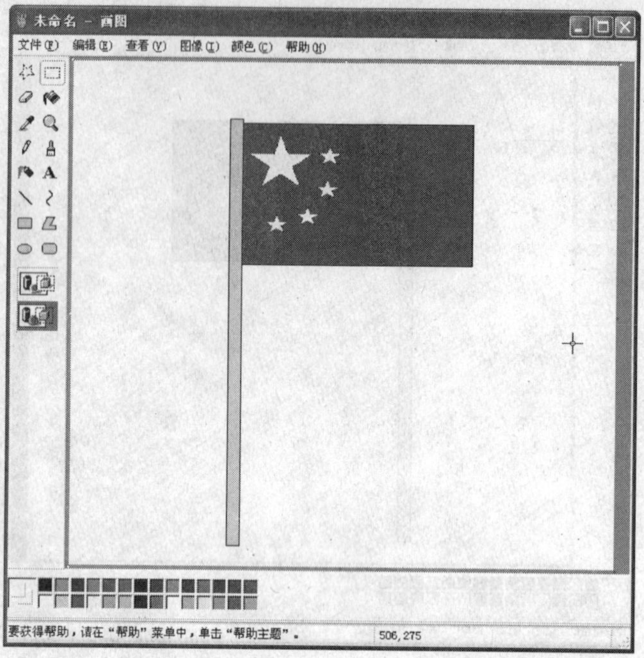

图 3—1—13 调整 5 个五角星的位置

➢ 下面在画布左边写上"五星红旗"四个字。具体操作为：选择工具箱中的"文字"工具，在画布要书写文字的位置，按住鼠标左键拖动出一个文字书写区域，这时会自动出现一个文字工具栏。在文字工具栏中可以设置文字字体、字号、语言、粗斜体等。再设置好前景色即文字颜色。然后输入"五星红旗"四个字即可。具体效果如图 3—1—14 所示。

➢ 最后保存该文件：选择菜单中"文件"/"保存"命令，弹出如图 3—1—15 所示的

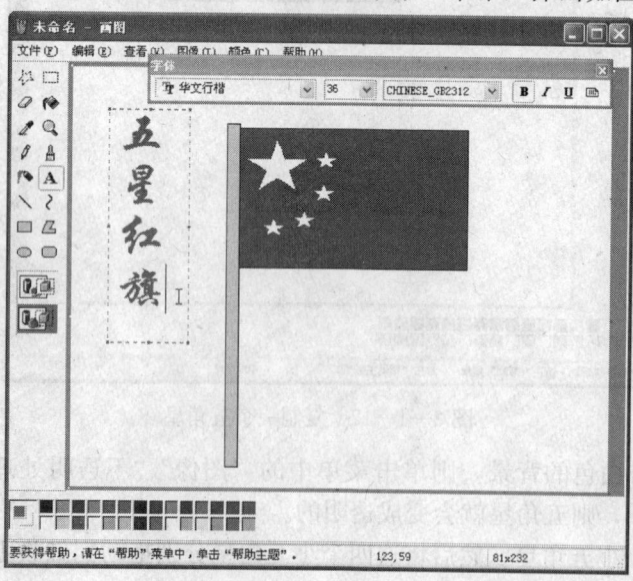

图 3—1—14 输入文字

图形图像处理

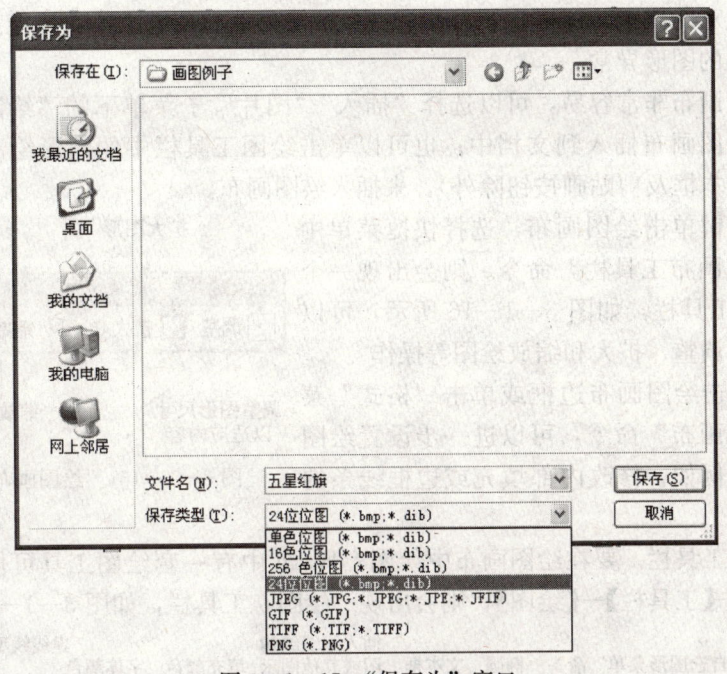

图 3—1—15 "保存为"窗口

"保存为"窗口。在该窗口的"文件名"右边输入"五星红旗"作为要保存的文件名。单击"保存类型"会出现一个有很多类型的下拉框,画图程序保存的文件默认的文件类型 BMP,也可以根据需要选择其他的图像文件类型加以保存。

> **特别提示**
>
> 本实例中涉及的画图程序中许多常见操作,要求能够充分理解并灵活运用。主要操作有:文件的新建、图形工具(矩形、多边形)的使用、填充颜色、选择部分图像、设置图像大小、复制和粘贴、设置选区部分图像背景透明、图像文字录入、文件保存(不同的文件类型)等。

2. 使用 Word 中的"绘图"命令绘制矢量图

使用 Word 文档时,经常需要用到其绘图功能。Word 中绘图的方法有许多种,下面主要介绍使用 Word 中的"绘制图形"命令来绘图的方法。

使用"绘制图形"命令绘图的主要步骤为:单击文档中要创建绘图的位置;在"插入"菜单上,指向"图片",再单击"绘制新图形",绘图画布就插入到文档中了,然后添加所需的图形或图片。

(1)绘图画布。在 Microsoft Word 中创建绘图时,在其四周会显示一个绘图画布。Word XP 以前版本的绘图工具存在一个较大的缺点:一旦图形绘制完毕,很难对其中的某个部分进行修改,只能进行比例缩放、左右移动等操作。Word XP 新增的"绘图画布"可以解决上述问题,它实际上是文档中的一个特殊区域。用户可以在其中绘制多个图形,其意义相当于一个"图形容器"。因为形状包含在绘图画布内,画布中所有对象就有了一个绝对的位置,这样它们可作为一个整体移动和调整大小,还能避免文本中断或分页时出现的图形异常。

使用绘图画布非常容易,可以选择"插入"/"图片"子菜单下的"绘制新图形"命令,则会将绘图画布插入到文档中;也可以单击绘图工具栏中的图形绘制按钮(艺术字、图片、文本框及剪贴画按钮除外),来插入绘图画布。

用鼠标右键单击绘图画布,选择快捷菜单中的"显示绘图画布工具栏"命令。则会出现一个"绘图画布"工具栏,如图3—1—16所示,可以执行绘图画布调整、扩大和缩放绘图等操作。

另外,双击绘图画布边框或单击"格式"菜单中的"绘图画布"命令,可以进一步设置绘图画布的格式,例如,修改内部填充或边框线条的颜色。

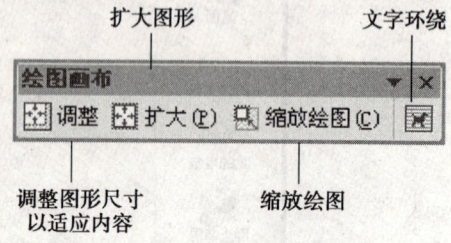

图3—1—16 "绘图画布"工具栏

(2)绘图工具栏。要在绘图画布中绘图,Word中有一套绘图工具可供选择。选择菜单【视图】—【工具栏】—【绘图】,则会出现"绘图"工具栏,如图3—1—17所示。

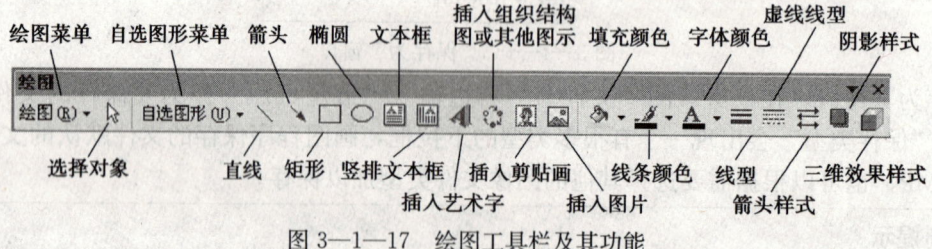

图3—1—17 绘图工具栏及其功能

(3)绘图实例。下面通过一个流程图的绘制实例来介绍使用"绘制图形"方法中常见的操作。

【例3—1—2】流程图的绘制,绘制效果图如图3—1—18所示。

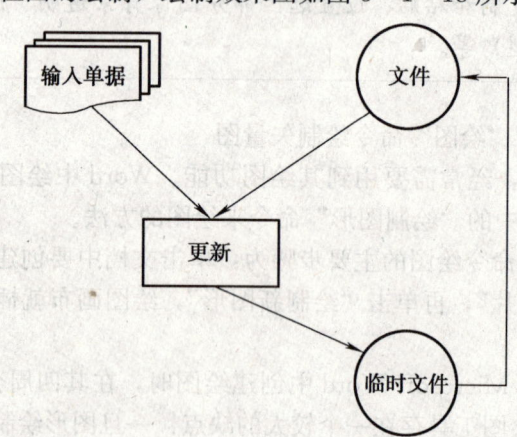

图3—1—18 实例效果图

流程图的操作步骤:

➤ 单击文档中要创建绘图的位置,在"插入"菜单上,选择"插入"菜单/"图片"/

"绘制新图形"命令，会出现一张绘图画布。

➤ 接下来绘制流程图的图形框，在"绘图"工具栏上，单击"自选图形"，指向"流程图"，再单击所需的图形形状。在绘图画布上插入所选择的图形。例如，插入一个矩形。如图 3—1—19 所示。

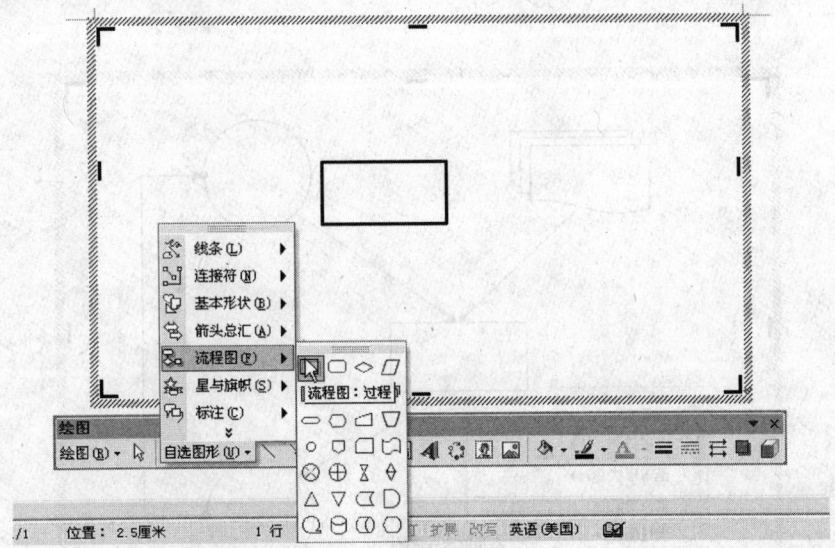

图 3—1—19　在绘图画布中插入一个矩形

➤ 若要向流程图中添加额外的形状，请重复以上步骤，再按所需的顺序对其进行排列。如果绘图画布太小，无法将所有的图形放进去，则可以调整其大小。通过选择绘图画布周围比较粗的几个小线条，可以任意的增大或者缩小绘图画布。

➤ 重复上述步骤，画出如图 3—1—20 所示的流程图的基本框架。

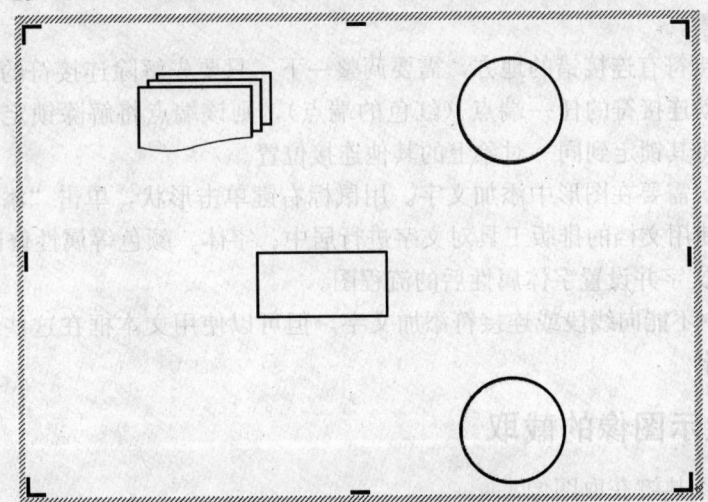

图 3—1—20　流程图基本框架

➤ 建立流程图中各种图形之间的连接。可以使用 Word 提供的自选图形中的连接符来建立连接。连接符的作用是连接形状并保持图形之间的连接。

Word 2002 提供了三种线型的连接符用于连接对象：直线、肘形线（带角度）和曲线。选择连接符自选图形后，将鼠标指针移动到对象上时，在其上显示蓝色连接符位置，这些点表示可以附加连接符线的位置。

➢ 用带箭头的肘形箭头连接符和直接箭头连接符将图形连接到一起，如图 3—1—21 所示。

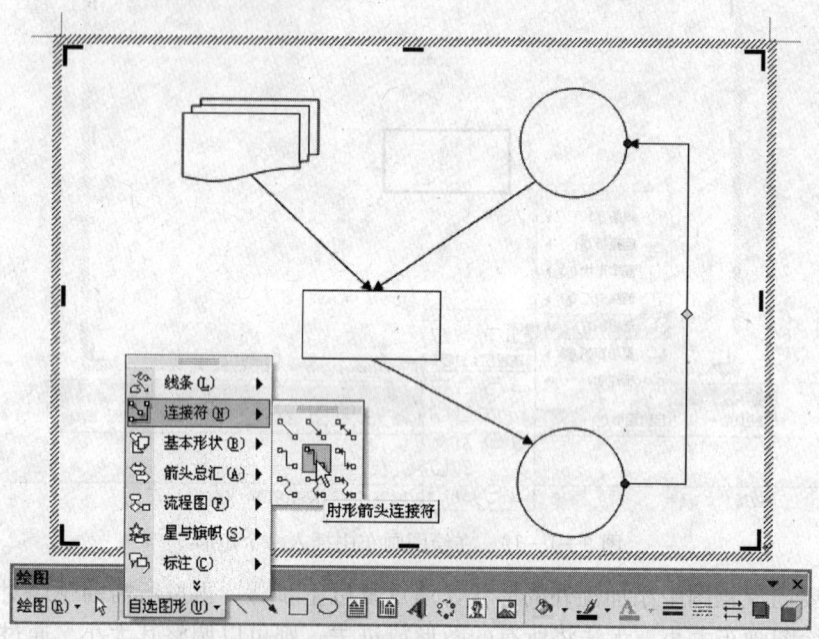

图 3—1—21 添加连接符后的流程图

➢ 流程线的修改，当随着图形的拖动时，流程线在矩形框内将随之变化，可以调整各个图形的位置。

➢ 如果连接符有连接错的地方，需要调整一下。只要先解除连接符的锁定。具体操作方法是：移动连接符的任一端点（红色的端点），则该端点将解除锁定或从对象中分离，然后可以将其锁定到同一对象上的其他连接位置。

➢ 接下来，需要在图形中添加文字。用鼠标右键单击形状，单击"添加文字"并开始键入。可以使用文档的排版工具对文字进行居中、字体、颜色等属性修改，图 3—1—22 所示为添加文字并设置字体属性后的流程图。

在 Word 中不能向线段或连接符添加文字，但可以使用文本框在这些绘图对象附近或上方放置文字。

三、屏幕显示图像的截取

1. 利用抓图热键获取图像

在 Windows 操作系统上，无论运行的是什么应用软件（甚至没有运行应用软件）都可以采用这种方法来获取当前屏幕图像。具体操作方法是：

（1）全屏抓图。例如，要抓当前屏幕显示的、任意的全屏图像，具体方法是：

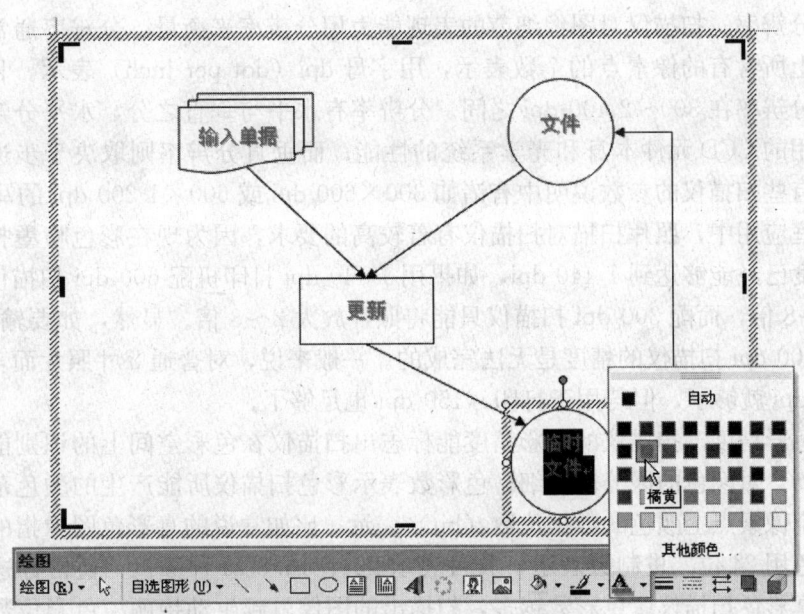

图 3—1—22 添加文字后的流程图

1) 按 PrtScrn 键；

(2) 单击【开始】—【程序】—【附件】—【画图】命令（或者运行 Adobe Photoshop）并新建一个文件，按 CTRL+V 键，将抓取的屏幕图形粘贴到新建的文件中。

（2）抓当前工作窗口

1) 按 ALT+PrtScrn 键；

2) 单击【开始】—【程序】—【附件】—【画图】（或者运行 Adobe Photoshop）并新建一个文件，按 CTRL+V 键，将抓取的当前工作窗口图形粘贴到新建的文件中。

2. 利用抓图软件获取图像

可以实现抓图的软件很多，常见的有：HyperSnap、SCREEN THIEF（屏幕大盗）、PZP、GETCAP（画面狩猎者）、AGRAB、GRABBER、DROPVIEW/IP、PCS 和 SNAGIT 等，这些抓图软件都可以很方便地捕捉图像。

四、使用扫描仪获取图像

利用扫描仪可以将照片、杂志彩页等素材转换成数字图像。将要扫描的内容放在扫描仪内，扫描仪会提供光源照亮图片，通过光线和镜头将图片进行成像曝光处理，不同的光线会得到不同的处理，并以数字的方式重新组合后输送到计算机中存储和显示。这样普通的照片或图片就会转化为数字图像了。通常扫描仪带有扫描驱动程序和应用软件，在扫描软件界面可以对扫描的图像效果进行设置。

1. 扫描仪的主要性能

扫描仪的性能指标主要有反映扫描仪精度的分辨率、扫描图像彩色范围的色彩数（色彩精度）、灰度级、扫描速度和扫描幅面等。其中以分辨率和色彩精度这两个参数最为重要。

(1) 分辨率。扫描仪对图像细节的表现能力用分辨率来衡量，分辨率通常用每英寸扫描图像上所含有的像素点的个数表示，用字母 dpi（dot per inch）表示。目前，多数扫描仪的分辨率在 300～2 400 dpi 之间。分辨率有水平与垂直之分，水平分辨率取决于扫描仪使用的 CCD 元件本身和光学系统的性能；而垂直分辨率则取决于步进电机的步长，所以有些扫描仪的参数说明中有诸如 300×600 dpi 或 600×1 200 dpi 的写法。

在家庭应用中，照片扫描对扫描仪有着较高的要求，因为现在彩色喷墨打印机的打印输出精度已经能够达到 1 440 dpi，如果用 1 440 dpi 打印机配 600 dpi 扫描仪可以将照片放大 5～8 倍，而配 300 dpi 扫描仪只能将照片放大 2～3 倍。显然，如要输出 10 寸大的照片，300 dpi 扫描仪的精度是无法完成的。一般来说，对普通 5 寸照片而言，若用于网页，72 dpi 就够了，但若用于打印，150 dpi 也足够了。

(2) 色彩精度。扫描仪的色彩精度能标志出扫描仪在色彩空间上的识别能力。色彩的位数越高，对颜色的区分就越细。色彩数表示彩色扫描仪所能产生的颜色范围，通常用表示每个像素点上颜色的数据位数（bit）表示。比如常说的真彩色图像指的是每个像素点的颜色用 24 位二进制数表示，共可表示 2^{24}=16.8 M 种颜色，通常称这种扫描仪为 24 bit 真彩色扫描仪。色彩数越多，扫描出的图像就越生动艳丽。色彩位数作为衡量扫描仪色彩还原能力的主要指标，经历了 24 bit、30 bit、36 bit 的过渡，而 36 bit 是保证扫描仪实现色彩校正、准确还原色彩的基础。

2. 扫描仪的使用

扫描仪的品牌及型号很多，但其功能及扫描过程基本相似。以下以汉王文豪 7600 为例，介绍使用扫描仪获取图像的方法。

汉王文豪 7600 是一台能扫描文字、表格、图像的扫描仪，配上专门的软件能组成高效的录入系统。它的操作界面人性化，识别范围大，识别率高，该产品的外形如图 3—1—23 所示。

图 3—1—23 "汉王文豪 7600" 外形

(1) 安装扫描仪软件

1) 将随机附带的光盘插入光驱，稍等片刻，屏幕上出现如图 3—1—24 所示的安装菜单。

2) 单击安装界面上的"扫描仪驱动"命令项，在弹出的"选择安装语言"界面中选择"中文（简体）"，单击"下一步"按钮。

图形图像处理

图 3—1—24　安装软件菜单主界面

3) 开始安装驱动程序，之后可按照屏幕提示进行操作，完成后返回到安装菜单主界面，单击需要安装的其他软件。

(2) 连接扫描仪

1) 将随机附带的电源适配器连接到扫描仪和电源，扫描仪会自动开启并开始自检，自检结束后，扫描仪前面板上的指示灯重新点亮。

2) Windows XP 自动找到新硬件并弹出"找到新的硬件向导"对话框，选择"从列表安装或指定位置安装"单选项。

3) 单击"下一步"按钮，选择"不要搜索，我要自己选择要安装的驱动程序"单选项，单击"下一步"按钮。

4) 在"显示兼容硬件"列表框中选中"HW Sanner 7600 Series"列表项，单击"下一步"按钮。

5) 在弹出的界面中，单击"继续安装"按钮，直到完成硬件安装。

(3) 扫描操作。打开扫描仪的盖板，将原稿正面朝下，放置在玻璃台上，然后盖上扫描仪的盖板，有以下两种方法进行扫描操作。

1) 汉王文豪 7600 面板上的操作按钮如图 3—1—25 所示，通过这些按钮，能直接进行常用的扫描操作。

按"文本王"按钮，在屏幕上弹出如图 3—1—26 所示的操作菜单窗口。

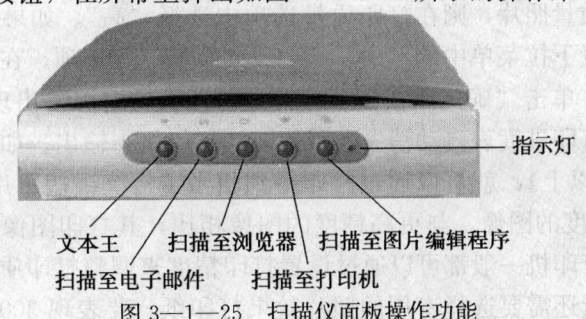

图 3—1—25　扫描仪面板操作功能

图 3—1—26 "汉王文豪 7600"操作窗口

再次按下"文本王"按钮，扫描仪开始对原稿进行扫描，获取图像。在图 3—1—26 所示的操作菜单窗口中，可以根据需要进行参数的设置。

扫描完成后，扫描仪会将获取的图像显示在相应的应用程序窗口中或直接识别后发送到 Word 中，供进一步进行调整、修改。

2）除使用类似以上的专门扫描软件外，也可以直接在应用程序中进行扫描并使用扫描功能。如 Photoshop、Word 等。

五、图形文件的输出

图形图像的输出方法有很多种，打印输出是当前最普遍的图像输出方法，也是一种方便和便于普及的图形图像输出应用方式。由于图形图像的输出对于图像的处理来说是一个很重要的步骤，所以掌握图像输出技巧是图像处理者应该掌握的一个基本技巧。

一般打印图像最常用的是彩色喷墨打印机。彩色喷墨打印机是一种打印效果极佳，购买和使用费用较低，且能直接与计算机连接，甚至有的可直接与数字照相机连接的打印设备。它备有 3～6 个不同颜色墨水的墨盒，打印时将各色墨水喷洒到打印纸上，然后将其烘干完成染色。彩色喷墨打印机对打印用的纸张有一定要求，不同质地的纸张，打印质量也不一样，高档光滑的纸张，打印效果最佳。

用数字影像打印的照片，应选用铜版纸。用计算机和打印机打印制作彩色图片，需掌握相关的应用知识和应用技巧。下面就喷墨打印机打印照片时的质量控制、打印尺寸设置和打印步骤，对打印操作技能进行简单介绍。

1. 照片打印控制

照片及打印输出效果，必须保证每英寸有 250～300 个像素点，即 300 dpi。打印照片之前需要进行两次图像尺寸设置。第一次是在图像处理软件中设置所需要输出照片的尺寸大小（如 5 英寸或 7 英寸照片）；第二次是用图像处理软件的文件/打印属性菜单命令打开打印属性对话框，从中设置打印纸的尺寸大小，打印纸尺寸设置应略大于图像尺寸。

2. 照片打印质量控制

如果要打印高质量照片，则在打印质量选项中选择"高"。如果对打印质量要求不高，可选择打印质量下拉菜单中的"中、低"或"草稿"等选项。在打印份数选项中设置打印份数。然后，单击"确定"按钮，即开始打印，这时屏幕出现一个打印进度表。照片打印完成后，打印进度表自动消失，照片即从打印机中输出。如果数字影像有足够高的精度（300 dpi 以上），就可以通过打印得到相当于传统银盐照片效果的数字照片。因为一般 300 dpi 精度的图像，与更高精度的图像相比，其打印图像的清晰度凭肉眼观察是难以区别的。打印机一般都可以通过设置打印精度来调整打印质量。此外，要获得照片效果的打印质量还需要选择专用的照片效果打印纸。要表现 300 dpi 精度图像的全部细节，则需要使用 1 440 dpi 精度的打印机。不过，如果图像需要打印在普通的复印纸上的话，图像的精度和打印精度都可以设置得低一些。

第二节 图形、图像的编辑处理

→ 能够打开常见格式的图形、图像文件
→ 能够完成图形、图像的简单编辑与修饰
→ 能够在图片中添加文字

一、Photoshop 9.0 简介

Photoshop 是美国 Adobe 公司推出的一个功能十分强大的图像处理软件。多年来，无论计算机软硬件如何发展，Photoshop 始终在图形图像领域占有重要地位。Photoshop 被广泛地应用于平面印刷、媒体广告和网页设计等诸多领域。生活中形形色色的图书、杂志、报刊、影视、互联网等，到处都有 Photoshop 的设计身影。

2005 年，Adobe 公司又推出了最新的 Photoshop 9.0 版本，又称为 Photoshop CS2，将这个本来已经十分强大的软件又提升到了一个近乎完美的境地。

1. Photoshop 9.0 的基本功能

利用 Photoshop 可以绘制简单图形，处理各种平面图像，进行格式和色彩模式的转换等，几乎所有的图像处理都会用到 Photoshop。它的基本功能主要包括绘画功能、处理图像尺寸和分辨率、选取功能、色调和色彩功能、图像旋转和变形、图层功能等。

（1）绘画功能。用户可以使用 Photoshop 提供的各种绘图工具绘制图形图像。常用的绘画工具有：笔刷工具、铅笔工具、直线工具、喷枪工具、文本工具、印章工具、模糊工具、锐化工具、涂抹工具、加深工具、减淡工具和海绵工具等。

（2）处理图像尺寸和分辨率。用户可以按要求任意调整图像的尺寸；可以在不影响分辨率的情况下改变图像的大小；也可以在不影响尺寸的同时增减分辨率，以适应图像的要求；另外可以使用裁剪功能方便地选取图像中的某部分内容。

（3）选取功能。用户可以根据实际需要选取各种各样的范围，可以是规则或不规则的选区，也可以是某个颜色范围的选区。另外还可以对所选择的区域进行移动、增减、修改、保存等操作。

（4）色调和色彩功能。用户可以随意调整图像的色调和色彩。如使用饱和度功能可以容易地调整图形的颜色和明暗度；可选择性的调整色相、饱和度和明暗度；根据输入的相对值或者绝对值，选色修正可分别调整每个色板或色层的油墨量；还可以分别调整暗部色调、中间色调和亮部色调等。

（5）图像旋转和变形。用户可以对图像进行多种变换操作。可以对图像进行拉伸、倾斜和自由变形等操作；也可以按固定方向进行翻转和旋转，还可以按不同角度进行旋转等操作。

(6) 图层功能。Photoshop 支持多图层工作方法，并可以对图层进行各种各样的操作。图层可以合并、合成、翻转、复制和移动；调节层可在不影响图像的同时，控制图层的透明度；拖拽功能可以轻易地把图像中的层从一个图像复制到另一个图像中；文本层可以随时任意修改文本内容和格式等。

2. Photoshop 9.0 的工作环境

Photoshop 9.0 的工作窗口主要由菜单栏、工具箱、工具属性控制栏、浮动面板、绘图窗口等组成，如图3—2—1所示。

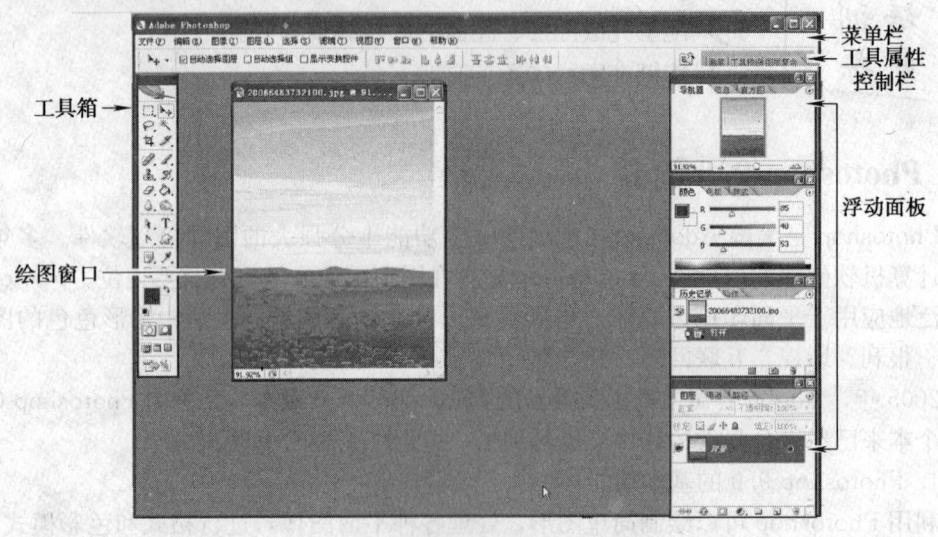

图3—2—1 Photoshop 9.0 工作窗口

（1）菜单栏。Photoshop 的菜单栏和其他标准的 Windows 应用程序相同，都在最上方，包含常用的多种工具和命令。

（2）工具箱。位于整个桌面的左侧，Photoshop 的工具以按钮的形式列在其中，并且还包含颜色和视图等相关工具。

（3）工具属性控制栏。位于菜单栏的下方，该控制栏显示当前所使用的工具的相关信息，并且会随着用户所使用的工具的不同而变化。

（4）浮动面板。位于菜单栏的右侧，分为视图信息、颜色信息和图层、通道、路径等十多个不同的面板。它可以极大地提高工作效率，使操作更方便，在图形图像处理过程中占有相当重要的地位。

（5）绘图窗口。这是进行工作的主要区域，用于显示正在处理的图像内容，相当于画家的画布。用户可以随意移动它的位置，或进行最大化、最小化显示。

二、Photoshop 9.0 的简单应用

Photoshop 的功能很丰富，应用的领域也很多。为了让读者能更简便的学习 Photoshop，下面将介绍使用 Photoshop 的一些简单的方法，让用户能够初步了解 Photoshop 的一般操作步骤和使用方法，并能进行简单的应用。

1. 启动、退出、窗口工具

（1）启动。当正确安装 Photoshop CS2 后，Windows "开始" 菜单的 "程序" 子菜单中就会建立一个程序组，该程序组名为 Adobe。要启动 Photoshop CS2，只需在该程序组中执行 "Adobe Photoshop CS2" 命令即可启动 Photoshop CS2。启动后的界面如图 3—2—2 所示。

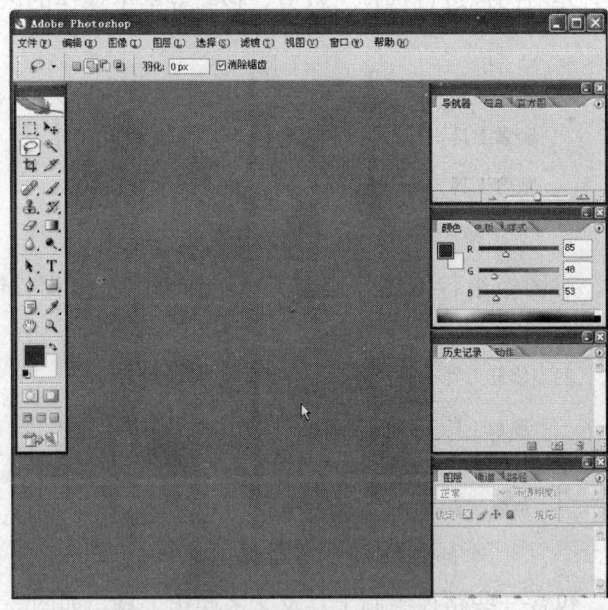

图 3—2—2　Photoshop CS2 启动界面

（2）退出。要退出 Photoshop CS2 应用程序，只要单击 Photoshop CS2 窗口标题栏右侧的关闭按钮⊠或选择 "文件" 的 "退出" 命令，均可退出 Photoshop。

（3）窗口工具。Photoshop CS2 的工具箱，一般位于 Photoshop 窗口的左边，如图 3—2—3 所示。在使用 Photoshop 进行图像绘制和处理时工具箱是必不可少的。用户可

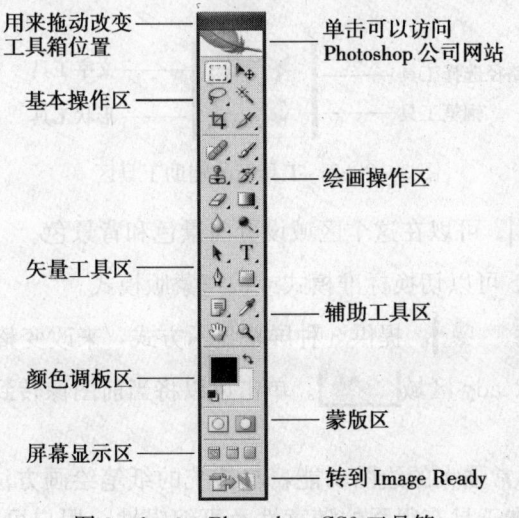

图 3—2—3　Photoshop CS2 工具箱

以通过使用工具箱中的各种工具来绘制和处理图像，以实现所需要的操作。

1）蓝色区域 ■■■■■。用户可以按住鼠标左键拖动面板上方的蓝色区域，来调整面板的位置。

2）网站链接区 ■■■■■。可以通过单击该区域访问 Photoshop 公司的网站。

3）基本操作区。是对图像进行选择、裁剪、移动等基本操作的区域，如图 3—2—4 所示。

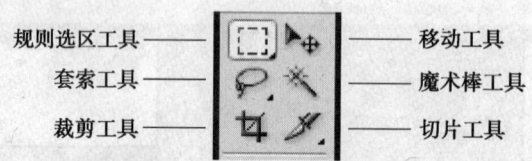

图 3—2—4　工具箱的基本操作区

4）绘画操作区。对图像进行修复、绘画、填充颜色以及模糊、锐化、加深、减淡等操作的区域，如图 3—2—5 所示。

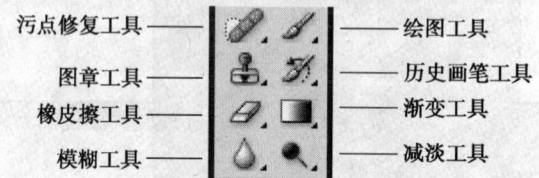

图 3—2—5　工具箱的绘画操作区

5）矢量工具区。包含一些路径绘制工具及文字操作工具，如图 3—2—6 所示。

图 3—2—6　工具箱的矢量工具区

6）辅助工具区。主要是辅助绘图用的工具，比如文字工具、形状工具等，如图 3—2—7 所示。

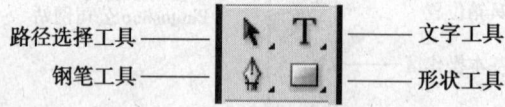

图 3—2—7　工具箱的辅助工具区

7）颜色调板区 ■■。可以在这个区域设置前景色和背景色。

8）蒙版区 ■■。可以切换标准模式或快速蒙版模式。

9）屏幕显示区 ■■■。提供 3 种屏幕显示方式，来改变整个屏幕的显示模式。

10）转到 Image Ready 区域 ■■。单击可以将当前图像转到 Image Ready 中编辑。

2. 绘制图像

Photoshop 具有非常强大的绘图功能，与传统的纸笔绘画方法相比较，使用 Photoshop 进行绘图的优点在于具有很强的随意性及可编辑性。用户可以通过使用 Photoshop

提供的丰富多彩，功能强大的绘图工具，可以绘制出各种各样的图像。

传统绘制简单图像的操作流程一般为：先选择某种颜色的画笔，在画布上画出形状，然后用一些颜料给图像上色。在 Photoshop 中绘制图像的步骤跟传统绘画类似，要绘制一张图像主要包括以下几个步骤：

➢ 新建图像文件，相当于传统绘画中的准备一张新的画布。
➢ 选择颜色，相当于传统绘画先选择要绘制的线条颜色，一般用黑色的居多。
➢ 绘制图像形状，相当于传统绘画前选择画笔，例如毛笔或铅笔等工具来绘制形状。
➢ 颜色填充，相当于传统绘画后，给图像上色。
➢ 保存文件，绘制好的图像要保存起来，以免丢失。

（1）新建图像文件。要绘制新的图像，先新建一个图像文件，操作步骤如下：

1）在"文件"菜单中选择"新建"命令，会弹出新建文件对话框。在该对话框中，对文件的各个属性选项进行设置，如文件的名称、宽度、高度、分辨率、颜色模式、背景内容等，如图 3—2—8 所示。

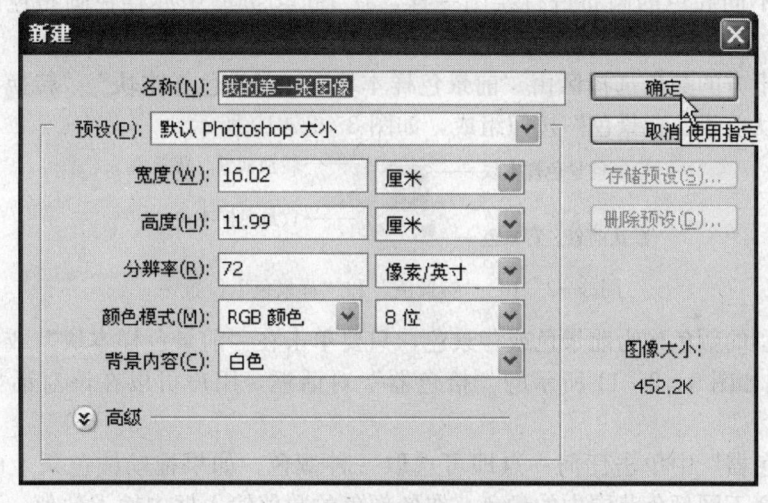

图 3—2—8 新建文件对话框

2）单击"确定"按钮，弹出如图 3—2—9 所示的绘图窗口，可以在该窗口中开始作画。

（2）选择颜色。要在 Photoshop 中选择颜色，可以从以下 4 种方式中选择一种：

方式一：在工具箱下方的颜色选择区中进行选择，在此区域可以分别选择前景色与背景色。

方式二：使用吸管工具 ，从一幅图像选择出合适的颜色。

方式三：使用"颜色"调板以不同的颜色模式调配出所需要的颜色。

方式四：从"色板"调板直观地选择不同的颜色。

下面重点介绍第一种方式：设置前景色与背景色。

"前景色"又称为"作图色"，即任何绘图工具都将以"前景色"进行绘图。与现实

图3—2—9 新建的空白绘图窗口

生活中使用不同底色的画布进行绘图一样，在Photoshop中亦存在画布色的概念，即"背景色"。

工具箱下方的颜色选择区由"前景色样本块""背景色样本块""转换前景、背景色"及"默认前景、背景色"按钮组成，如图3—2—10所示。

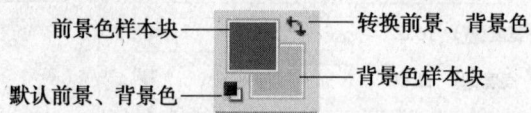

图3—2—10 "前景色"和"背景色"设置区

要选择别的颜色作为前景色或背景色，只要单击在"前景色样本块"或"背景色样本块"，弹出如图3—2—11所示的"拾色器"对话框，用户可以在该对话框中选择颜色。

在"拾色器"中单击任何一点即可选取一种颜色，如果拖动颜色条上的三角形滑块，可以选择不同颜色范围中的颜色。在各颜色的数值输入框中输入数值，可以取得精确颜色。

转换前景、背景色按钮：单击该按钮，可以交换"前景色"和"背景色"。

默认前景、背景按钮：单击该按钮可设置"前景色"为黑色、"背景色"为白色。

（3）绘制图像形状。在Photoshop中绘制图像，要选择合适的工具来绘制各种形状的图像，其中主要分为画图工具和形状工具。

1）画图工具，比较适合绘制一些需要手动绘制的图形。Photoshop的画图工具包括画笔工具和铅笔工具，在Photoshop中用这两个工具绘图类似于使用真实的手绘笔一样，能自由地控制线条的走向，并能根据需要设置画笔的更多属性。

画笔工具是一种可以模拟水彩笔、毛笔等软笔效果的绘图工具。铅笔工具是一种可以模拟铅笔、蜡笔和碳笔等硬笔效果的绘图工具。要使用画笔工具或铅笔工具，具体的操作步骤如下：

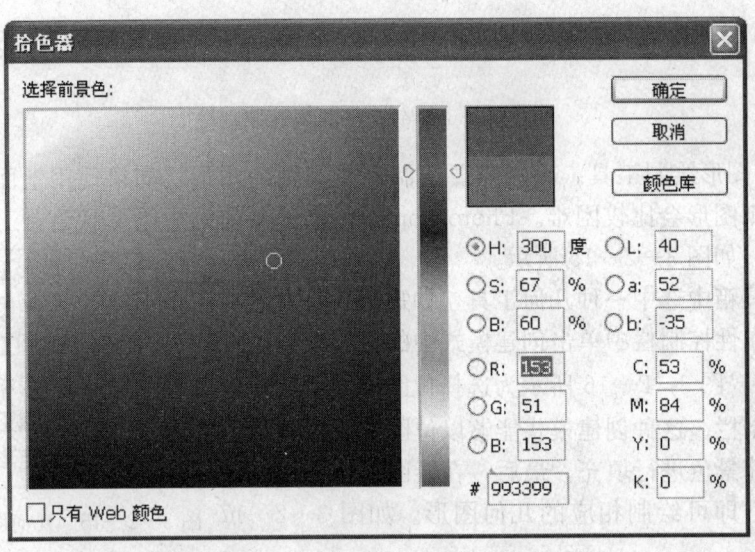

图 3—2—11 "拾色器"对话框

①先在工具箱中选中该工具。

②然后在菜单栏下面该工具的属性控制栏中对画笔的一些属性进行设置,比如画笔的形状、粗细、模式等,图 3—2—12 所示为画笔工具 的属性控制栏。

图 3—2—12 画笔工具属性控制栏

③最后,在绘图窗口中按住鼠标左键拖动,即可绘制相应的图像了,图 3—2—13 所示为使用画笔工具 绘制的简单图像。

图 3—2—13 画笔工具绘制的简单图像

铅笔工具和画笔工具很相似,从铅笔工具属性控制栏中的参数项目就可以看出,如图 3—2—14 所示。其中的笔刷方案、混合模式、和不透明度等属性设置与画笔工具极为相似,用户在使用时可以参考画笔工具的相关操作。

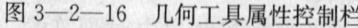

图3—2—14 铅笔工具属性控制栏

2）几何图形绘制工具。有时需要绘制一些规则的图形，如果使用上面介绍的画图工具绘制规则图形会比较困难。Photoshop中提供了专门的规则形状绘制工具即几何图形绘制工具，如图3—2—15所示。

先在工具箱中选中一种几何工具，如矩形工具。然后在几何工具属性控制栏中单击创建模式中的位图填充图像模式按钮，图3—2—16所示为选择位图模式后的几何工具属性控制栏。这种创建模式能够以位图的形式绘制图形，并使用前景色进行填充。最后，在绘图窗口中按住鼠标左键拖动，即可绘制相应的几何图形。如图3—2—17所示。

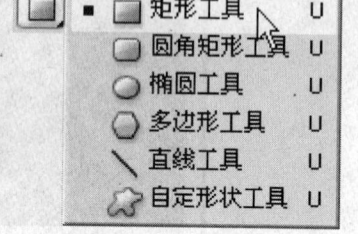

图3—2—15 几何图形绘制工具

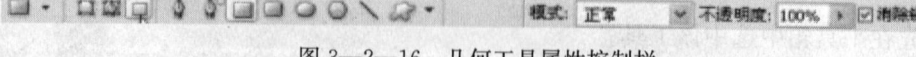

图3—2—16 几何工具属性控制栏

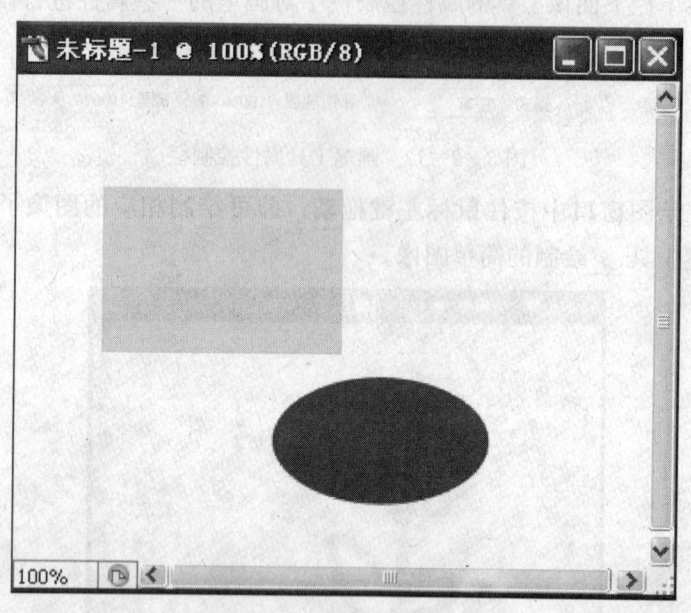

图3—2—17 绘制几何图形

上面的图形为使用矩形工具和椭圆工具绘制的长方形图像，图形的颜色使用的已设置好的前景色填充。

（4）颜色填充。在Photoshop中最基本的颜色填充工具有油漆桶工具和渐变工具。油漆桶工具：可以将用户选择的颜色填充到图像中。渐变工具可以填充出颜色渐变的效果。用户要使用这两个工具，只要在工具箱中选择即可，如图3—2—18所示。

1）油漆桶工具。一般情况下，用户使用油漆桶工具在图像中需要填充颜色的区域或选区中单击，则会在该闭合区域中直接填充上前景色，如图3—2—19所示。

用户选好淡蓝色前景色后，用油漆桶工具 在左边的外部白色区域单击，则该区域就以淡蓝色填充了，然后改变前景色为蓝色，再用油漆桶工具在椭圆内部单击，则该椭圆就改变为蓝色的了。

图3—2—18 渐变工具和油漆桶工具

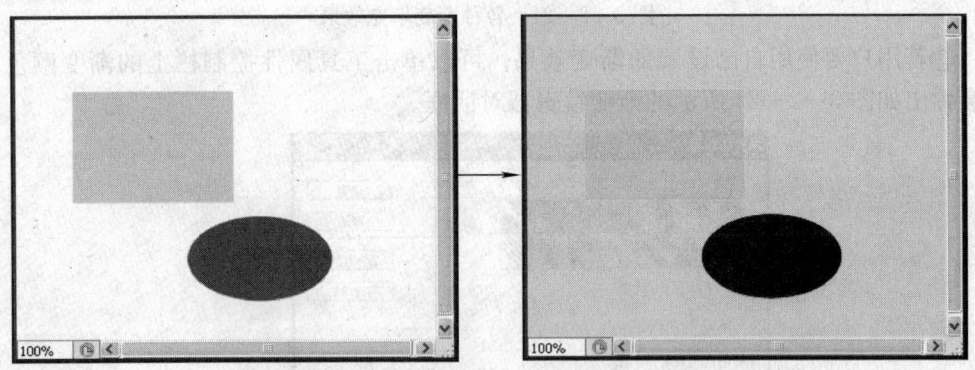

图3—2—19 使用油漆桶工具填充闭合的单色区域

在没有选取范围的情况下，油漆桶以鼠标单击位置的像素点作为取样点，以取样点的颜色作为参照颜色，对与之颜色相似的图像进行填充。如图3—2—19中所示，如取样点是白色，则整个连续的白色区域都被填充了。

2）渐变工具。可以使用这个工具填充出颜色渐变的效果。而且用户还可以自定义颜色渐变的形式和配色。例如线性简便、放射形渐变、光谱颜色渐变、灰度渐变等。具体的操作步骤为：

①单击工具箱中的渐变工具按钮，然后单击渐变填色工具属性控制栏中的渐变范围按钮，在打开的渐变范围面板中选择Photoshop已提供的多种渐变效果中的一种，如图3—2—20所示。

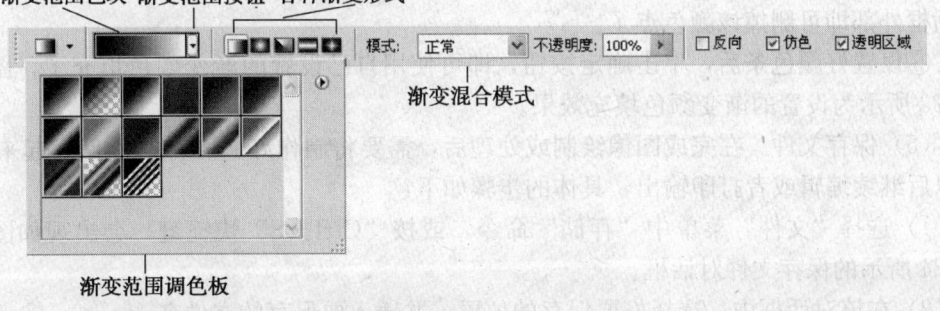

图3—2—20 渐变工具属性控制栏

②选好某种渐变方案后，用户只要在绘图窗口中按住鼠标左键拖动，就会产生相应的渐变效果，如图3—2—21所示。

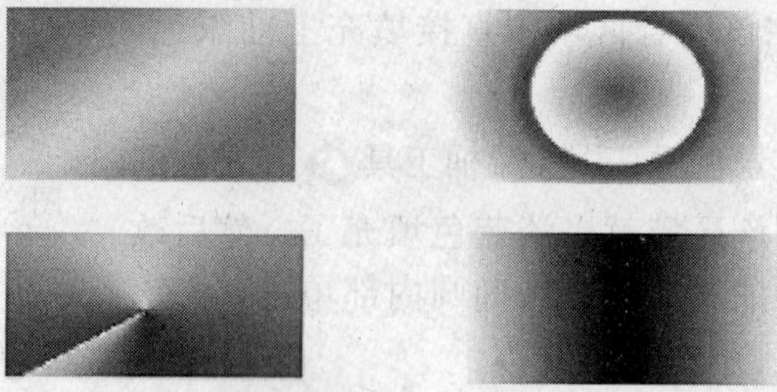

图 3—2—21　各种渐变填充效果

③若用户要使用自己设置的渐变效果，可以单击工具属性控制栏上的渐变颜色块，则会弹出如图 3—2—22 所示的渐变编辑器对话框。

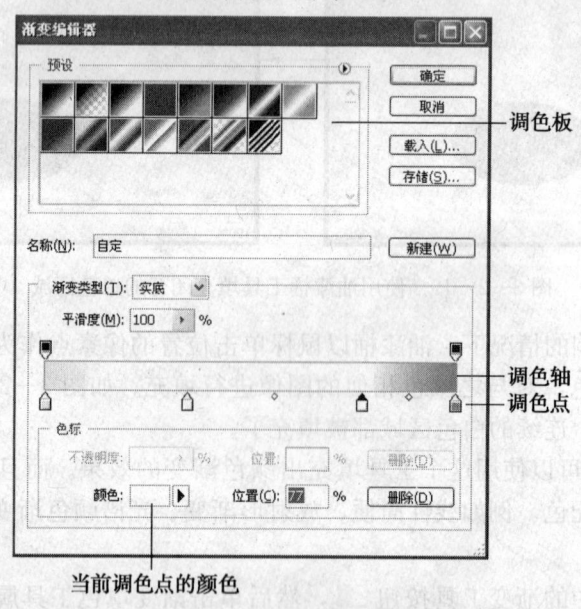

图 3—2—22　渐变编辑器对话框

④用户只要在渐变轴下方单击，就会产生新的调色点，然后可以对调色点的颜色、位置等属性进行设置，如果要去掉某个调色点，只要在该调色点上按住鼠标左键并拖到对话框外部即可删掉该颜色点了。

⑤设置好颜色条后，单击确定按钮，即可使用自己设置的渐变颜色填充了，图 3—2—23 所示为设置的渐变颜色填充效果。

（5）保存文件。在完成图像绘制或处理后，需要将制作好的图像文件保存起来，以便以后继续编辑或者打印输出，具体的步骤如下：

1）选择"文件"菜单中"存储"命令，或按"Ctrl＋S"快捷键，会出现如图 3—2—24 所示的保存文件对话框。

2）在该对话框中，选择好要保存的位置，并输入要保存的文件名。

3）当前文件格式下拉列表框中显示的是 Photoshop（＊.PSD；＊.PDD），这是 Photoshop 默认的文件格式，确认这种格式后单击"保存"按钮即可。

3. 编辑图像

图 3—2—23 自定义渐变颜色方案填充效果

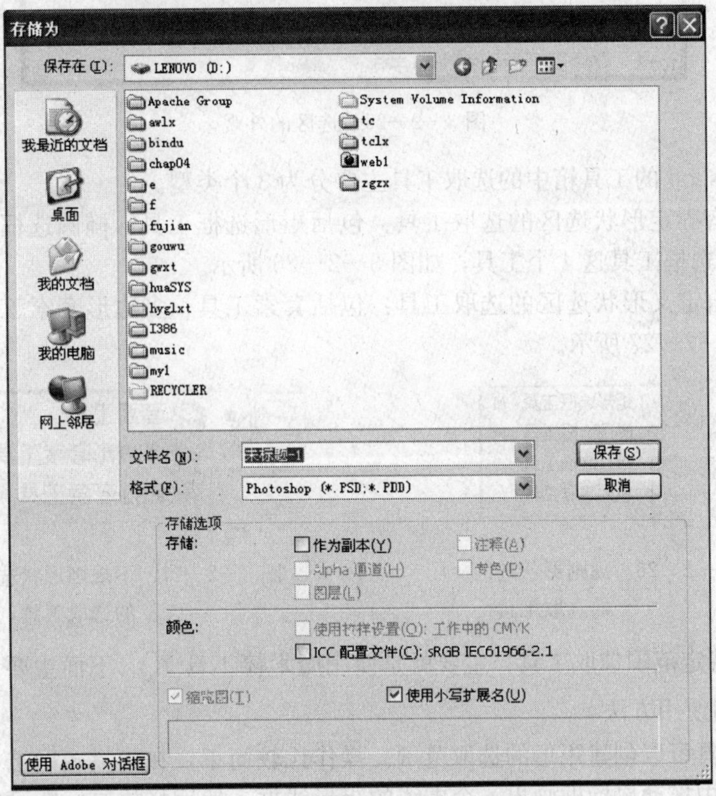

图 3—2—24 保存文件对话框

Photoshop 作为图形图像处理工具软件，除了可以绘制图像以外，还提供了多种强大的图像编辑和处理工具。下面主要介绍一些编辑图像的工具和方法。

（1）选取图像。在编辑图像之前，一般要确定对图像的哪些部分进行操作，这样操作起来比较有针对性，避免使得一些不需要改变的图像区域产生误操作。Photoshop 中提供了强大的选取功能，可以通过多种选取工具和方法来确定选取范围，所选中的范围边缘一般表现以黑白交替的浮动线，这种选取区域就称为选区，如图 3—2—25 所示。

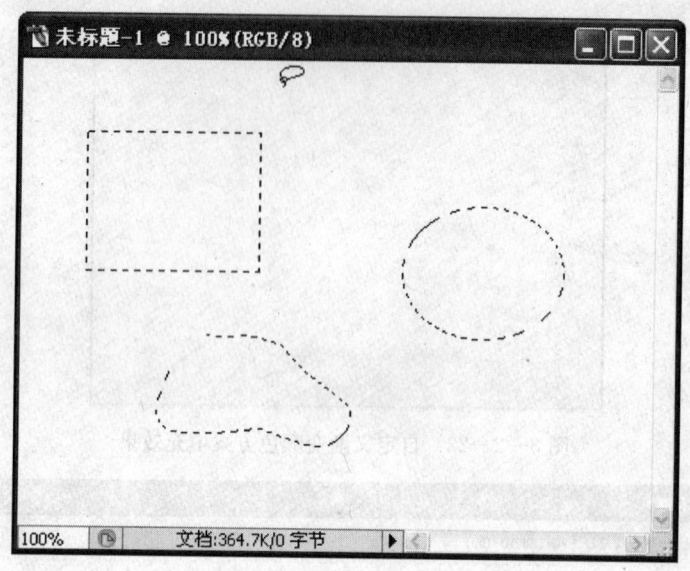

图 3—2—25 选区的外观

在 Photoshop 的工具箱中的选取工具主要分为 3 个类型。

1）创建有固定形状选区的选取工具：包括矩形选框工具、椭圆选框工具、单行选框工具、单列选框工具这 4 个工具，如图 3—2—26 所示。

2）创建自定义形状选区的选取工具：包括套索工具、多边形套索工具、磁性套索工具，如图 3—2—27 所示。

图 3—2—26 规则形状选区的选取工具

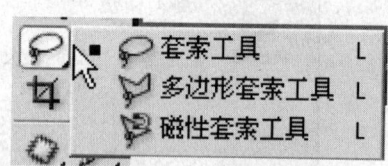

图 3—2—27 不规则形状选区的选取工具

3）创建特定范围选取工具：主要就是使用魔术棒工具。下面主要介绍其中矩形选取工具的使用方法。

使用该工具可以创建矩形的选取范围。操作比较简单，在工具箱中选中该工具，然后在绘图窗口中拖动鼠标框画出一个虚线的矩形线框，然后释放鼠标即可完成矩形选取区域的创建。

矩形选取工具属性控制栏如图 3—2—28 所示，其中包括三种选取方式：正常、固定长宽比和固定大小。

正常选取方式是默认的方式，它按照用户绘制的矩形大小来确定选取范围。

固定宽高比选区方式可以在选区宽度和选区高度中设置相应的比例，一旦设置，不论用户绘制多大的矩形区域都将遵照这个宽高比例，默认的比例是 1∶1。

固定尺寸选取方式可以在选区宽度和选区高度中设置矩形宽高的具体数值。在这种

图形图像处理

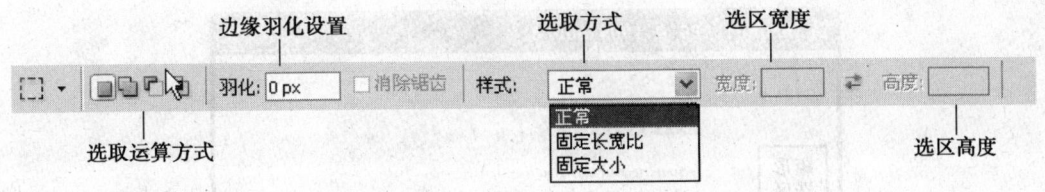

图 3—2—28 矩形选取工具属性控制栏

方式下用户只要在绘制窗口中单击鼠标即可创建出设置宽高的矩形选取区域,默认的设置是宽高均为 64 px。

【例 3—3—1】打开一幅图像,选取其中的一块矩形部分内容复制到一幅新的图像中。

➤ 选择"文件"菜单中的"打开"命令,或按"Ctrl+O"快捷键,弹出如图 3—2—29 所示的打开文件对话框。

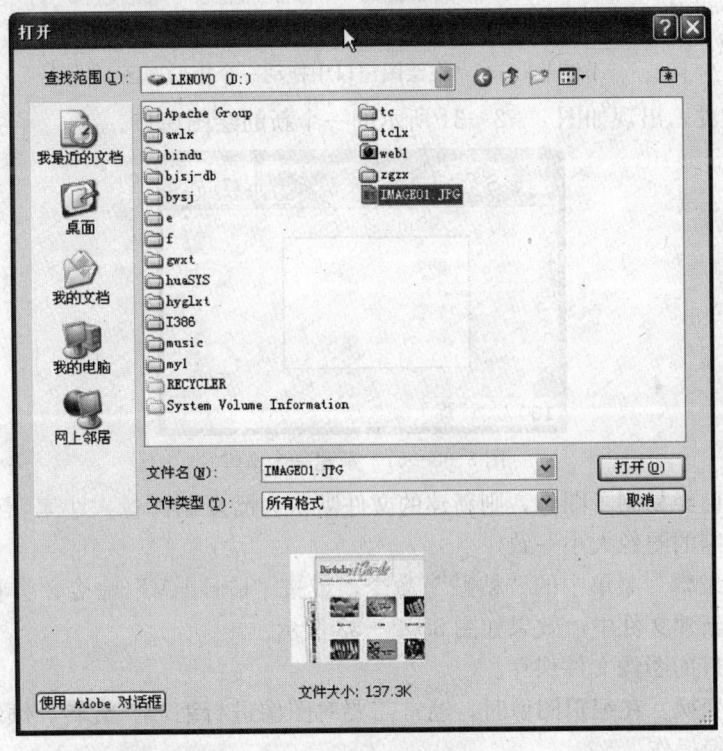

图 3—2—29 打开文件对话框

➤ 在该对话框中,选择所要打开的图像文件,单击"打开"按钮,就会在 Photoshop 窗口中打开该文件。

➤ 在工具箱中选择矩形选取工具,并在绘图窗口中拖出一个矩形选区选中要复制的部分内容,如图 3—2—30 所示。

➤ 选择"编辑"菜单中的"拷贝"命令,或按"Ctrl+C"命令,就将所选区域的图像复制到系统剪贴板中。

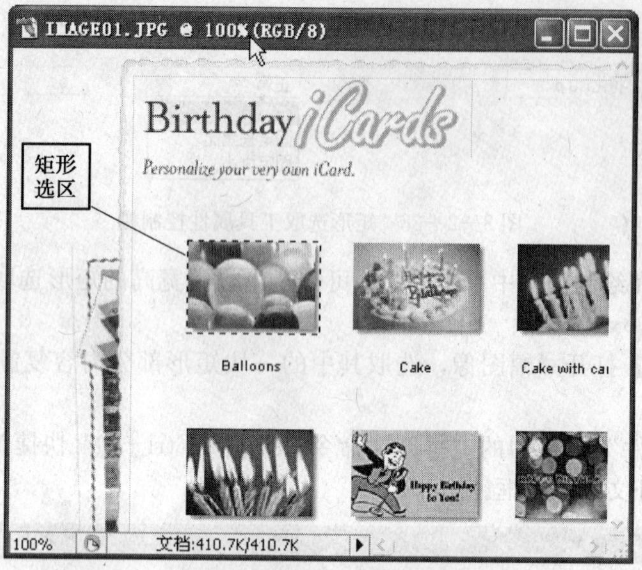

图3—2—30 在绘图窗口中拖动一个矩形选区

➤ 新建文件，出现如图3—2—31所示的一个新的绘图窗口。

图3—2—31 新建一个文件

注：如果已经复制了图像，则新建的文件默认会已复制图像大小来新建。本例新建的文件就跟复制的图像大小一致。

➤ 选择"编辑"菜单中的"粘贴"命令，或按"Ctrl+V"命令，会将前面复制的内容粘贴在该新建文件中，效果如图3—2—32所示。

➤ 将制作好的图像文件保存。

（2）图像变换。在编辑图像时，经常需要对图像进行缩放、旋转、倾斜、扭曲、透视和翻转等变换操作。

1）缩放。对图层或选区中的图像进行缩放变形是一个应用比较广泛的技巧。其作用是调整图像在整幅画面中的比例，协调与其他图像的关系。用户可以通过选择"编辑"菜单中的"变换"中的"缩放"命令来实现对图像的缩放。具体的操作步骤如下：

①打开一个图像文件。

②使用选取工具选中图像中需要调整大小的区域，具体效果如图3—2—33所示。如果要对整个图层内容进行缩放，则可跳过此步操作。

图形图像处理

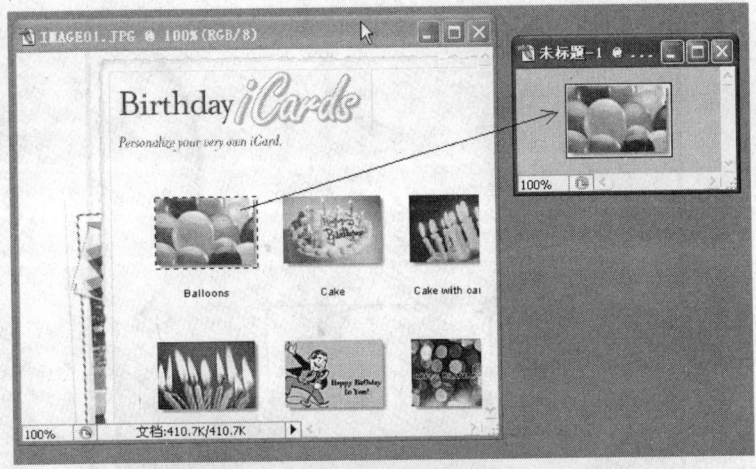

图3—2—32　在新文件中粘贴复制

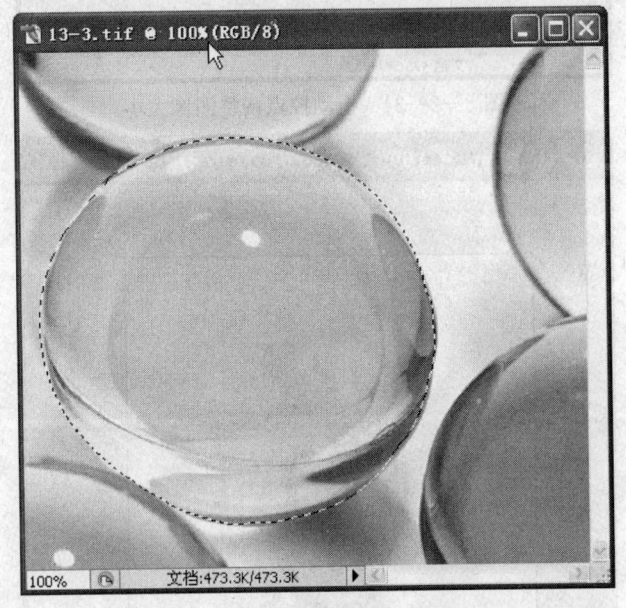

图3—2—33　选中图像中要缩放的区域

③选择"编辑"中的"变换"中的"缩放"命令，则会在该选区的四周显示一个带有8个控制点的矩形线框，可以通过调整任意一个控制点来改变图像的形状。具体效果如图3—2—34所示。

④调整到需要的形状后用户可以在线框中双击鼠标或者按键盘上的按回车键确认，此时线框消失，完成缩放变形操作。按键盘上的取消键则可以取消当前的变形操作。

2）旋转。旋转操作可以调整图层中图像的角度。可以选择"编辑"菜单中的"变换"中的"旋转"命令来实现对图像的旋转，选择该命令后，该图层中的图像四周会出现一个带有8个控制点的矩形线框，用户可以通过调整4个角上的控制点来改变图像的角度，如图3—2—35所示。

当鼠标指针位于4个角上的控制点上时，光标变为↻形状后按鼠标左键并拖动鼠标，

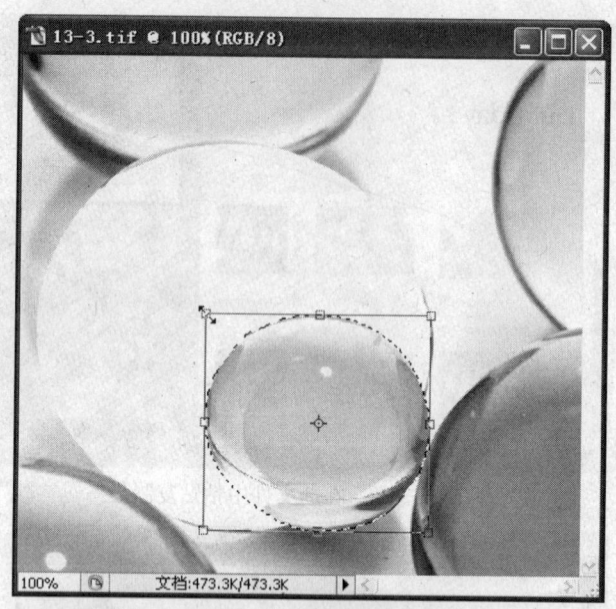

图 3—2—34　拖动控点调整图像大小

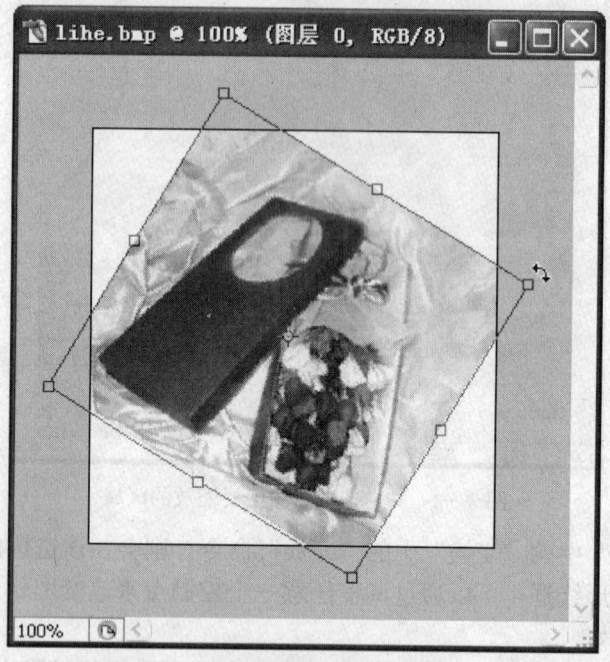

图 3—2—35　调整控制点改变图像角度

将图像调整到需要的旋转角度后，在线框中双击鼠标左键或者按回车（Enter）键确认，完成旋转变形操作。按键盘上的 Esc 键则可以取消当前的旋转操作。

进行旋转操作的过程中，如果按 Shift 键，则可以以 15°为一个旋转单位的精确角度进行旋转，这样用户就可以准确地将图像旋转到 45°、60°、135°等角度。

在"编辑"中的"变换"子菜单中还有 3 个旋转命令，可以让用户方便地进行 180°的旋转、顺时针旋转 90°、逆时针旋转 90°的操作。

3) 倾斜、扭曲和透视。在"编辑"中的"变换"子菜单中还有倾斜、扭曲和透视命令，可以分别使图层中或选区中的图像产生倾斜、扭曲和透视变形操作。具体的操作方法与缩放和旋转操作类似，都是将鼠标移到 4 个角上的控制点上，拖动鼠标实现相应的变换操作，如图 3—2—36 所示显示了图像分别进行倾斜、扭曲和透视后的效果。

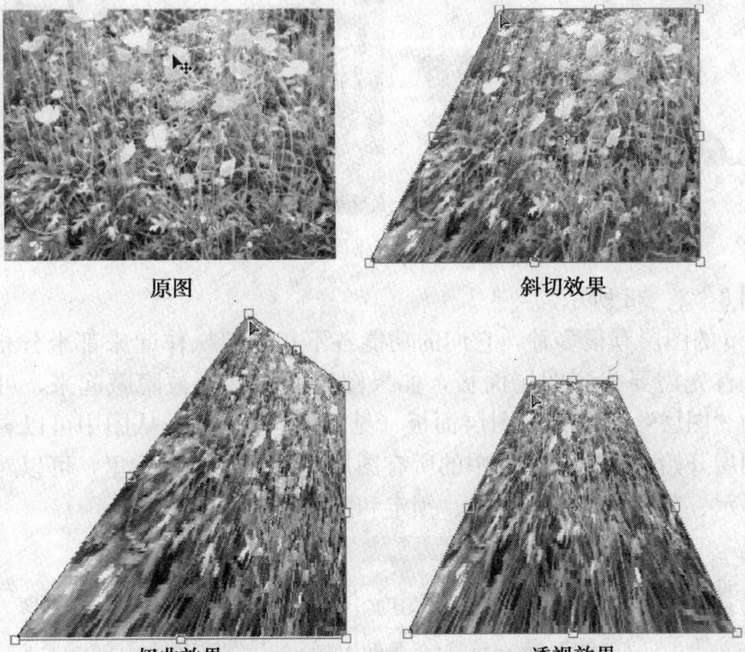

图 3—2—36　倾斜、扭曲和透视效果

4) 自由变换。自由变换操作可以进行缩放、旋转、倾斜、扭曲和透视等变形操作。相当于以上各个命令的综合，操作起来比较简便。

在使用"编辑"→"自由变换"（Ctrl＋T）命令时，该图像四周同样显示一个带有 8 个控制点的矩形线框，将鼠标指针移动到线框上的控制点上时，鼠标指针将变为↕、↔或者↗，表示可以对线框中的图像进行缩放变形，只要拖动鼠标，线框中的图像内容就会产生相应的变形。当鼠标指针移到控点上，变成↻形状时，只要拖动鼠标就可以对图像进行旋转操作。

4. 图层

图层在使用 Photoshop 进行图像处理中，具有十分重要的地位，也是最常用到的功能之一。在 Photoshop 中，一幅图像通常是由多个不同类型的图层通过一定的组合方式自下而上叠放在一起组成的，它们的叠放顺序以及混合方式直接影响着图像的显示效果。图 3—2—37 所示的图像就是由多张图层合成的一幅图像效果。所谓图层就好比一层透明的玻璃纸，透过这层纸，可以看到纸后面的东西，而且无论在这层纸上如何涂画，都不会影响到其他层中的内容。

（1）图层面板。图层面板是用来管理图层的工具，它不仅可以建立、删除图层以及调换各个图层的叠放顺序，还可以将各个图层混合处理，产生出许多意想不到的效果，

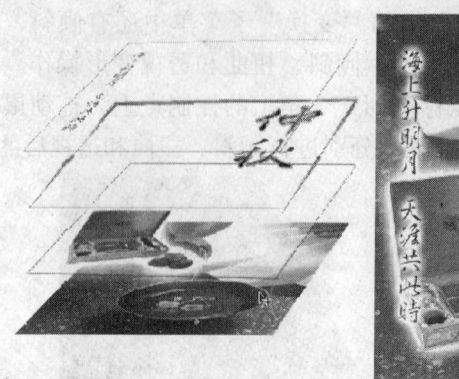

图 3—2—37　多张图层合成效果

图层面板如图 3—2—38 所示。

Photoshop 的图层有很多种，它们的功能各不相同但操作起来都十分相似。要对图层进行操作，首先需要找到图层面板，如果图层面板已经被隐藏起来，可以执行"窗口"菜单中的"图层"命令打开图层面板（见图 3—2—38）。从图中可以看到图层面板从最上面的图层开始，列出了图像中的所有图层和图层组。在这里，可以对图层进行创建、隐藏、显示、复制、链接、合并、锁定和删除等操作。

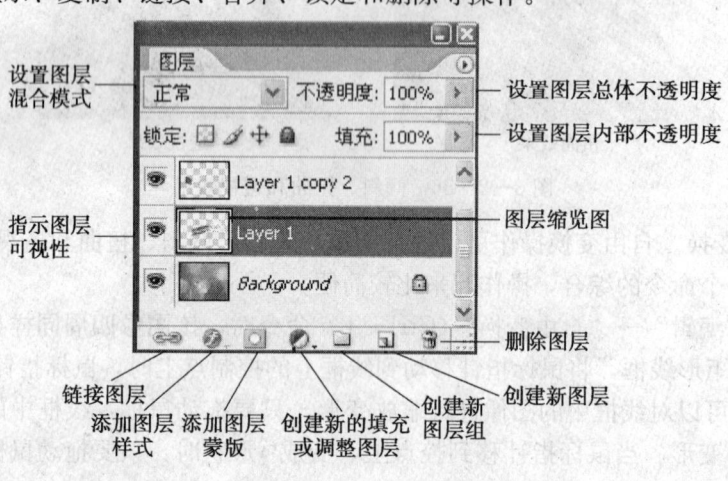

图 3—2—38　图层面板

（2）创建、复制和删除图层

1）创建图层。在实际的创作中，经常需要创建新的图层来满足设计的需要，单击"图层面板"中的"创建新的图层"按钮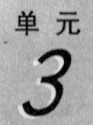，新建一个空白图层，这个新建的图层会自动依照建立的次序命名，第一次新建的图层为"图层 1"，如图 3—2—39 所示。

要选中一个图层，只要在图层面板中单击该图层，被选中的图层就会突出显示，如上图所示"图层 1"蓝色突出显示，即处于选中状态。

2）复制图层。如果要复制一个图层，只需将该图层的缩览图拖动至"创建新的图层"按钮上，放开鼠标，新的图层就被复制出来了，被复制出来的图层默认名称为"图层名称副本"，它位于原图层的上方，两图层中的内容一样，如图 3—2—40 所示。

3）删除图层。对于没有用的图层，可以将它删除。先选中要删除的图层，单击"图层面板"上的"删除图层"按钮 ，单击"是"按钮，删除被选中的图层。也可以在图层面板上直接用鼠标将图层的缩览图拖放到"删除图层"按钮上来删除，如图 3—2—41 所示。

（3）调整图层的叠放次序。Photoshop 中的图像一般由多个图层组成，而多个图层之间是一层层往上叠放的，因而上方的图层会遮盖住其下方图层的内容。在编辑图像时，可以调整图层之间的叠放次序来实现设想的效果。

在"图层面板"中，选择要调整次序的图层并拖放至适当的位置，这样就可以调整图层的叠放次序，具体操作如图 3—2—42 所示。

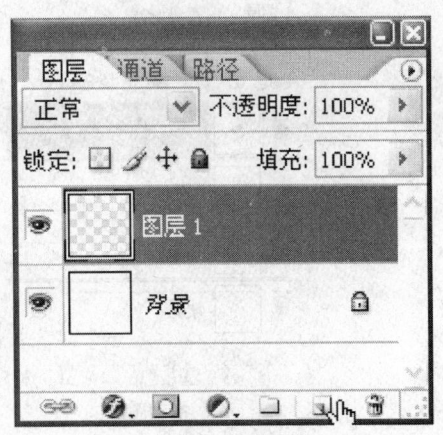

图 3—2—39 新建图层

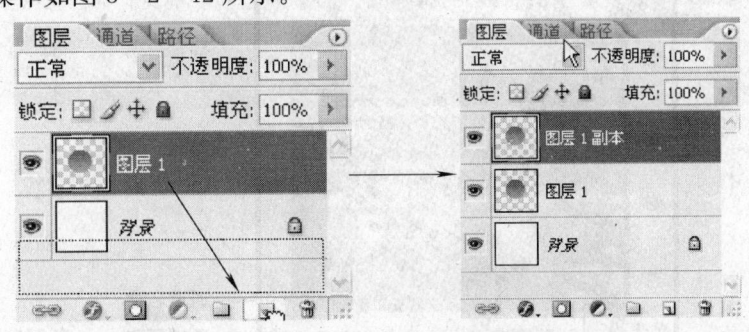

图 3—2—40 复制图层

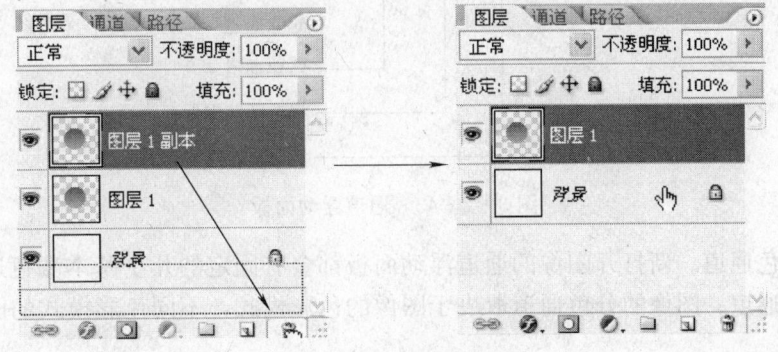

图 3—2—41 删除图层

5．通道

Photoshop 的通道有多种用途，它可以显示图像的分色信息、存储图像的选取范围和记录图像的特殊色信息。

（1）通道浮动面板。Photoshop 通过"通道浮动面板"对通道进行管理，如图 3—2—43 所示，在这个浮动面板中可以创建通道，复制通道和删除通道等操作。

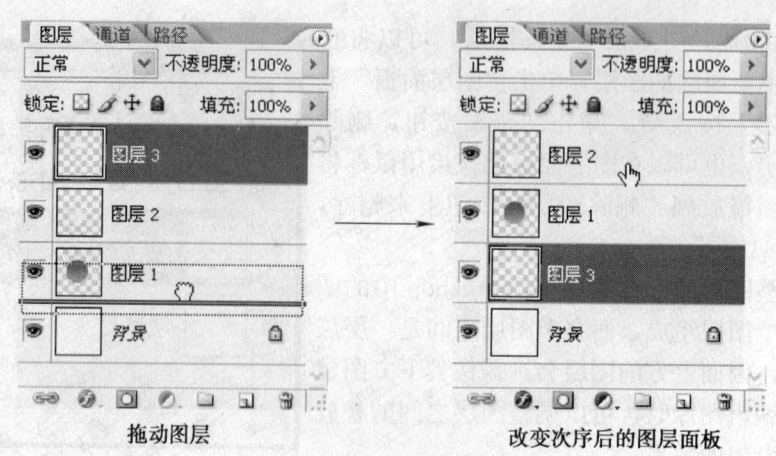

图 3—2—42 改变图层次序

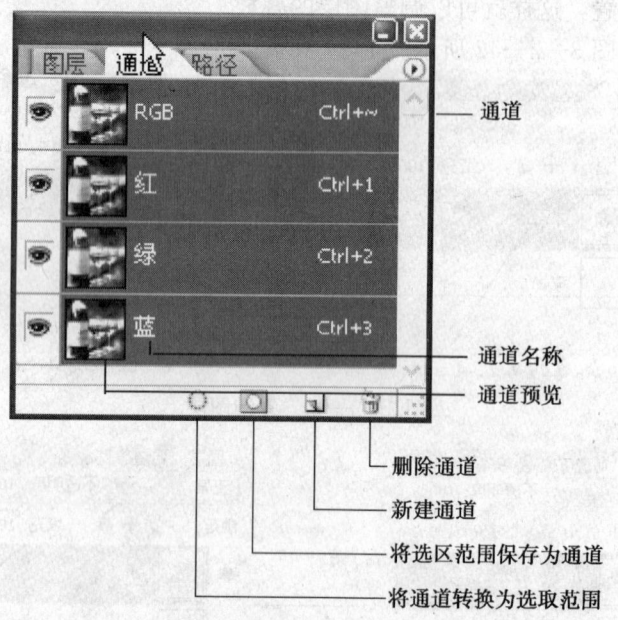

图 3—2—43 通道浮动面板

(2) 分色通道。新打开图像的通道浮动面板都会有固定的几个基本颜色通道,称为图像的分色通道。图像的分色通道取决于图像的色彩模式,不同色彩模式的图像有不同的分色通道。

每个通道都用灰阶图的形式来记载相应的颜色信息,用户可以选择任意一个通道单独显示该通道中的内容,也可以单独对某个分色通道的色阶和对比度来控制该分色通道的颜色在图像中的成分比例。

下面为通过对某个分色通道的操作来实现一些特殊效果的例子,具体操作步骤如下:

打开一个 RGB 模式图像,如图 3—2—44 所示。然后打开通道浮动面板,来选择显

图形图像处理

图 3—2—44 RGB 模式图像

示其中的 Red 红色通道。

选择"图像"菜单中的"调整"子菜单中的"色阶"命令,在打开色阶对话框中进行如图 3—2—45 所示的调整,单击"确定"按钮。

单击 RGB 复合通道,显示调整 RGB 红色通道的色阶后的效果,如图 3—2—46 所示。

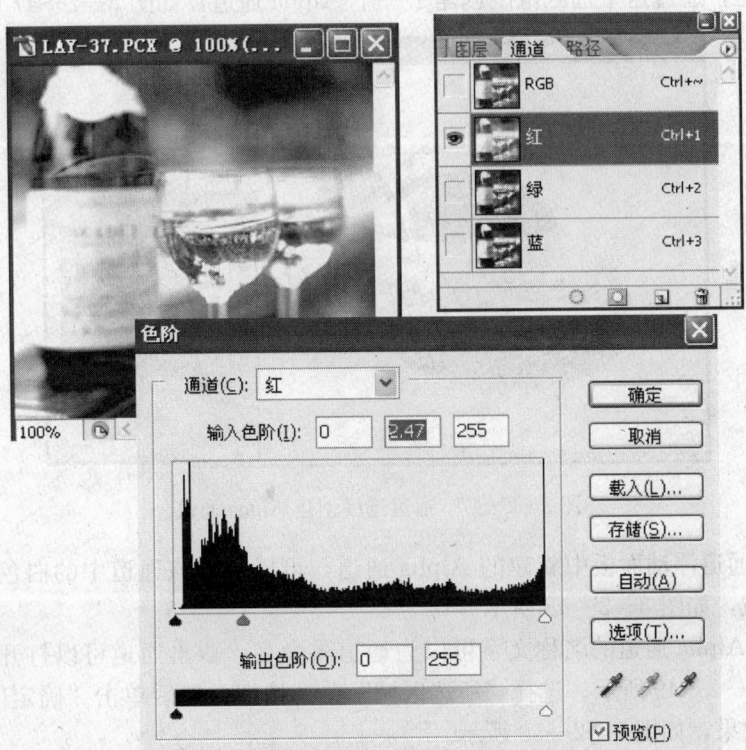

图 3—2—45 Red 红色通道色阶

图3—2—46　调整Red红色通道后的图像

（3）Alpha通道。图像的Alpha通道主要用于固化选区和蒙板，进行与图像相同的编修工作，以完成与图像混合、创建新选区等操作。

下面通过一个实例来介绍使用Alpha通道的具体方法。

1）打开一幅CMYK模式的图像，创建一个选取范围，然后打开通道浮动面板，单击下方的按钮，通过这个选区范围创建了一个Alpha通道，如图3—2—47所示。

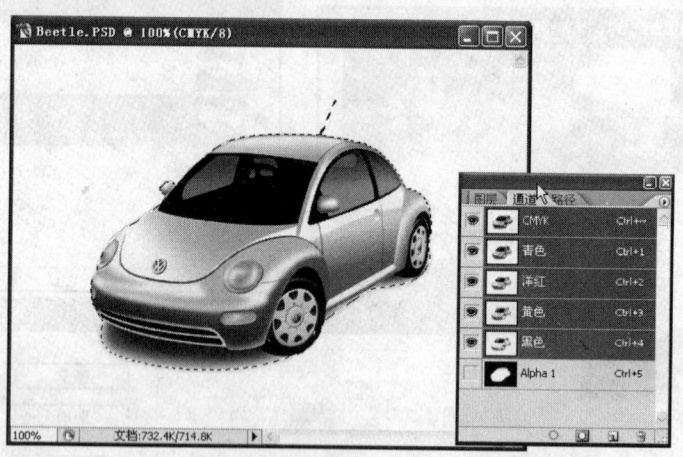

图3—2—47　通过选区创建Alpha通道

2）单击通道浮动面板中新建的Alpha通道，可以看到该通道中的白色区域就是选取范围的区域，如图3—2—48所示。

3）双击Alpha通道的名称文字可以为通道重命名，双击通道可以打开通道选项对话框，如图3—2—49所示。选择"所选区域"单选按钮，然后单击"确定"按钮确定，得到负相的效果，如图3—2—50所示。

4）对这个Alpha通道进行复制，得到一个相同的Alpha通道。然后按Ctrl＋T快捷键对选区部分内容进行放大,同时按住 Shift+Alt 键调整从中心等比扩大变换,变换后的通道面板如图 3—2—51 所示。

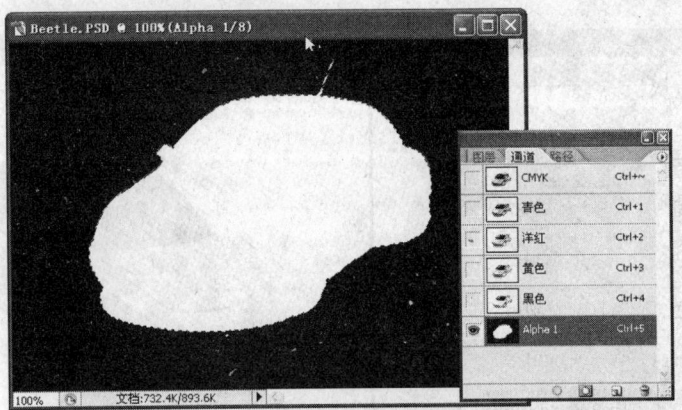

图 3—2—48 Alpha 通道

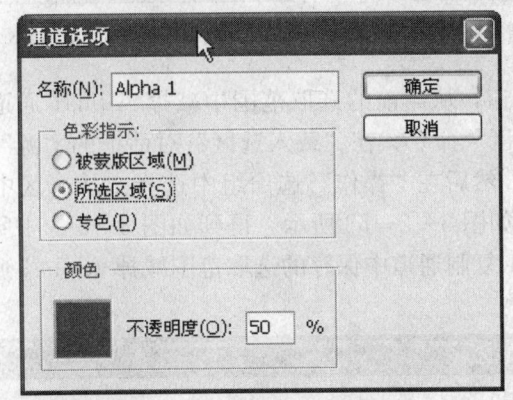

图 3—2—49 "通道选项"对话框

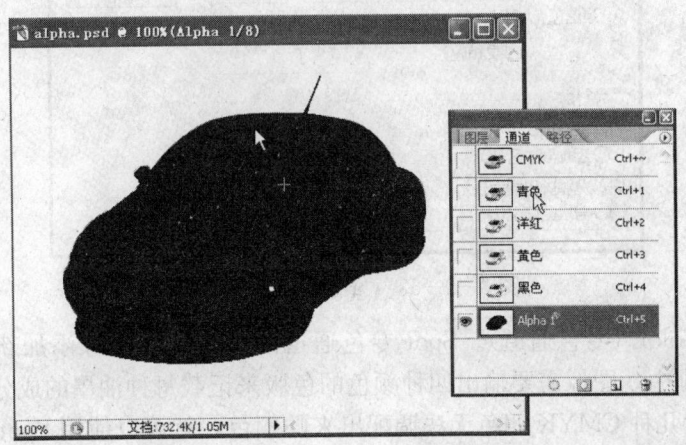

图 3—2—50 Alpha 通道负相效果

5）单击通道浮动面板下方的 ◯ 将通道载入选区按钮，通过复制的 Alpha 通道创建一个新的选取范围，单击 CMYK 复合通道观察新选取范围的形状，如图 3—2—52 所示。

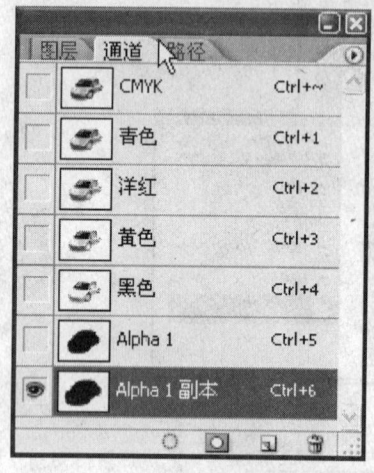

图 3—2—51　通道变换效果

图 3—2—52　CMYK 复合通道观察形状

6）调用 Alpha1 通道，从当前的选取范围中减掉 Alpha1 通道选取范围。选择"选择"菜单中的"载入选区"命令，在"载入选区"对话框的"源"选项组中通道下拉列表中选择 Alpha1 通道，然后在"操作"选项组中选择"从选区中减去"单选按钮，然后单击"确定"按钮，如图 3—2—53 所示。得到如图 3—2—54 所示的选取范围，这个选取范围就是用 Alpha1 复制通道中保存的选取范围减掉 Alpha1 通道中保存的选取范围所得到的结果。

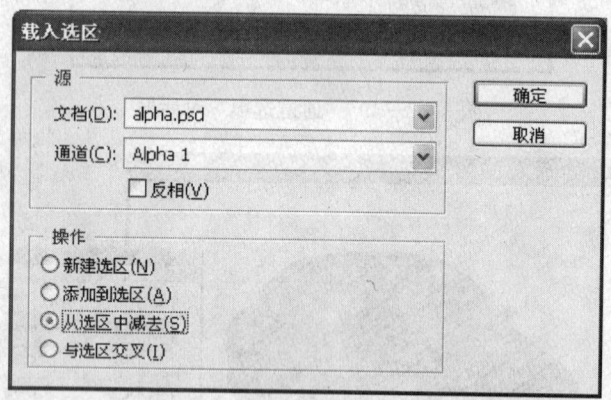

图 3—2—53　"载入选区"对话框

（4）Spot Color（专色通道）。Spot 专色通道的作用是为图像添加新的特殊色。在 CMYK 四色印刷中，图像需要输出四种颜色的色版来记载每种油墨的成分信息，如果需要印刷一种或者几种 CMYK 四色无法调配出来的颜色，就可以使用 Spot 专色通道为图像添加一个或者几个特殊色的色版，这就是专色通道的作用。

1）打开一幅 CMYK 模式的图像，单击通道浮动面板右上角的 ◯ 按钮，在弹出的快

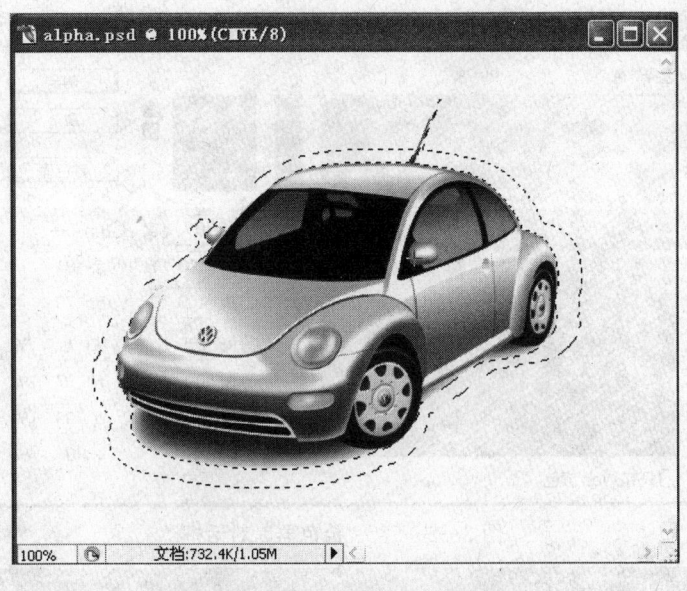

图 3—2—54 相减得到的选区

捷菜单中选择"新建专色通道"命令来创建专色通道，如图 3—2—55 所示。

2) 在弹出"新建专色通道"对话框中的"名字"文本框中为专色通道命名，如图 3—2—56 所示。

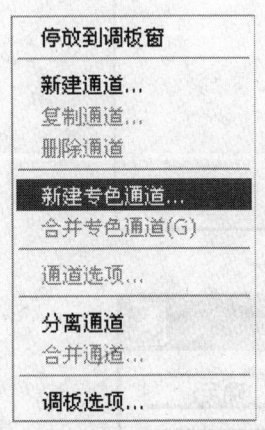

图 3—2—55 "新建专色通道"命令

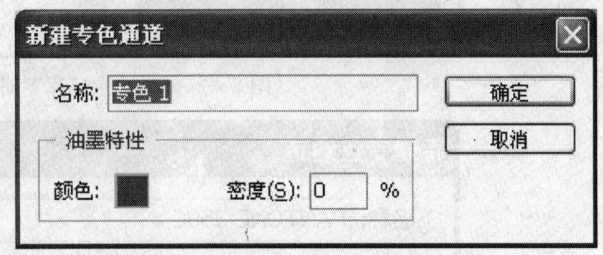

图 3—2—56 "新建专色通道"对话框

3) 单击油墨特性选项中的颜色色块打开"拾色器"对话框，如图 3—2—57 所示。

4) 在拾色器对话框中单击"颜色库"按钮，切换到颜色库对话框，在其中的"色库"下面的列表框中选择一种色系，选择其中名称为 PANTONE 358 C 的颜色，如图 3—2—58 所示。

5) 单击确定按钮后返回"新建专色通道"对话框，这时可以看到专色通道的名称被选用的颜色名称所代替，如图 3—2—59 所示，单击"确定"按钮即可为图像创建一个空白的 Spot 专色通道，如图 3—2—60 所示。

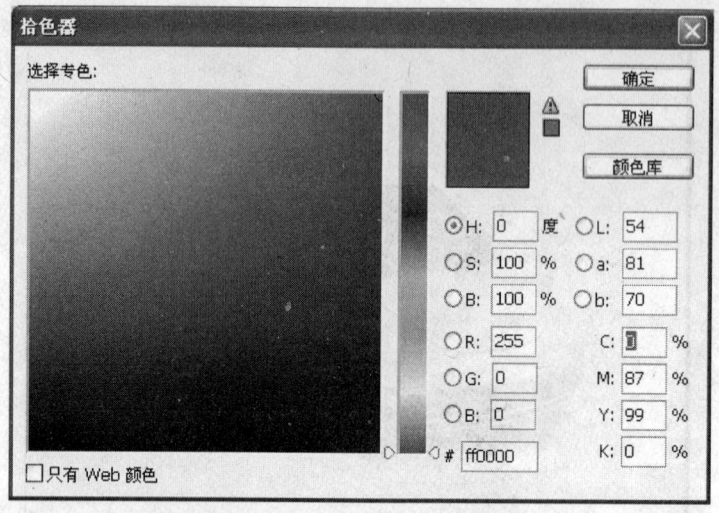

图 3—2—57 "拾色器"对话框

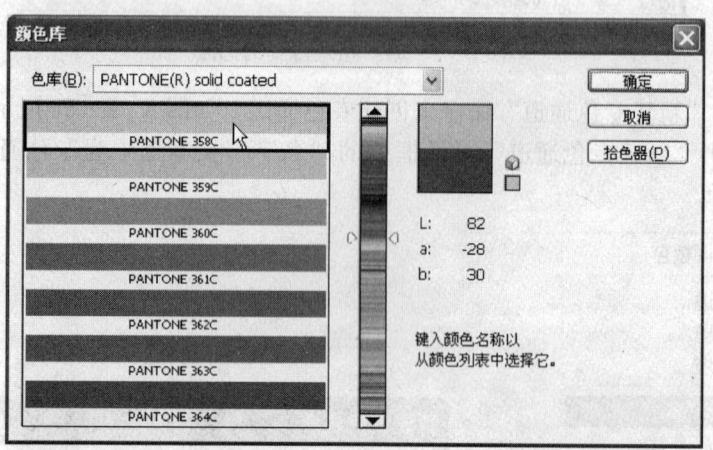

图 3—2—58 "颜色库"对话框

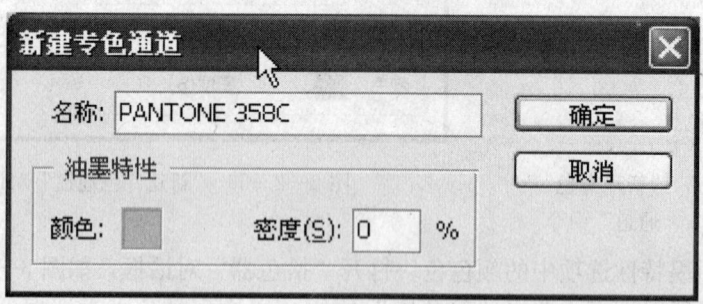

图 3—2—59 "专色通道"命名

6）先关闭其他分色通道的显示，以便于对这个 Spot 专色通道进行编辑。使用带有树叶效果笔刷的画笔工具在 Spot 专色通道中绘制树叶，如图 3—2—61 所示。

7）切换到 CMYK 复合通道，同时显示 Spot 专色通道，可以看到添加 Spot 专色通道后的图像效果，如图 3—2—62 所示。

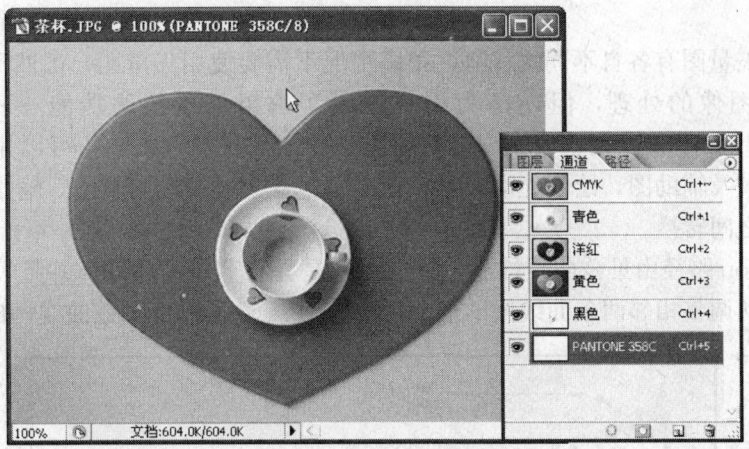

图 3—2—60 创建空白 Spot 专色通道

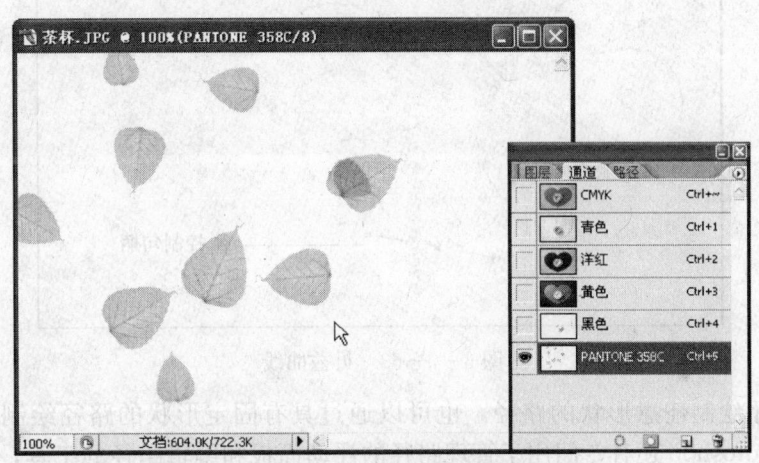

图 3—2—61 在 Spot 专色通道中绘制树叶

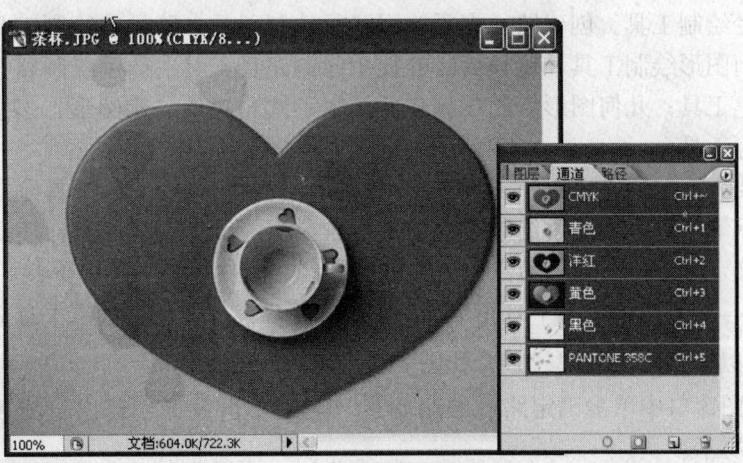

图 3—2—62 添加 Spot 通道后的效果

6. 路径

位图和矢量图有各自不同的优势，很多情况下需要使用矢量图。虽然 Photoshop 主要用于位图图像的处理，但还是为用户提供了编辑矢量图的功能——路径。路径 (Path) 是 Photoshop 中的重要工具，除了可以绘制矢量图以外，还可以用于进行光滑图像选择区域及辅助图，绘制光滑线条，定义画笔等工具的绘制轨迹，输出输入路径及和选择区域之间转换。

Photoshop 路径由贝兹曲线构成，贝兹曲线是具有节点的曲线，并且可以通过节点上的控制手柄调整相邻两条曲线段的形状，图 3—2—63 所示为贝兹曲线构成的路径。

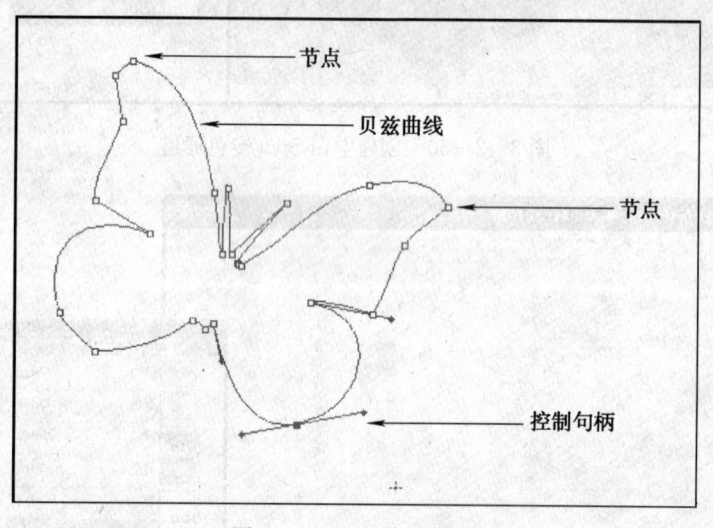

图 3—2—63 贝兹曲线

可以徒手绘制任意形状的路径，也可以通过具有固定形状的路径绘制工具创建路径，并且 Photoshop 还有专门用于管理路径的浮动面板和编辑路径的工具，下面主要介绍有关路径知识。

(1) 路径绘制工具。创建路径需要使用路径绘制工具，路径的绘制工具包括具有固定形状的几何图形绘制工具和比较灵活的徒手绘制路径工具。徒手绘制路径工具包括钢笔和自由钢笔工具；几何图形绘制工具包括矩形、圆角矩形、椭圆形、多边形、直线和自定义形状等工具。

下面主要介绍如何使用钢笔工具来绘制路径，其他的路径绘制工具绘制路径的方法与其类似。钢笔工具用于徒手绘制路径，是比较灵活的路径创建工具。使用钢笔工具通过单击鼠标确定贝兹曲线上的节点位置来创建路径。具体操作方法如下：

1) 打开一幅图像，单击工具箱中的 ![icon] 钢笔工具，然后单击钢笔工具属性控制栏中的 ![icon] 按钮，以选择路径创建模式，如图 3—2—64 所示。

2) 在绘图窗口中单击确定路径的起始点，连续单击鼠标创建出直线段的路径，如图 3—2—65 所示。

3) 继续进行路径的绘制。按鼠标左键确定下一个节点位置继续，并拖动鼠标创建出曲线段的路径，如图 3—2—66 所示。

图形图像处理

图3—2—64 钢笔工具属性控制栏

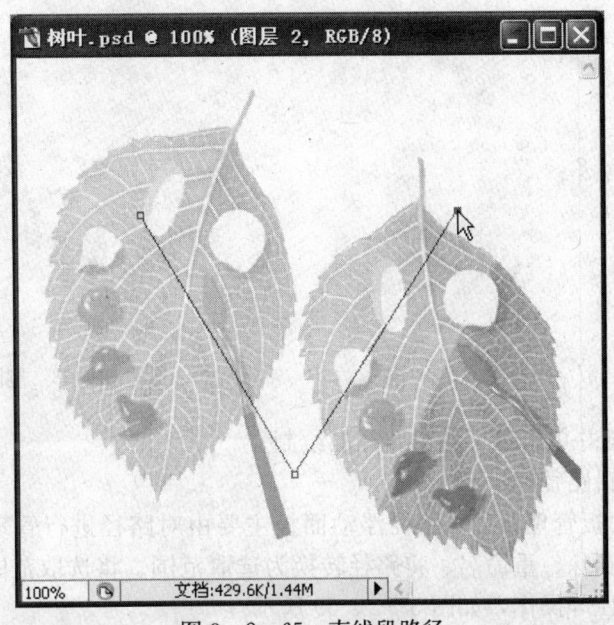

图3—2—65 直线段路径

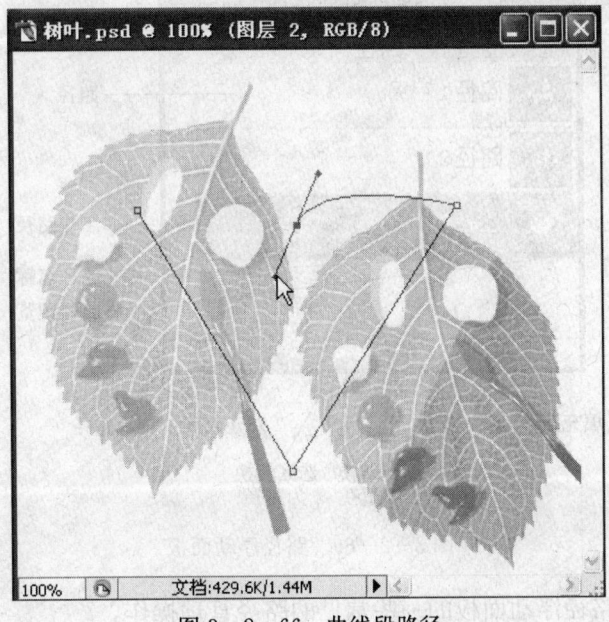

图3—2—66 曲线段路径

4）确认钢笔工具属性控制栏上的"自动添加/删除节点复选框" ☑自动添加/删除 处于选中状态，将鼠标移动到路径的线段上，光标变为 ♦⁺，单击鼠标即可添加一个节点如图 3—2—67 所示，将鼠标移动到路径的节点上，光标变为 ♦⁻，单击鼠标即可删除该节点，如图 3—2—68 所示。

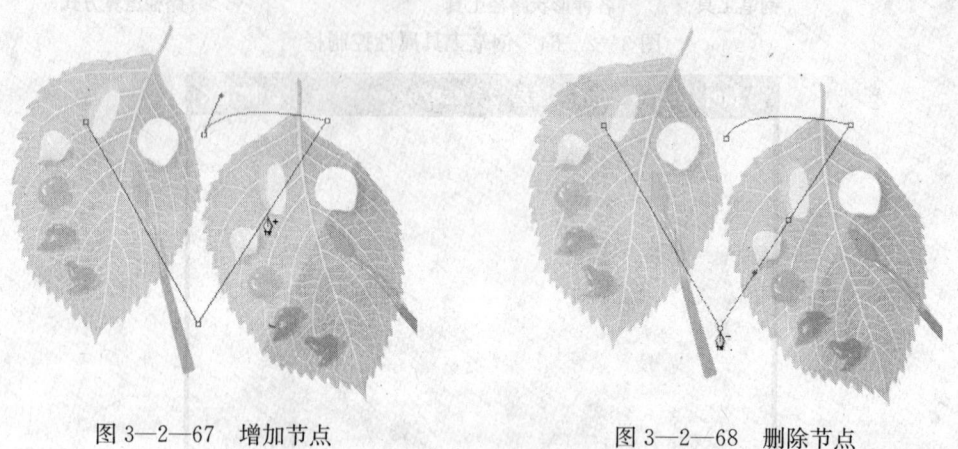

图 3—2—67　增加节点　　　　　　图 3—2—68　删除节点

5）按住 Ctrl 键并单击鼠标结束路径的绘制。

(2) 管理和编辑路径

1）路径浮动面板管理路径。路径浮动面板主要由对路径进行管理。它让用户可以对路径进行创建、删除、重命名、将路径转换为选取范围、将选取范围转换为路径、沿路径描边和填充路径等操作，如图 3—2—69 所示。

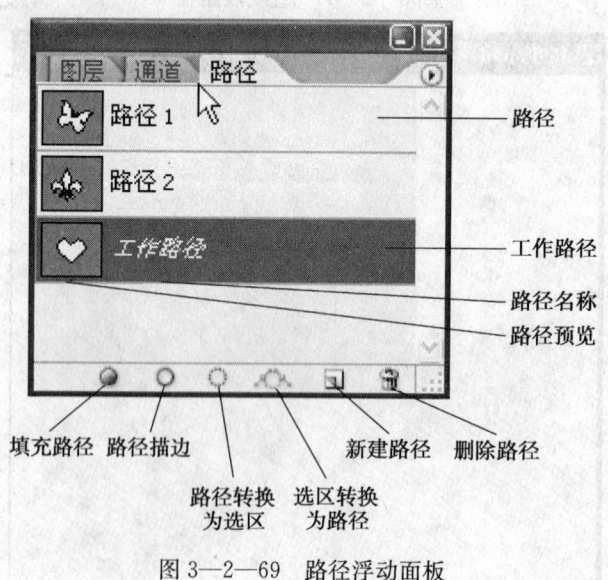

图 3—2—69　路径浮动面板

下面简单介绍路径浮动面板的一些常见的路径管理操作。

打开一幅图像，单击"窗口"菜单中的"路径"命令，打开路径浮动面板，使用自定义形状工具创建一个路径，这时在路径浮动面板中将自动生成一个路径，如图3—2—70所示。

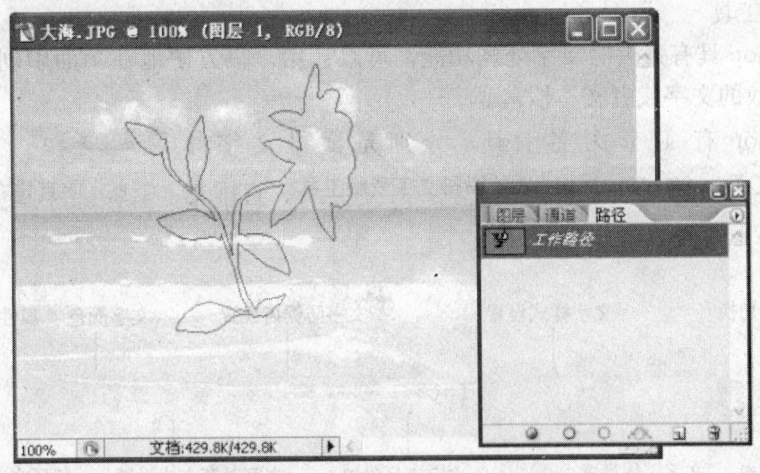

图3—2—70　自定义形状工具创建路径

在路径浮动面板中当前的路径以蓝底白字显示，如果单击面板中其他空白的地方，或者按 ESC 键，则会取消当前路径的选中状态并隐藏路径，使之在绘图窗口中无法看到。

单击工具箱中的画笔工具，为其设置一个直径为 13 px 带有羽化边缘的圆形笔刷，然后单击路径浮动面板下方的○按钮，沿路径进行描边，如图3—2—71所示。

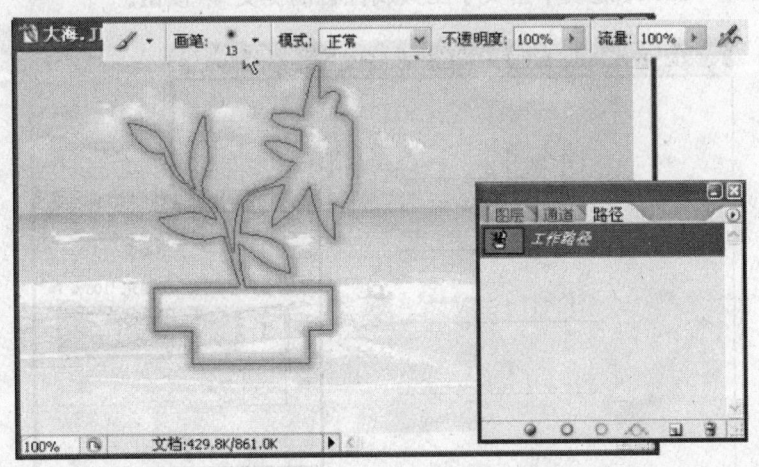

图3—2—71　沿路径描边

如果要删除路径，可以直接将其拖动到路径浮动面板下方的 按钮位置进行删除。

2）编辑路径。路径由贝兹曲线构成，Photoshop 提供很多用于调节路径贝兹曲线的工具，包括增加节点工具 添加锚点工具 、删除节点工具 删除锚点工具 、转换节点工具转换点工具、直接选取工具、直接选择工具和路径选取工具、路径选择工具。使用这些工具就可以完成对路径贝兹曲线的编辑调整工作。

7. 文字工具

Photoshop 具有强大的文字处理功能，可以让用户很方便地在画面中创建、修改和添加各种特效的文字或者文本段落。

Photoshop 有 4 个文字工具，分别是横排文字 横排文字工具、直排文字 直排文字工具、横排文字蒙版 横排文字蒙版工具、直排文字蒙版 直排文字蒙版工具，如图 3—2—72 所示。

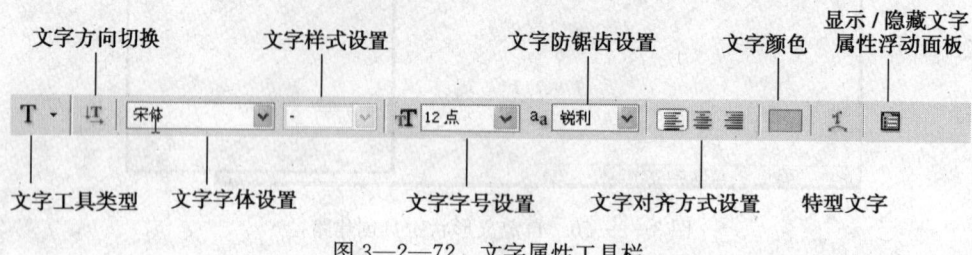

图 3—2—72　文字属性工具栏

文字属性控制栏中包含了文字的很多基本属性，可根据需要设置文字的属性，下面以横排文字工具来介绍。

选择横排文字工具后，在文字属性控制栏中设置字号为 30 点，在画面中单击，在出现输入光标后即可输入文字，回车键即可换行。如图 3—2—73 中左图所示。若要结束输入可按 Ctrl+Enter 键或单击文字工具属性栏的提交 ✓ 按钮。

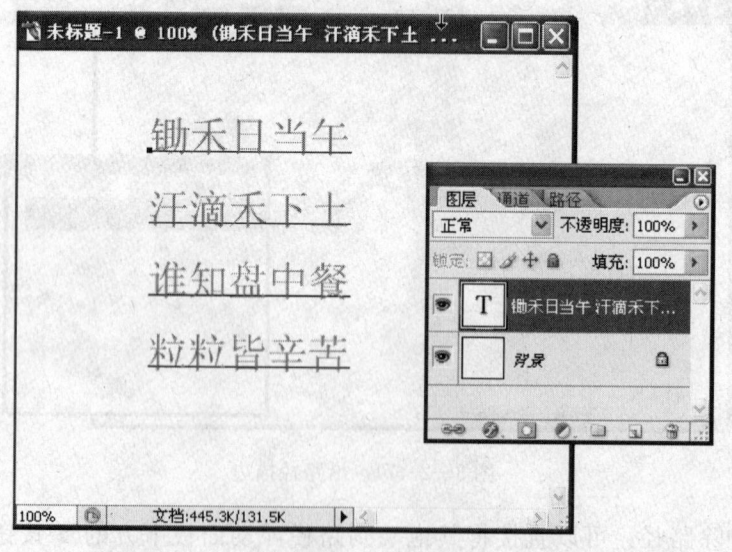

图 3—2—73　输入文字

Photoshop 将文字以独立图层的形式存放，输入文字后将会自动建立一个文字图层，图层名称就是文字的内容，如图 3—2—73 中右图所示。

如果要更改已输入文字的内容，在选择了文字工具的前提下，将鼠标停留在文字上方，光标将变为I，单击后即可进入文字编辑状态。

单击文字工具属性控制栏的按钮，将文字切换成竖向排列，如图3—2—74所示。

接下来在文字属性工具栏中，单击"特型文字"按钮，出现如图3—2—75所示的变形文字对话框。

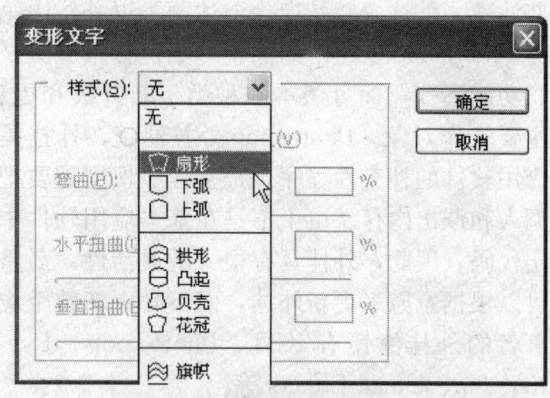

图3—2—74 文字竖向排列　　　　图3—2—75 "变形文字"对话框

在变形文字对话框中的样式下拉列表中选择"扇形"样式，然后单击确定按钮，则变形后的文字如图3—2—76所示。

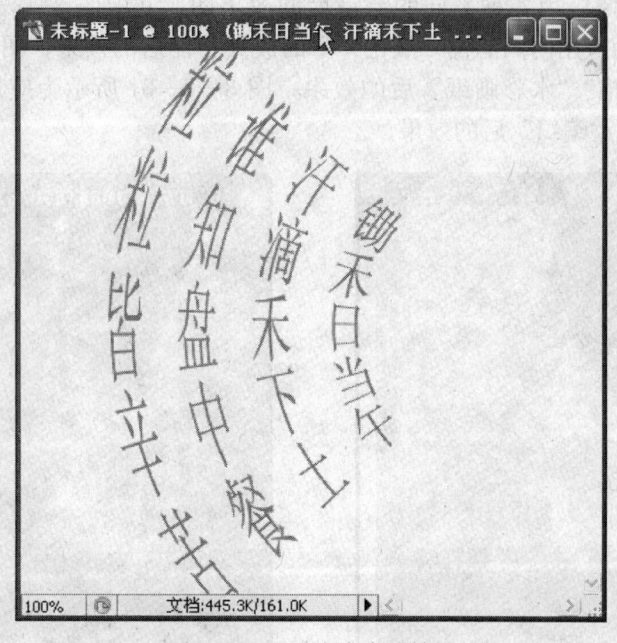

图3—2—76 文字变形效果

8. 滤镜的使用

滤镜是Photoshop中功能最丰富、效果最奇特的工具之一。滤镜是通过不同的方式改变像素数据,以达到对图像进行抽象、艺术化的特殊处理效果。

滤镜可分为内阙滤镜、内置滤镜(自带滤镜)、外挂滤镜(第三方滤镜)三种。内阙滤镜是指内阙于 Photoshop 程序内部的滤镜,这些是不能删除的,即使将 Photoshop 目录下的 plug-ins 目录删除,这些滤镜依然存在。内置滤镜是指在缺省安装 Photoshop 时,安装程序自动安装到 plug-ins 目录下的那些滤镜。外挂滤镜是指除上述两类以外,由第三方厂商为 Photoshop 所生产的滤镜,不但数量庞大,种类繁多、功能不一,而且版本和种类不断升级和更新后,才是主要工作对象。Photoshop 外挂滤镜,外挂是扩展寄主应用软件的补充性程序。寄主程序根据需要把外挂程序调入和调出内存。由于不是在基本应用软件中写入的固定代码,因此,外挂具有很大的灵活性,最重要的是,可以根据意愿来更新外挂,而不必更新整个应用程序,著名的外挂滤镜有 KPT、PhotoTools、Eye Candy、Xenofen、Ulead Effects 等。

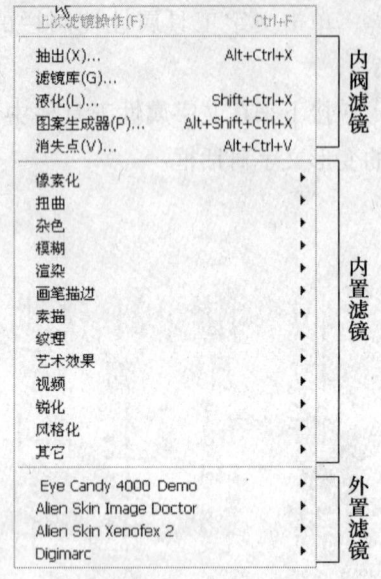

图 3—2—77 滤镜菜单

用户要对图像使用滤镜效果,只要选择"滤镜"菜单下的相应的滤镜命令即可,滤镜菜单如图 3—2—77 所示。

下面为一幅图像应用各种不同的滤镜后的效果图,其中图 3—2—78 所示为原图;图 3—2—79 所示为应用内阙滤镜"液化"中的放大功能后的效果;图 3—2—80 所示为应用内置滤镜"素描"/"水彩画纸"后的效果;图 3—2—81 所示为应用外挂滤镜"Eye Candy 4000 Demo"/"编织"后的效果。

图 3—2—78 原图

图 3—2—79 "液化"效果

图3—2—80 "素描及水彩画纸"效果　　　　图3—2—81 "Eye Candy 4000 Demo 及编织"效果

从以上的效果图中可以看出，通过使用滤镜可以实现许多比较绚丽的、复杂的、普通方法难以实现的效果。滤镜命令相当于现成的处理工具，只要根据需要选用相应的滤镜命令就可以一步到位地完成处理工作。

9. 图形文件的转换

目前大部分的绘图软件几乎都支持所有流行的图形格式，在 Photoshop 中，只要调入一种格式的图像，再以另一种格式存盘，可以在其他软件中进行图形处理。

使用"文件"菜单的"另存为"命令选项是常见的文件格式转换工具；此外，也可以使用一些其他的文件格式转换工具进行文件格式的转换。在 Photoshop 中转换文件的方法如下：

在 Photoshop 中，打开一个扩展名为 .jpg 格式的文件，如图 3—2—82 所示。

执行"文件"菜单的"存储为"命令，弹出如图 3—2—83 所示的"存储为"对话框。

在该对话框中的"格式"下拉列表框中，选择要转换的格式，这里选择".png"格式，如图 3—2—84 所示。

单击"确定"按钮，将该文件从 JPG 文件格式转换为扩展名为 PNG 的文件格式。

10. 图像的输出打印

Photoshop 中的打印操作只对图中的所有可见图层起作用，隐藏的图层不被打印，所以在打印之前应该确认当前的图像文件已经调整为需要打印的效果，再进行打印。

由于图像的宽大于高，所以要注意打印的方向。选择"文件"菜单的"打印预览"命令，弹出"打印"对话框，如图 3—2—85 所示。

单击对话框中的"页面设置"按钮，打开打印机的"页面设置"对话框，调整默认的纵向打印为横向打印，如图 3—2—86 所示。

图3—2—82 打开扩展名为.jpg格式的文件

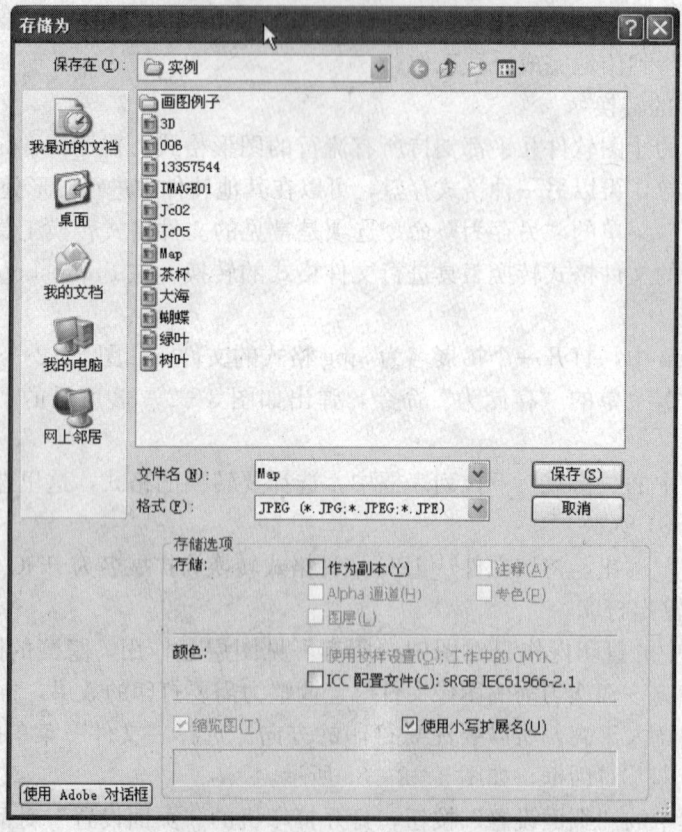

图3—2—83 "存储为"对话框

图形图像处理

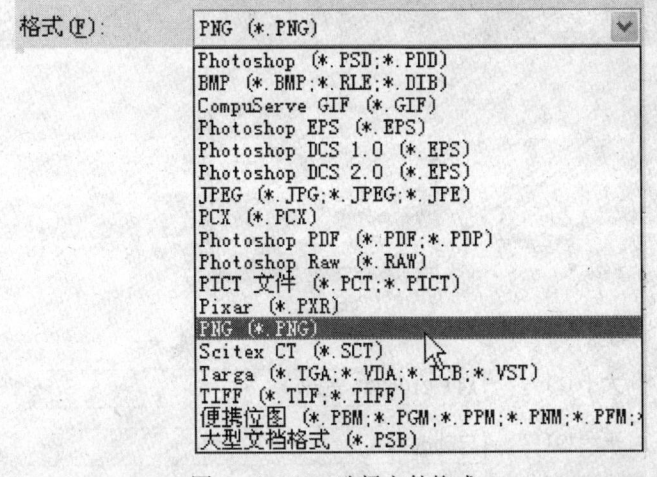

图 3—2—84 选择文件格式

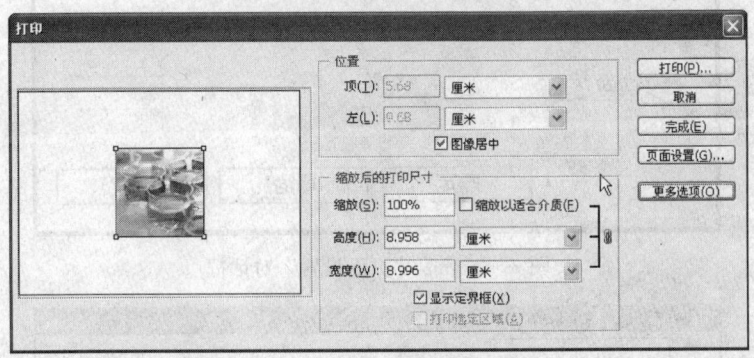

图 3—2—85 "打印"对话框

单击"确定"按钮后可以看到在打印对话框中预览打印纸的方向已经正确了，还可以选中"更多选项"按钮，显示更多的设置，如图 3—2—87 所示。

在如图 3—2—85 所示的"位置"选项组中，默认的设置是"图像居中"，即图像在打印时出现在纸张的中央，取消中心对齐，图像将与纸的顶端和左端对齐，如图 3—2—88 所示。

设置打印比例，选中"缩放到适当大小"复选框，如图 3—2—89 所示。

设置完成后，如果需要马上打印则可以直接单击打印按钮 打印(P)... 进行打印，也可以单击取消按钮 完成(E) 确认关闭打印对话框，然后选择"文件"菜单中的"打印"命令进行打印，这时会弹出"打印"对话框，如图 3—2—90 所示。

要求用户对当前使用的打印机进行设置，分别为打印质量的设置，颜色层次的设置等，这需要根据不同的打印机进行相应的设置，因为不同的打印机都有各自的设置对话框，在这里就不具体讲解各个打印机的设置方法了，但是所有的打印机设置中都有一项相同的设置，即打印纸张的设置，这要根据用户的需要选用相匹配的纸张。

当打印机设置好后，单击"确定"按钮开始打印。

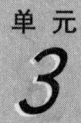计算机操作员（中级）

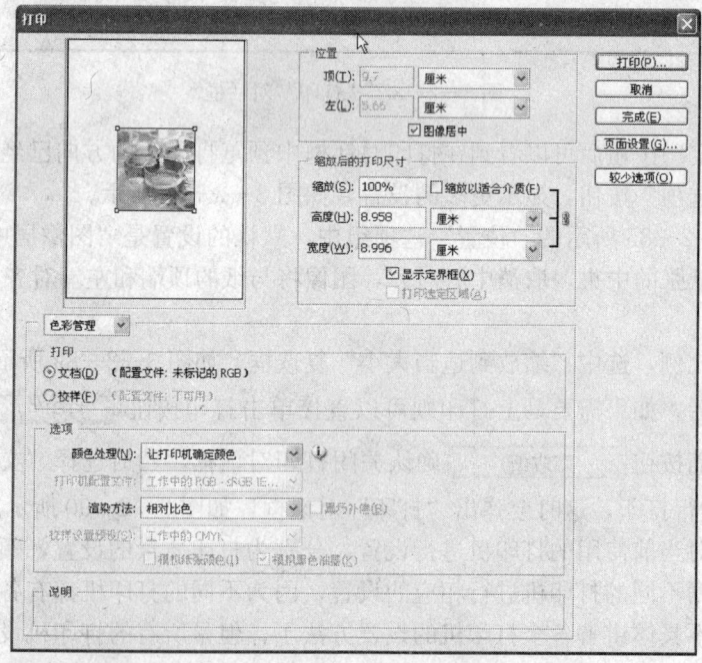

图 3—2—86 "页面设置"对话框

图 3—2—87 "打印（更多选择）"对话框

图形图像处理

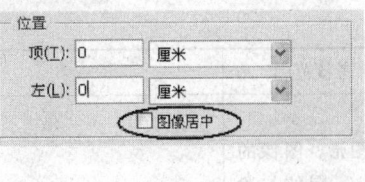

图 3—2—88 取消中心对齐

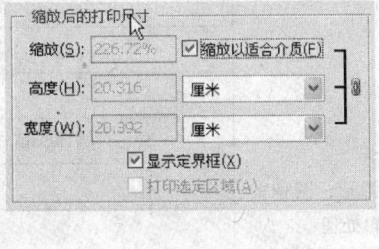

图 3—2—89 设置打印比例

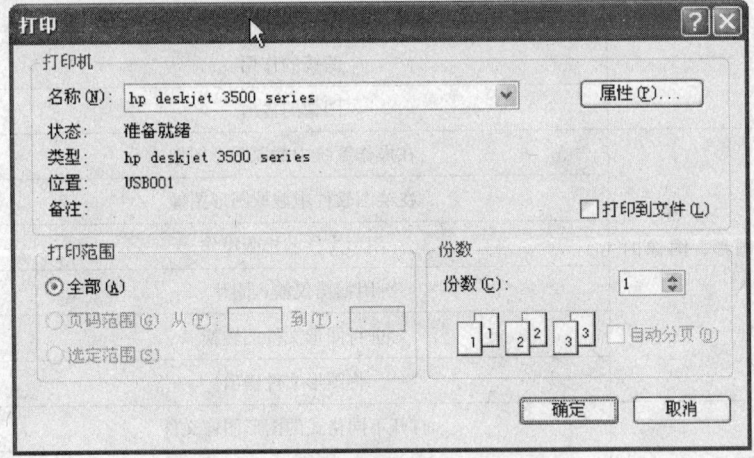

图 3—2—90 "打印"对话框

单元考核要点

考核类型	考核范围	考 核 点	重要程度
理论知识	图形、图像的输入、存储与输出	图形文件的基本概念	★★★
		图形图像的截取方法	★★★
		图形文件的排版方法	★★
		扫描仪的正确使用	★★

续表

考核类型	考核范围	考核点	重要程度
理论知识	图形、图像的输入、存储与输出	用扫描仪输入图片	★★
		文件格式的分类	★★
		图形文件的转换方法	★★★
		图形文件的输出形式	★★★
	图形、图像的编辑处理	位图、矢量图、图像分辨率的概念	★★
		常用图像格式的概念	★★
		色彩模式的分类	★★
		画图工具的种类	★★
		选择、填充、画线等工具的作用和种类	★★
		图像的变形种类	★★
		图层的作用	★★
		通道的作用	★★
		路径的作用	★★
		文字工具的分类	★★
		滤镜的作用	★★
		图像的输出	★★★
操作技能	图形、图像的输入	在操作系统中截取图形图像	★★
		在绘图软件中截取图形图像	★★
		图形文件的排版操作	★★
		用扫描仪输入图片	★★
		进行图形文件的转换	★★
		将图形文件输出	★★
	图形、图像的编辑处理	打开不同格式的图形图像文件	★★
		使用画图工具	★★
		使用选择、填充、画线等工具	★★
		图像的变形	★★
		使用图层面板操作	★★
		通道的作用	★★
		路径的作用	★★
		文字工具的分类	★★
		滤镜的作用	★★
		图像的输出	★★

单元测试题

一、单项选择题（下列每题的选项中，只有1个是正确的，请将其代号填在横线空白处）

1. 在画图应用程序中，当前正在编辑一幅图形。若需要将某图形文件插入于当前图形内容中，则应选择相应菜单下的_____功能来实现。
   A. 打开　　　　B. 复制　　　　C. 剪切　　　　D. 粘贴

2. 下列哪个是Photoshop图像最基本的组成单元：_____。
   A. 节点　　　　　　　　　　　B. 色彩空间
   C. 像素（也可称为栅格）　　　D. 路径

3. 下面不是图像文件格式的是_____。
   A. JPEG　　　　B. PSD　　　　C. TXT　　　　D. GIF

4. 要抓下当前屏幕显示的、任意的全屏图像，具体方法是：_____。
   A. 按PrtScrn键　　　　　　　B. 按Alt+PrtScrn键
   C. 按Ctrl+C键　　　　　　　D. 按Ctrl+V键

5. 在Photoshop中使用圆形选取工具时，需配合_____键才能绘制出正圆。
   A. SHIFT　　　　　　　　　　B. CTRL
   C. TAB　　　　　　　　　　　D. Photoshop不能画正圆

6. 以下键盘快捷方式中可以改变图像大小的是_____。
   A. Ctrl+T　　　B. Ctrl+Alt　　C. Ctrl+S　　　D. Ctrl+V

7. 用于印刷的Photoshop图像文件必须设置为_____色彩模式。
   A. RGB　　　　B. 灰度　　　　C. CMYK　　　D. 黑白位图

8. 图像分辨率的单位是_____。
   A. dpi　　　　　B. ppi　　　　C. lpi　　　　　D. pixel

9. 如何复制一个图层：_____。
   A. 选择"编辑">"复制"
   B. 选择"图像">"复制"
   C. 选择"文件">"复制图层"
   D. 将图层拖放到图层面板下方创建新图层的图标上

10. RGB色彩模式中RGB分别代表了三种颜色，其中B代表_____。
    A. 红色　　　　B. 蓝色　　　　C. 绿色　　　　D. 白色

11. 工具属性栏的主要功能是方便_____。
    A. 建立选区　　　　　　　　B. 精确定位光标
    C. 消除锯齿　　　　　　　　D. 图像处理

12. 下面的工具中，不能用于创建选区的是_____。
    A. 磁性套索工具　　　　　　B. 矩形选取工具
    C. 切片　　　　　　　　　　D. 魔术棒工具

13. 使用羽化功能可以使区域边界产生一个_____。
    A. 过渡段　　　B. 附加区域　　　C. 锯齿　　　D. 特殊形状
14. 当前层是指当前工作的图层。在图层调板中以_____色为底色显示。
    A. 白　　　　　B. 红　　　　　　C. 灰　　　　D. 蓝
15. 主要用来绘制直线路径的工具是_____。
    A. 钢笔工具　　　　　　　　　　B. 自由钢笔工具
    C. 路径组件选择工具　　　　　　D. 直接选择工具

二、技能题

1. 利用 Windows XP 附件中的画图软件，画一面五星红旗的图案。
2. 在 Word 中用"绘图工具"绘制如图所示的流程图，操作要求如下：
（1）设标题"硬件控制流程图"为隶书，一号字，红色、加粗、居中。
（2）其余文本均为宋体、五号字、上下居中。

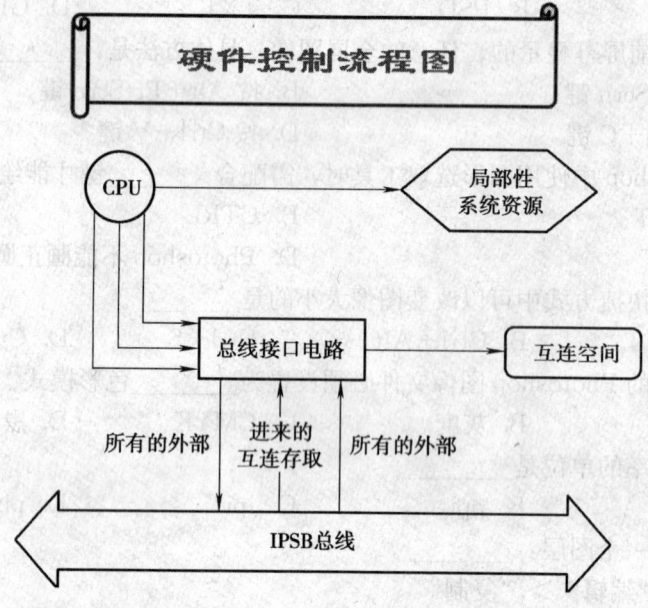

3. Photoshop 操作，要求如下：
（1）新建一个画布，规格为：宽与高为 512×768 像素，分辨率为 72 像素，RGB 模式，白色背景。
（2）打开素材图片 1.jpg 和 1-1.jpg 文件，把 1.jpg 所有内容复制到新画布中。
（3）对复制过来的 1.jpg 的内容进行"水波"滤镜操作。
（4）把 1-1.jpg 中的热带鱼部分复制到新画布的镜框空白区域的合适位置中并调整大小。
（5）再复制一条相同的热带鱼，放在一个新的图层中，执行调整大小和旋转操作，并调整该图层的不透明度。
（6）在新画布中输入文字"热带鱼"，要求：华文新魏，红色，72 像素，并将此文字放置于右下方。

（7）保存文件名为"热带鱼1"，格式为jpg。

素材和效果图如下图所示：

1.jpg 素材图片

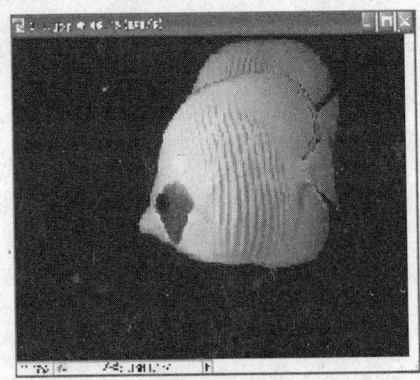
1-1.jpg 素材图片

"热带鱼1.jpg"效果图片

单元测试题答案

一、单项选择题

1. D　　2. C　　3. C　　4. A　　5. A　　6. A　　7. C　　8. A　　9. D
10. B　　11. D　　12. C　　13. A　　14. D　　15. A

二、技能操作题（略）

第4单元

因特网操作

- 第一节　拨号上网/213
- 第二节　浏览器操作/235
- 第三节　接收/发送电子邮件/246

为了使用网上的资源，用户的计算机必须与因特网进行连接。常用的连接方式有两种：专线入网和拨号入网。专线入网方式，计算机是通过网卡，利用数据通信专线连接到一个已与因特网相连的局域网络上的；而拨号入网方式是通过专用的电话线（如 ADSL 宽带）进行连接，它通过电话线将 ADSL 信号经过信息分离器，再经过 ADSL 调制解调器后与计算机的网卡相连接。因此，掌握 ADSL 连接、建立拨号网络，了解局域网络中计算机的上网原理和设置方法是十分重要的。

为了更好地在因特网上浏览信息，应掌握浏览器的常用设置方法，能够使用浏览器或下载工具来保存 Web 页面和所需的各种资料，能在使用电子邮件中完成附件传送、邮件的抄送和群发、地址簿的使用和管理等。

因特网操作

第一节 拨号上网

培训目标
→ 能够完成微型计算机与调制解调器、电话机的连接
→ 能够完成通信端口的设置
→ 能够完成拨号上网的设置

一、拨号上网的设置

电话拨号上网是个人用户连入 Internet 最简单的方式，使用电话拨号上网方式要求的最基本配置是一台计算机、一条直拨电话线和一个调制解调器，以及相应的通信软件。不同操作系统下拨号上网的设置方法也有所不同，下面介绍在 Windows98 操作系统环境下拨号上网的具体的设置方法。

1. 调制解调器的安装与设置

（1）调制解调器的安装。调制解调器又称为 MODEM，是个人拨号用户必不可少的网络连接设备，其主要作用是实现数字信号与模拟信号之间的相互转换。调制解调器通常分内置调制解调器和外置调制解调器两种，如图 4—1—1 所示。

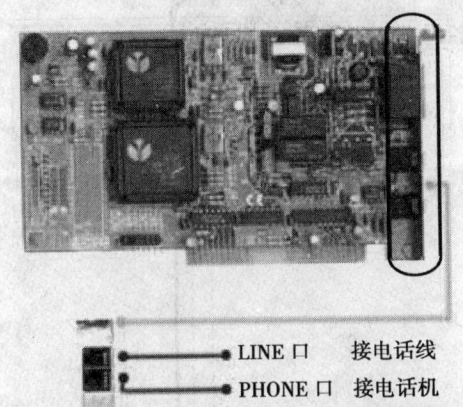

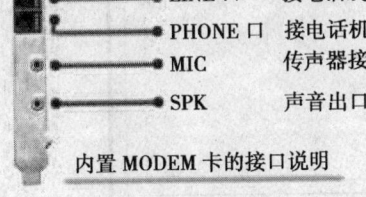

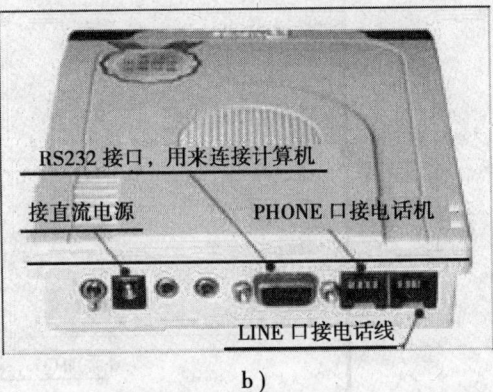

图 4—1—1 内、外置调制解调器
a) 内置调制解调器　b) 外置调制解调器

对于内置调制解调器，在购置计算机时一般安装在主机内，大部分都集成在主板上；对于外置调制解调器，只需简单地接上数据线和电源插头。因此，调制解调器的安装主要是计算机与电话线的连接。具体步骤如下：

— 213 —

计算机操作员（中级）

1）调制解调器与电话线的连接。在电话与电话线之间有一个塑料连接插头，称为"水晶头"，按住水晶头的塑料卡将其连同电话线一起从话机上轻轻拔下来，对于内置调制解调器来说，将水晶头插到其背后标注有"Line"标志的插孔中；对于外置调制解调器来说，将水晶头插到主机箱背后标注有"Line"标志的插孔中。

2）调制解调器与电话的连接。将一条电话线，两头分别接在调制解调器的 Phone 插孔和原来的话机上，这样在不使用调制解调器的时候可以使用电话。

3）数据线的连接。数据电缆线主要用于调制解调器与主机通信。数据线的两端接头一大一小，其中一端接口内部有一根根的小针，插在调制解调器后面的插座上。数据线另一端的接口有两排小孔，连接到计算机后面的 9 针（COM1）或 25 针（COM2）串口上。

4）插好调制解调器的电源，打开电源开关，等待调制解调器面板上的指示灯闪烁后，标记为 MR（就绪）灯亮，表明已将调制解调器正确安装到计算机上。

（2）驱动程序的安装。安装好调制解调器后，启动计算机，系统会提示用户发现新硬件，这时需要安装调制解调器的驱动程序后才能使用，具体步骤如下：

1）单击"开始"按钮，在"开始"中选择"控制面板"命令，打开"控制面板"对话框。

2）双击"电话和调制解调器选项"图标并打开，选择"调制解调器"选项卡，如图 4—1—2 所示。

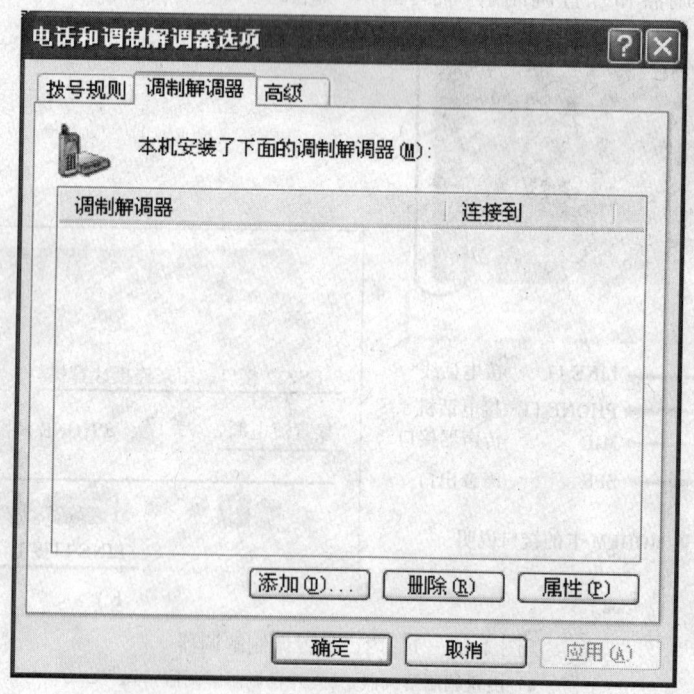

图 4—1—2 "调制解调器"选项卡

3）在该选项卡中单击"添加"按钮，打开"添加硬件向导"之一对话框，如图 4—1—3 所示。

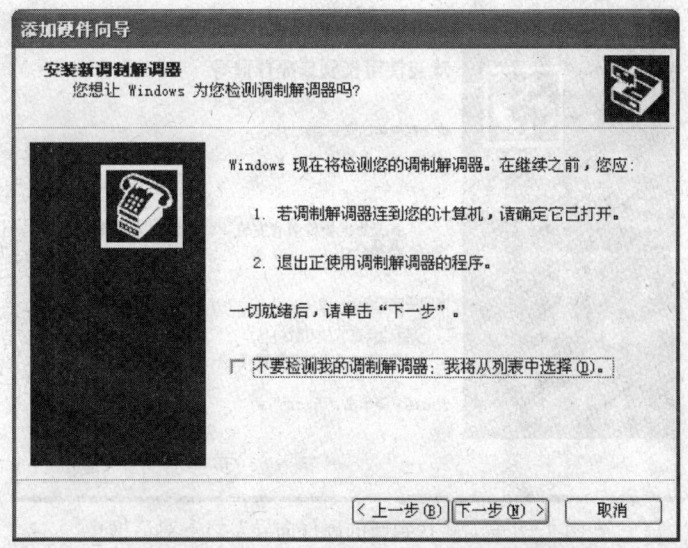

图 4—1—3 "添加硬件向导"之一对话框

4）在该对话框中单击"下一步"按钮，打开"添加硬件向导"之二对话框，如图 4—1—4 所示。

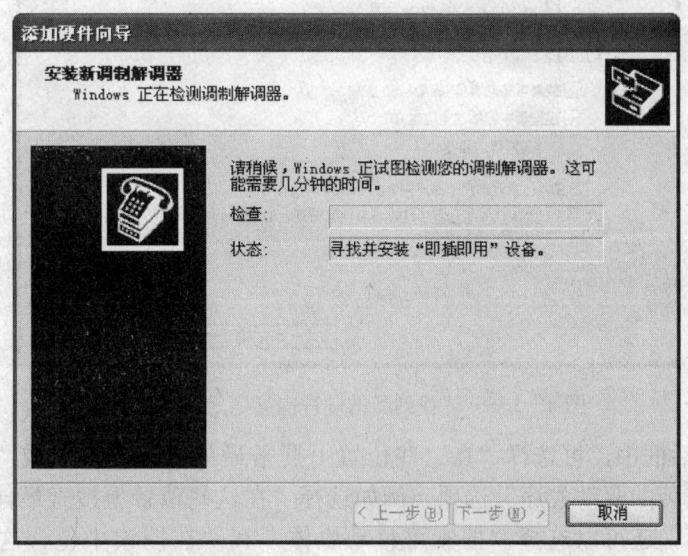

图 4—1—4 "添加硬件向导"之二对话框

5）当系统检测到调制解调器后，将自动打开"找到新的硬件向导"之一对话框，如图 4—1—5 所示。

6）在该对话框中，按照提示将驱动程序的安装 CD 或软盘放入光驱中。若已安装的调制解调器支持"即插即用"功能，可选择"自动安装软件"选项；若想自行安装，可选择"从列表或指定位置安装"选项，现选择该选项。

7）单击"下一步"按钮，打开"找到新的硬件向导"之二对话框，如图 4—1—6 所示。

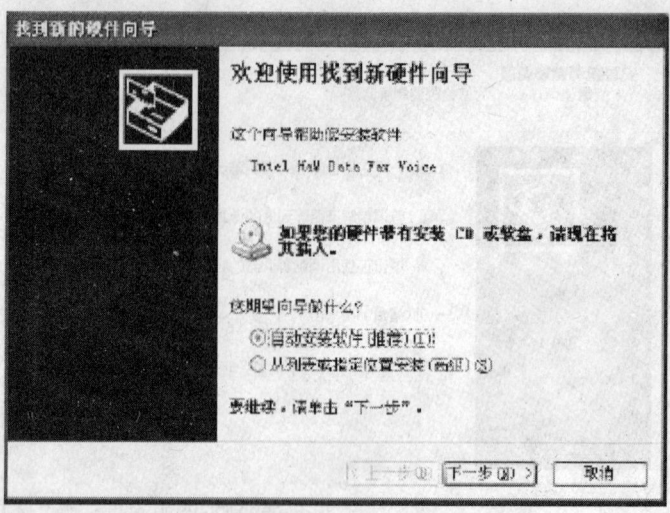

图4—1—5 "找到新的硬件向导"之一对话框

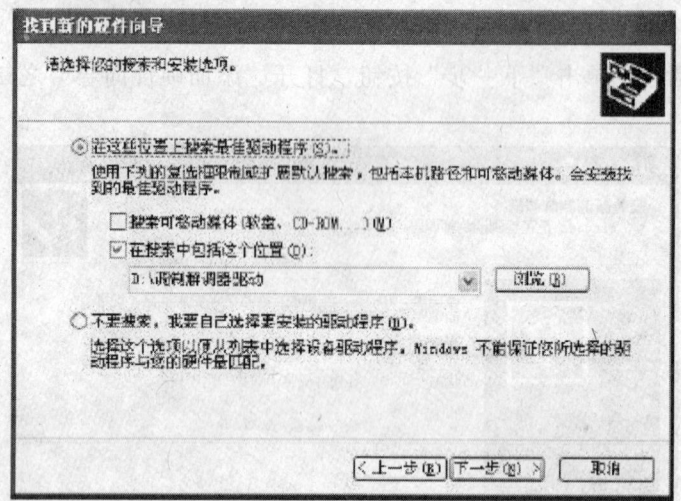

图4—1—6 "找到新的硬件向导"之二对话框

8）在该对话框中，可选择"在这些位置上搜索最佳驱动程序"或"不要搜索，我要自己选择要安装的驱动程序"选项。例如选择"在这些位置上搜索最佳驱动程序"选项，在该选项下，还可以选择"搜索可移动媒体"和"在搜索中包含这个位置"复选框。选择"搜索可移动媒体"选项，可在所有可移动媒体中搜索最佳的驱动程序；选择"在搜索中包含这个位置"选项，单击"浏览"按钮，可确定搜索的位置。

9）设置完毕，单击"下一步"按钮，弹出"找到新的硬件向导"之三对话框，如图4—1—7所示。

10）在该对话框中系统将在选定的位置中搜索新的硬件驱动程序，并安装该驱动程序。

11）在安装过程中，会弹出"所需文件"对话框，如图4—1—8所示。

12）在该对话框中，可以指定驱动程序的文件路径，设置完毕后，单击"确定"按钮。

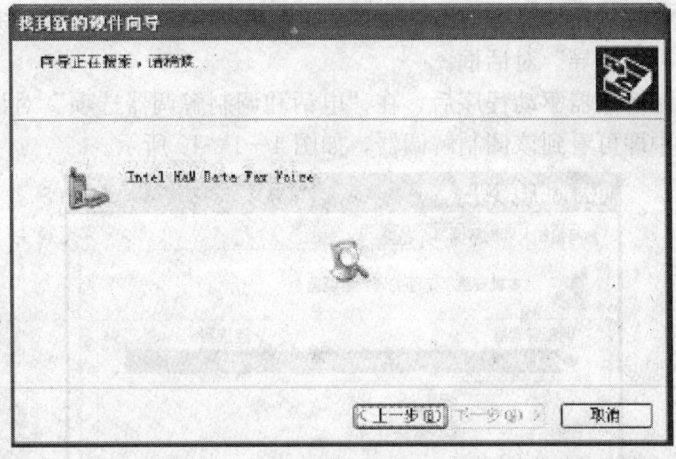

图 4—1—7 "找到新的硬件向导"之三对话框

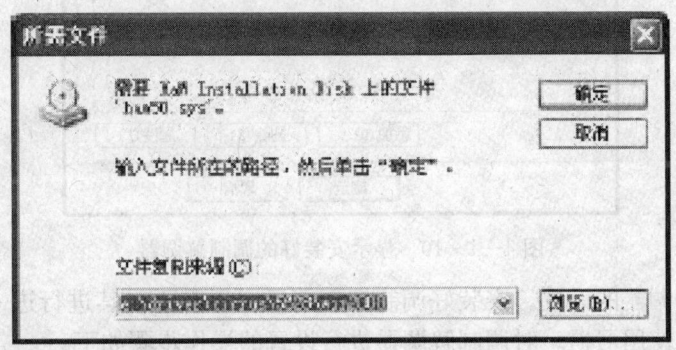

图 4—1—8 "所需文件"对话框

13）系统会继续安装驱动程序，安装完毕后，会弹出"找到新的硬件向导"之四对话框，如图 4—1—9 所示。

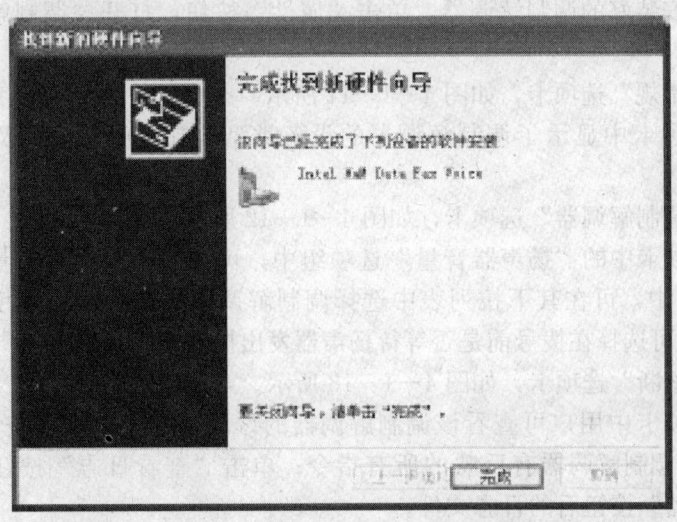

图 4—1—9 "找到新的硬件向导"之四对话框

14）该对话框提示用户已完成调制解调器驱动程序的安装，单击"完成"按钮即可关闭"找到新的硬件向导"对话框。

成功安装调制解调器驱动程序后，在"电话和调制解调器选项"对话框中的"调制解调器"选项卡中即可看到该调制解调器，如图4—1—10所示。

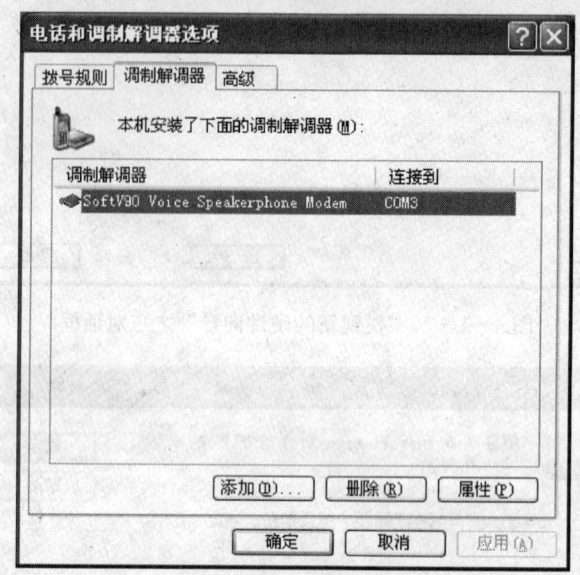

图4—1—10　显示安装好的调制解调器

（3）调制解调器的设置。安装好调制解调器后，还需要对其进行进一步的设置，使其更符合用户的使用习惯。对调制解调器进行设置的操作步骤如下：

1）单击"开始"按钮，选择"控制面板"命令，打开"控制面板"对话框。

2）双击"电话和调制解调器选项"图标，打开"电话和调制解调器选项"对话框，选择"调制解调器"选项卡。

3）选定已安装好的调制解调器，单击"属性"按钮，打开"调制解调器属性"对话框。

4）选择"常规"选项卡，如图4—1—11所示。

5）在该选项卡中显示了调制解调器的设备类型、制造商、位置及设备状态等信息。

6）选择"调制解调器"选项卡，如图4—1—12所示。

7）在该选项卡中的"扬声器音量"选项组中，可调节扬声器的音量；在"最大端口速度"选项组中，可在其下拉列表中选择调制解调器的最大端口速度；在"拨号控制"选项组中，可选择在拨号前是否等待扬声器发出拨号声音。

8）选择"诊断"选项卡，如图4—1—13所示。

9）在该选项卡中用户可查看该调制解调器的诊断信息。单击"查询调制解调器"按钮，可查看该调制解调器有反映的所有指令；单击"查看日志"按钮，可查看单击"查询调制解调器"按钮后的日志文件。

10）选择"高级"选项卡，如图4—1—14所示。

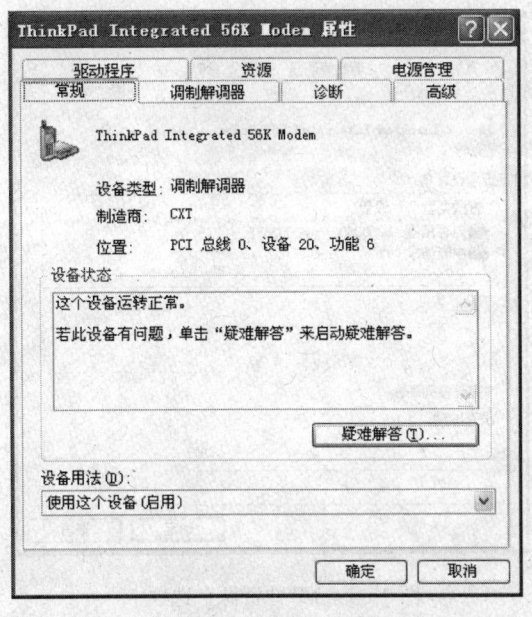

图 4—1—11 "常规"选项卡

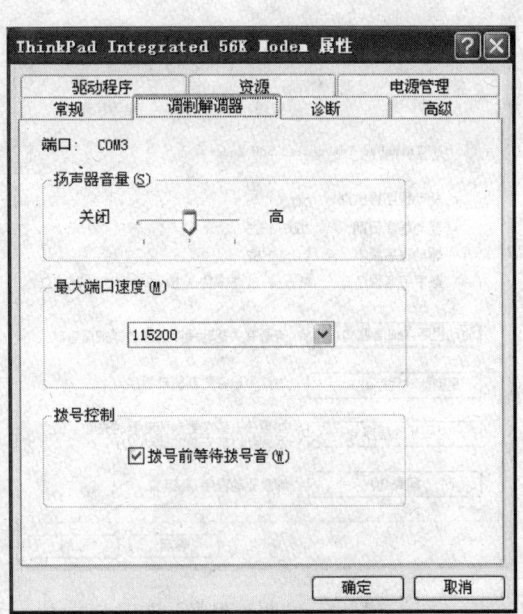

图 4—1—12 "调制解调器"选项卡

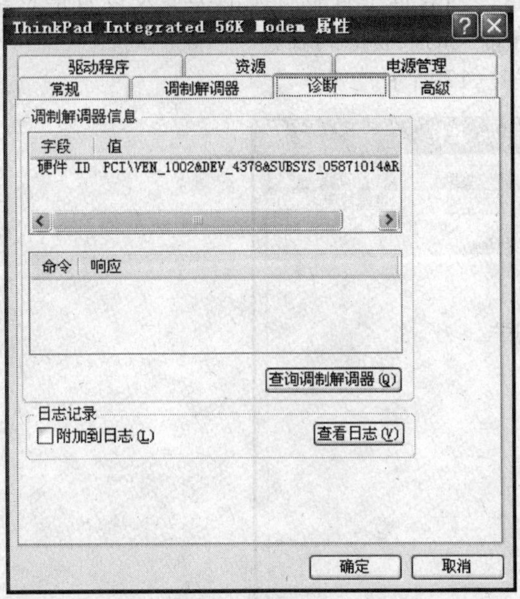

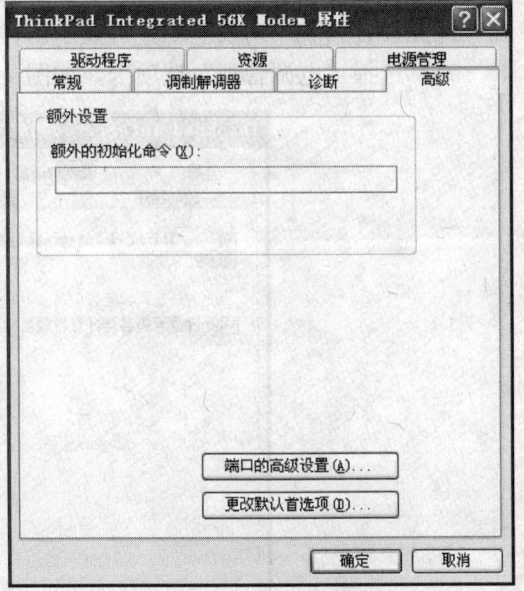

图 4—1—13 "诊断"选项卡

图 4—1—14 "高级"选项卡

11）在该对话框中用户可在"额外设置"选项组中设置额外的初始化命令。

12）选择"驱动程序"选项卡，如图 4—1—15 所示。

13）在该选项卡中，单击"驱动程序详细信息"按钮，可查看驱动程序的详细信息；单击"更改驱动程序"按钮，可更新驱动程序；单击"返回驱动程序"按钮，可在更新失败时，返回到以前的驱动程序；单击"卸载"按钮，可卸载该驱动程序。

14）选择"资源"选项卡，如图 4—1—16 所示。

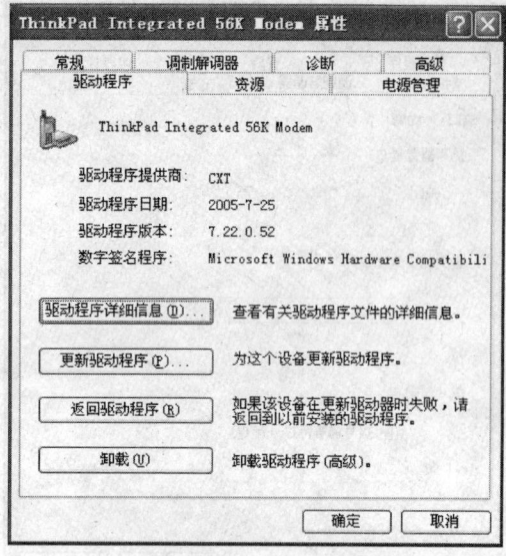

图4—1—15 "驱动程序"选项卡

图4—1—16 "资源"选项卡

15) 在该选项卡中,用户可在"资源设置"列表框中查看资源的类型及设置信息;在"冲突设备列表"列表框中,可显示出存在冲突的设备的列表。

16) 选择"电源管理"选项卡,如图4—1—17所示。

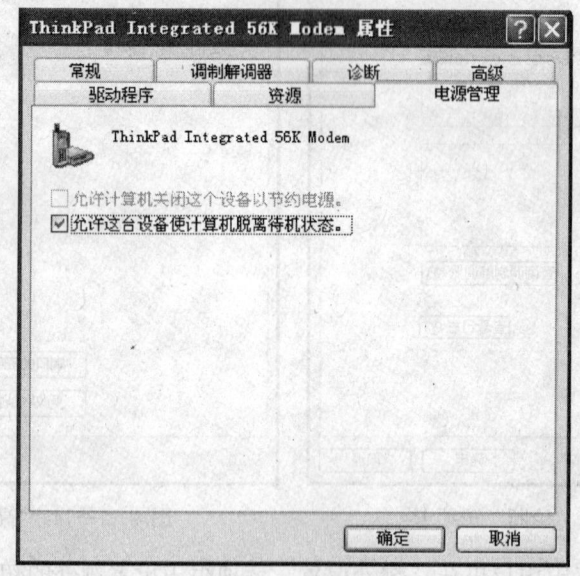

图4—1—17 "电源管理"选项卡

17) 在该选项卡中,用户可选择"允许计算机关闭这个设备已节约电源"和"允许这台设备使计算机脱离待机状态"复选框,来设置调制解调器的电源管理选项。

2. 建立拨号连接

连接好调制解调器,启动计算机后,还应建立拨号连接才能上网浏览。具体操作步骤如下：

（1）打开"开始"按钮中的"控制面板"窗口，双击"网络连接"命令，弹出"网络连接"窗口，如图4—1—18所示。

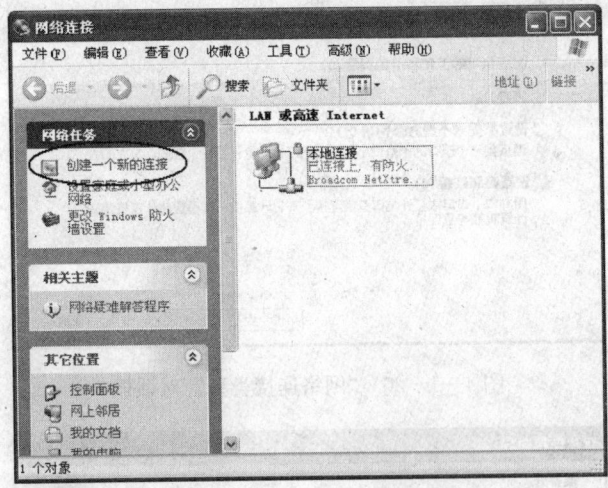

图4—1—18 "网络连接"窗口

（2）单击"网络任务"窗格中的"创建一个新的连接"链接命令，弹出"新建网络连接向导"对话框，如图4—1—19所示。

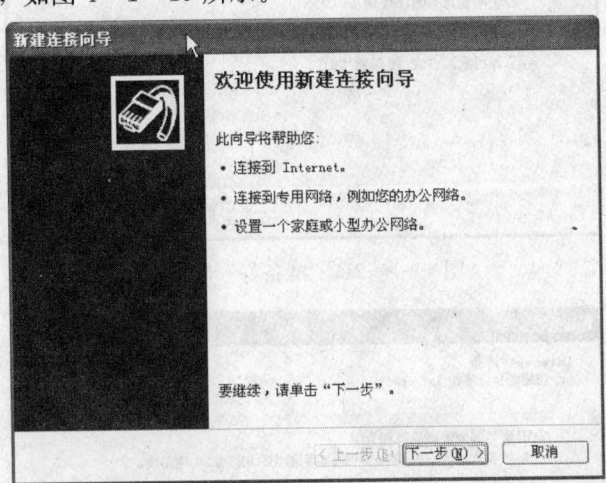

图4—1—19 "新建连接向导"对话框

（3）单击"下一步"按钮，弹出图4—1—20所示的"网络连接类型"对话框。

（4）选择"连接到Internet"单选按钮，单击"下一步"按钮，弹出如图4—1—21所示的"准备好"对话框。

（5）选择"手动设置我的连接"单选按钮，单击"下一步"按钮，弹出如图4—1—22所示的"Internet连接"对话框。

（6）选择"用拨号调制解调器连接"单选按钮，单击"下一步"按钮，弹出如图4—1—23所示的"连接名"对话框。

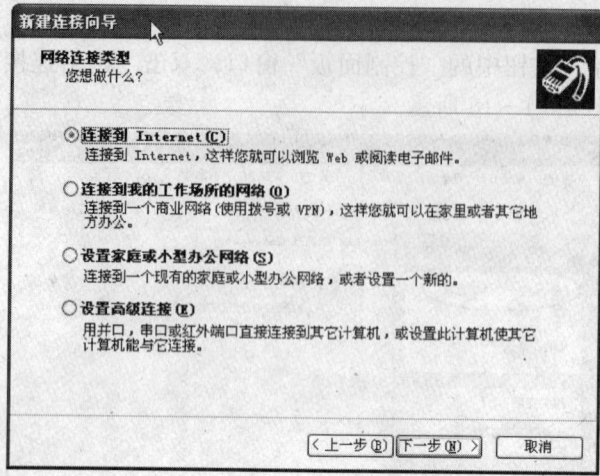

图 4—1—20 "网络连接类型"对话框

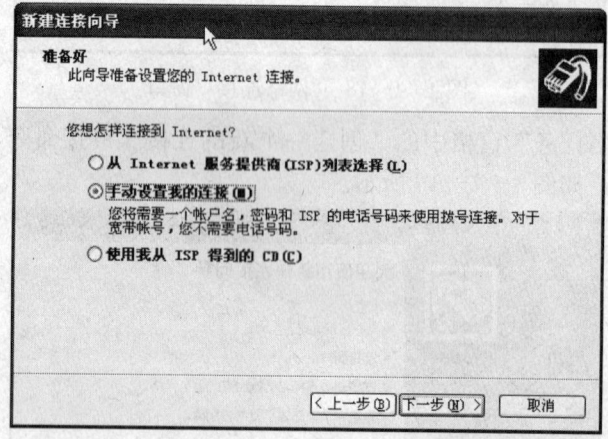

图 4—1—21 "准备好"对话框

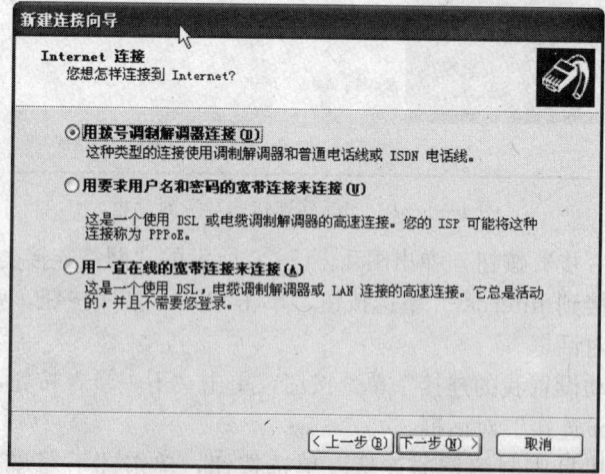

图 4—1—22 "Internet 连接"对话框

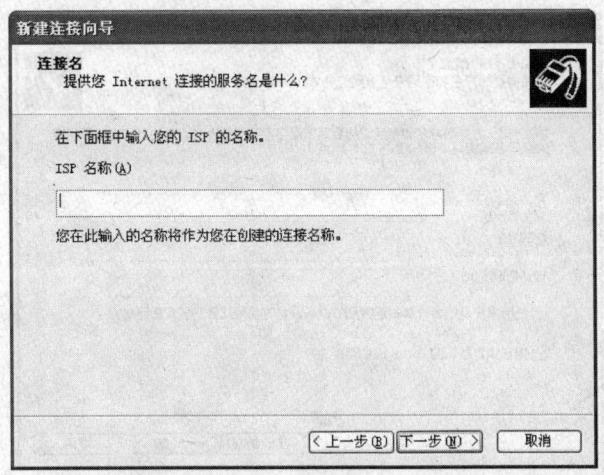

图 4—1—23 "连接名"对话框

(7) 在"ISP 名称"文本框中输入 ISP 服务商的名称，这里的名称是用于创建连接名称用的。单击"下一步"按钮，弹出如图 4—1—24 所示的"要拨的电话号码"对话框。

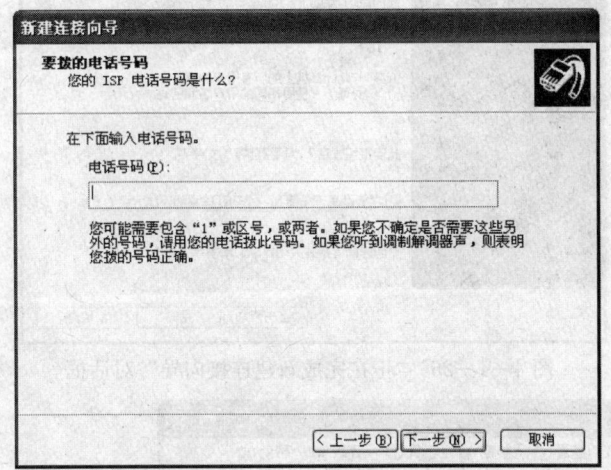

图 4—1—24 "要拨的电话号码"对话框

(8) 在"电话号码"文本框中输入 ISP 服务商提供的拨号号码，即拨号上网的号码，如 16300。单击"下一步"按钮，弹出如图 4—1—25 所示的"Internet 账户信息"对话框。

(9) 在"用户名"和"密码"文本框中输入由 ISP 服务商提供用户名和密码，再次"确认密码"后，单击"下一步"按钮，弹出如图 4—1—26 所示的"正在完成新建连接向导"对话框。

(10) 如果要在桌面上建立这个连接的快捷方式，单击"在我的桌面上添加一个到此连接的快捷方式"单选按钮，单击"完成"按钮，完成计算机与 Internet 的连接设置。这时，在"网络连接"窗口中和桌面上都建立了一个新连接名称，如图 4—1—27 所示。

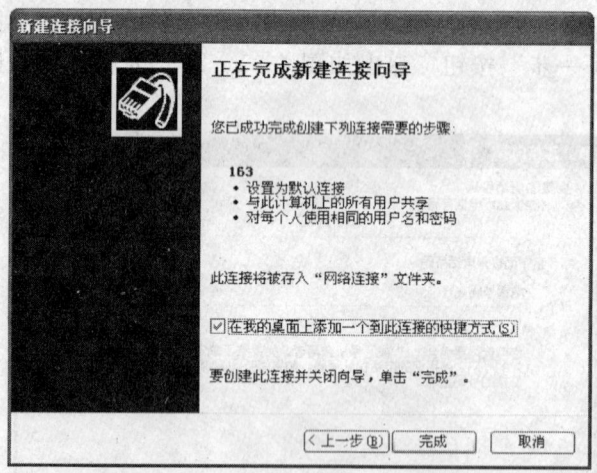

图 4—1—25 "Internet 账户信息"对话框

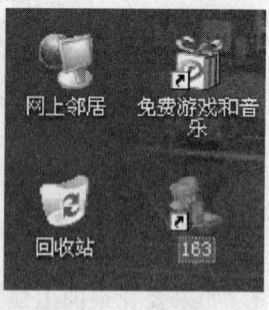

图 4—1—26 "正在完成新建连接向导"对话框

图 4—1—27 新建的拨号连接

3. 拨号上网

拨号上网是指通过新建的拨号连接登录 Internet，以后每次上网都要通过拨号连接来上网，操作步骤如下：

（1）双击桌面上或"网络连接"窗口中的拨号连接，如"163"，弹出如图 4—1—28 所示的"连接 163"对话框。

（2）在"用户名"和"密码"文本框中，直接输入由 ISP 供应商提供的用户名和密码，单击"拨号"按钮，Windows XP 开始拨号连接，屏幕显示如图 4—1—29 所示的"正在连接 163"对话框，调制解调器中会发出嘈杂的声音，表示正在拨号。

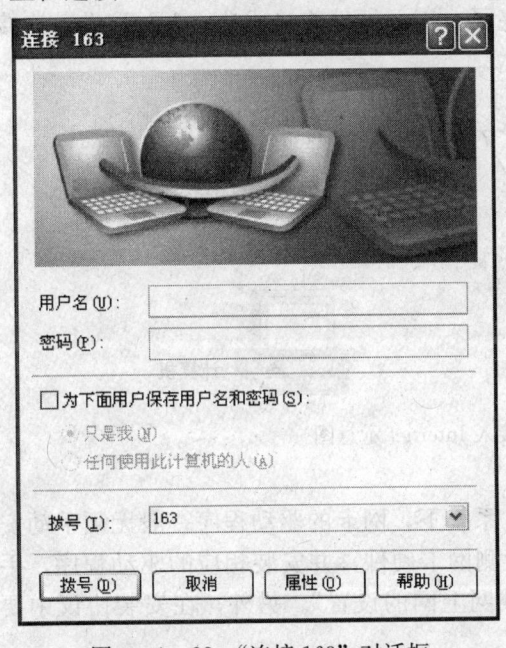

图 4—1—28 "连接 163"对话框　　　　图 4—1—29 "正在连接 163"对话框

（3）当拨号连通 ISP 的电话后，如果线路通畅，系统检测用户名和密码正确无误，屏幕任务栏的右边会出现一个连接图标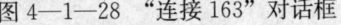，表示已经连接成功，即可使用 Internet Explorer 6.0 浏览网页。

二、ADSL 的设置

目前，ADSL 连接是个人用户连入 Internet 的较为广泛的接入方式。使用 ADSL 连接上网需要的最基本的配置主要有：计算机、直拨电话线、网卡、信号分离器、ADSL 调制解调器和 PPPoE 虚拟拨号软件等，连接 ADSL 前要先向当地电信局申请 ADSL 服务，办理 ADSL 相关手续，使用 ADSL 连接之前要先进行硬件和软件的配置。

1. 安装硬件

（1）安装网卡。打开计算机机箱，在计算机中安装一块网卡，用来连接 ADSL Modem，使计算机和调制解调器间建立一条高速传输数据通道（如果计算机中已有了网卡，可省略此步骤）。

(2) 安装 ADSL Modem 的信号分离器。信号分离器是用来将电话线路中的高频数字信号和低频语音信号分离的，其中高频数字信号接入 ADSL Modem，用来传输网络信息；低频语音信号接入电话机，用来传输普通语音信息。

信号分离器有 3 个接口，分别为电话信号输入、电话信号输出、数据信号输出。输入端连接入户线；电话信号输出接电话机，这样可以在上网的同时进行通话；数据信号输出连接 ADSL Modem。

(3) 安装 ADSL Modem。用一根电话线将 ADSL Modem 和信息分离器的高频数字信号连接起来；用一根网络线连接 ADSL Modem 和计算机网卡。打开计算机和 ADSL Modem 的电源，如果插孔所对应的 LED 都亮了，表示硬件连接成功，ADSL 设备连接如图 4—1—30 所示。

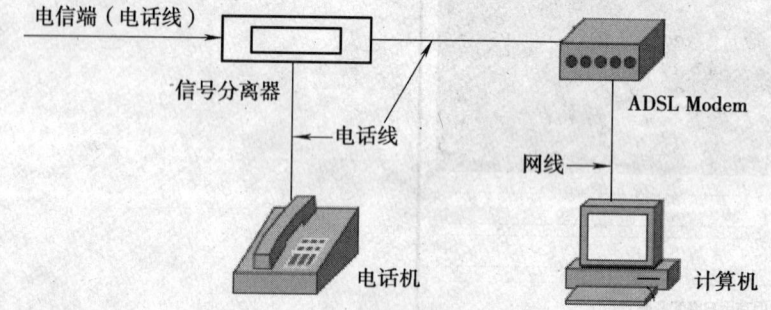

图 4—1—30　ADSL 接入 Internet 示意图

2. 软件设置

(1) 安装网卡驱动程序。在 Windows XP 系统下，网卡的驱动程序一般无须手动安装，当在计算机中安装网卡后，系统会自动检测网卡硬件，并安装相应的驱动程序，手动安装网卡驱动程序的方法见本节"三、局域网上网的设置"。另外，在安装协议中要有 TCP/IP 协议。

(2) 拨号方式。ADSL 接入 Internet 的方式分为专线接入和虚拟拨号两种方式，个人用户大多数使用虚拟拨号方式接入 Internet。这种接入方式需要输入用户名和密码，但并不是真的拨号，只是模拟拨号过程。虚拟拨号使用 PPPoE 协议，而 Windows 98/ME/2 000 中并没有提供此协议，必须安装一个支持 PPPoE 协议的拨号软件。Windows XP 中已内置了该协议，不用安装虚拟拨号软件，只需要建立一个拨号连接。

在 Windows XP 中建立 ADSL 拨号连接的方法与建立一个电话拨号连接一样，唯一的不同就是在选择连接类型时，选择"用要求用户名和密码的宽带连接来连接"这一选项。

在 Windows 2000 系统中安装"Enternet 300"拨号软件的操作方法如下：找到 Enternet 300 软件的安装盘所在位置，如图 4—1—31 所示。双击"SETUP.EXE"文件开始安装该拨号软件，安装过程按提示操作，安装完成后，重新启动计算机，桌面上会出现"Enternet 300"图标，双击后打开如图 4—1—32 所示的运行窗口。

(3) 建立拨号连接

1) 双击上图中"Create New Profile"图标，创建新连接，弹出如图 4—1—33 对话框，在文本输入框中输入一个新连接名称，例如：adsl。

图 4—1—31 安装文件夹

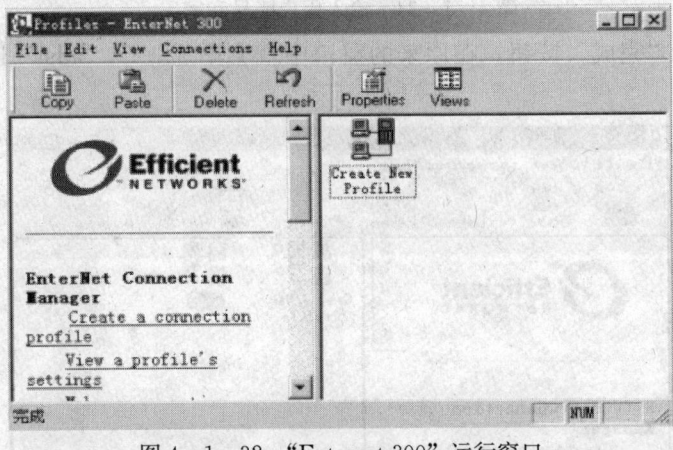

图 4—1—32 "Enternet 300" 运行窗口

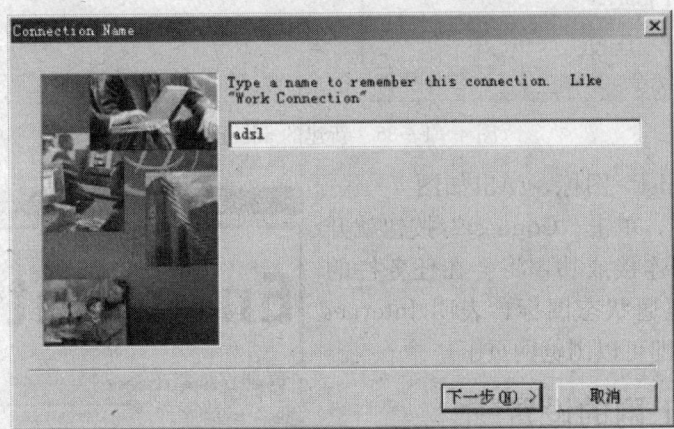

图 4—1—33 新连接名称

2)单击"下一步"按钮,弹出如图 4—1—34 所示的对话框,在"Enter the User Name for this Connection"文本框中输入从 ISP(如电信)那里获得的用户账号;在"Enter the Password for this Connection"文本框中输入密码;在"Enter the Password one more time"文本框中再重复输入一次密码。

3)单击"下一步"按钮,如果网卡和 ADSL 数据线等硬件连接没有问题,在出现

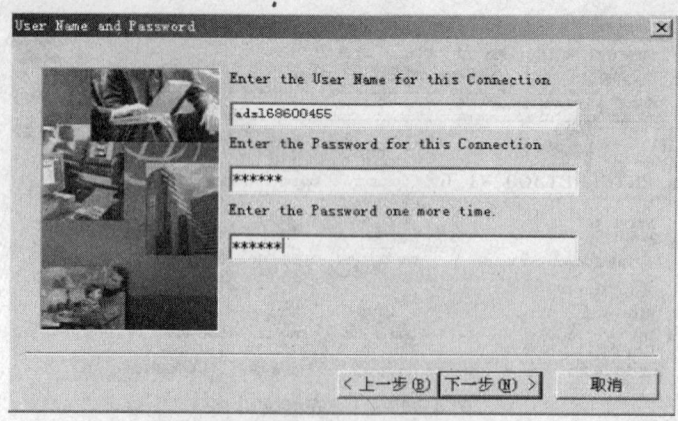

图4—1—34　输入用户账号和密码

的对话框中单击"完成"按钮，在原来的窗口中就会增加一个"adsl"连接图标，如图4—1—35所示。

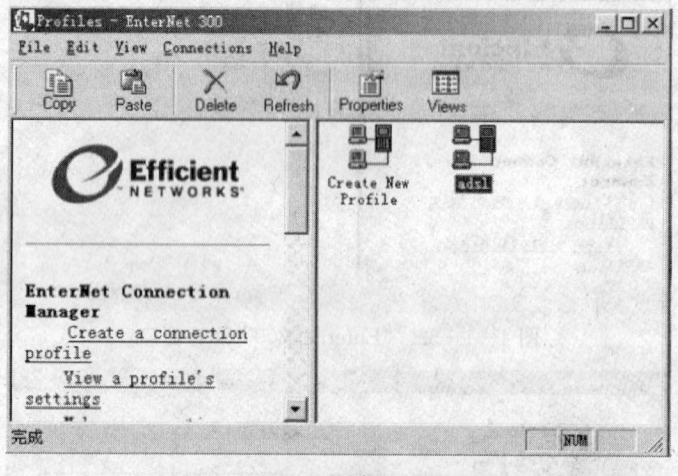

图4—1—35　新建的adsl连接

4）双击"adsl"图标，弹出如图4—1—36所示的对话框，单击"Connect"按钮就开始登录了，如果连接成功，将会在任务栏的右侧出现一个连通状态图标，表明Internet网络已经接通，即可以浏览网页了。

三、局域网上网的设置

局域网即计算机局部区域网络，是处于同一建筑、同一单位或者方圆几千米区域内专用的网络。局域网常被用于连接某公司办公室里的个人计算机和工作站，以便共享资源和交换信息。

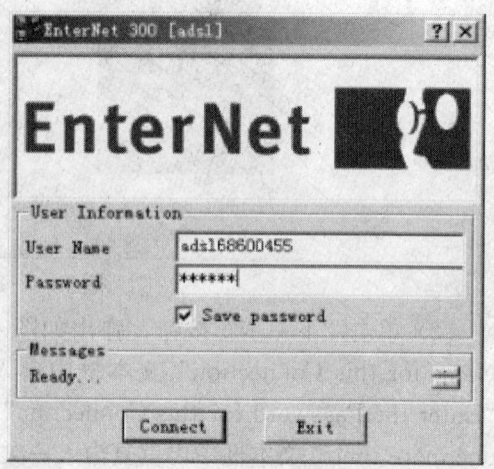

图4—1—36　adsl连接对话框

个人计算机利用局域网接入 Internet 时，不再需要调制解调器和电话线，其基本配置是：计算机、网卡、一条网络线及相应的通信软件，再向网络管理员申请一个 IP 地址。

局域网接入 Internet 的方式有很多种，对于大、中型局域网来说，通常使用交换机、路由器或专线连接 Internet。Internet 连接共享是 Windows 操作系统的一大功能。通过该功能，只要将局域网中的任意一台计算机连接到 Internet，那么网络中其他计算机都可以通过这台计算机进行 Internet 连接。这为小型企业和家庭上网提供了极大的方便，如图 4—1—37 所示。

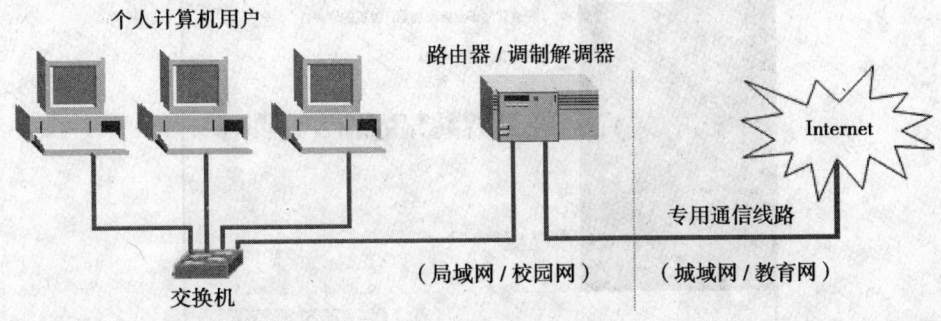

图 4—1—37　局域网连接示意图

1. 安装网卡

要把计算机联入局域网，必须先安装网卡，如图 4—1—38 所示。

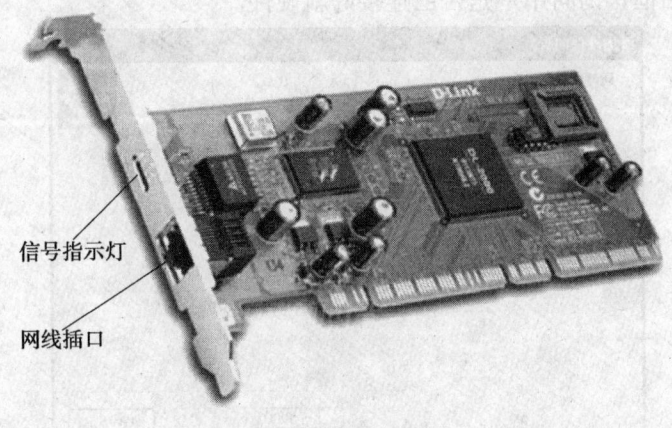

图 4—1—38　网卡

（1）安装网卡。一般网卡是插在计算机内部的总线扩展槽上进行工作的。同计算机其他板卡的安装过程一样，在断电后打开机箱后盖，将网卡插在一个空闲的总线扩展槽上，然后盖上机箱后盖即可。

（2）连接双绞线。网卡安装到计算机上后，把做好的双绞线一端连接到局域网的接入口，另一端插在网卡后的网线接口即可。

（3）安装网卡驱动程序。由于大多数的网卡都具有即插即用的功能，且 Windows XP 系统也具有强大的即插即用功能，所以许多网卡基本不需要用户进行手动安装驱动程序，系统就会自动搜索新硬件并安装其驱动程序。

如果所用的网卡的驱动程序不在 Windows XP 系统的硬件列表中，即不能被系统识别，则可以从磁盘进行安装，具体操作步骤如下：

1）单击"开始"按钮，在"开始"菜单中选择"控制面板"并打开，在其中双击"添加硬件"选项，弹出如图 4—1—39 所示的"添加硬件向导"对话框。

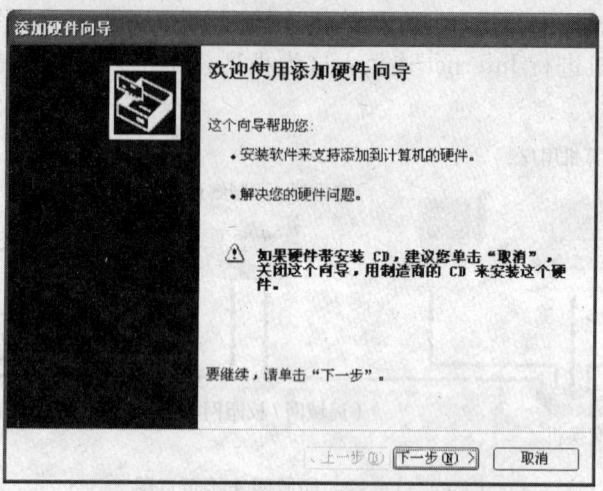

图 4—1—39 "添加硬件向导"对话框

2）单击"下一步"按钮，该向导开始搜索系统是否有未安装的硬件，弹出如图 4—1—40 所示的对话框，询问用户是否已连接好新硬件。

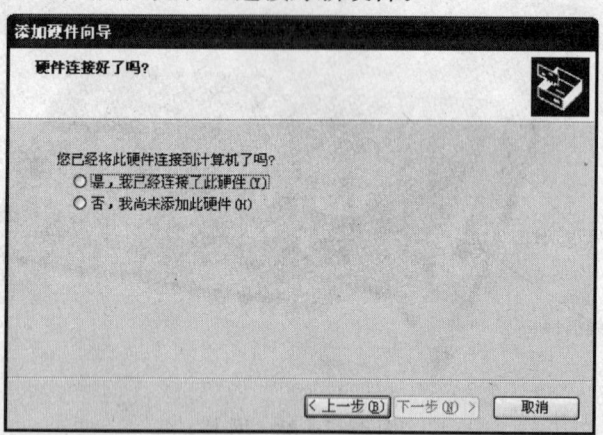

图 4—1—40 "硬件连接好了吗"对话框

3）选择"是，硬件已连接好"单选项，单击"下一步"按钮，弹出如图 4—1—41 所示的"已安装的硬件"对话框。

4）选择"添加新的硬件设备"选项，单击"下一步"按钮，弹出如图 4—1—42 所示的对话框，选择进行安装的方式。

5）单击"安装我手动从列表选择的硬件"单选项，单击"下一步"按钮，弹出如图 4—1—43 所示的"选择安装硬件类型"对话框。

图 4—1—41 "已安装的硬件"对话框

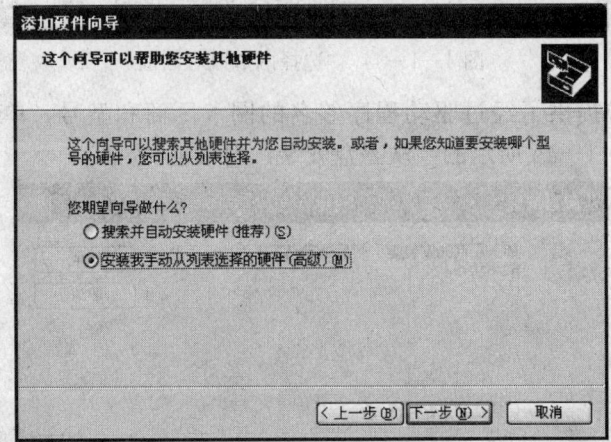

图 4—1—42 安装其他硬件对话框

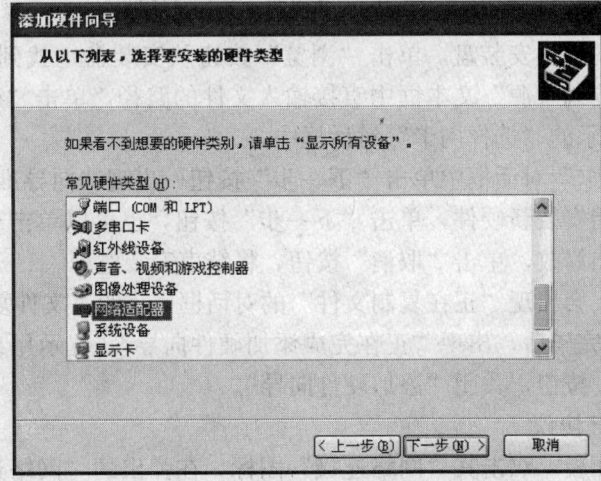

图 4—1—43 "选择安装硬件类型"对话框

6）选择"网络适配器"选项，单击"下一步"按钮，弹出如图 4—1—44 所示的"选择网卡"对话框。

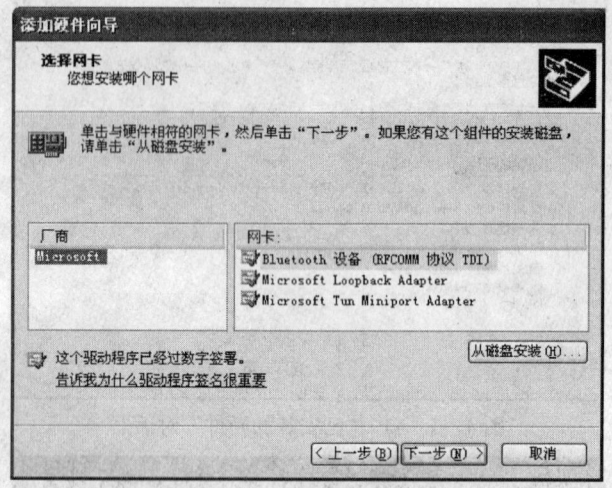

图 4—1—44 "选择网卡"对话框

7）该对话框中提供了经过驱动程序签名的网卡厂商和型号，单击"从磁盘安装"按钮，弹出如图 4—1—45 所示的"从磁盘安装"对话框。

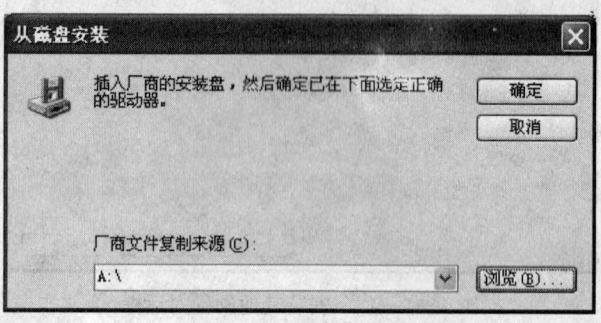

图 4—1—45 "从磁盘安装"对话框

此时插入厂商的提供安装盘，单击"浏览"按钮从安装盘中找到文件的正确路径，或者在"厂商文件复制来源"文本框中直接输入文件的路径，单击"确定"按钮，返回到如图 4—1—44 所示的"选择网卡"对话框中。

8）在"选择网卡"对话框中单击"下一步"按钮，出现"向导准备安装您的硬件"对话框，如果要开始安装新硬件，单击"下一步"按钮，也可以单击"上一步"按钮返回到相应的步骤做出修改，单击"取消"按钮，将结束安装过程。

当确定安装后，会出现"正在复制文件"的对话框，表明了文件复制的进程。

9）在添加硬件完毕后，出现"正在完成添加硬件向导"，提示用户已完成该设备的安装，单击"完成"按钮，关闭"添加硬件向导"。

2. 安装 TCP/IP 协议

（1）打开控制面板，双击其"网络连接"图标，在弹出的"网络连接"窗口中，用鼠标右键单击"本地连接"图标，弹出快捷菜单，如图 4—1—46 所示。

因特网操作

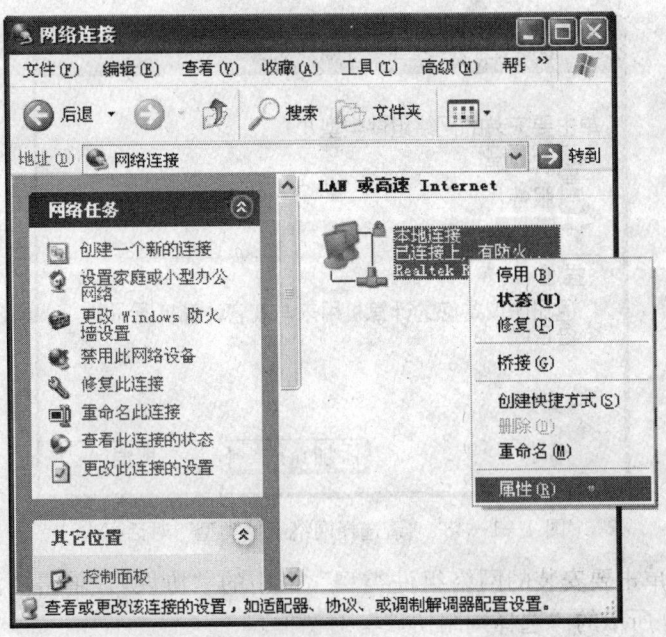

图 4—1—46 "网络连接"对话框

（2）选择"属性"命令，弹出如图 4—1—47 所示的"本地连接属性"对话框，选择"常规"选项卡。

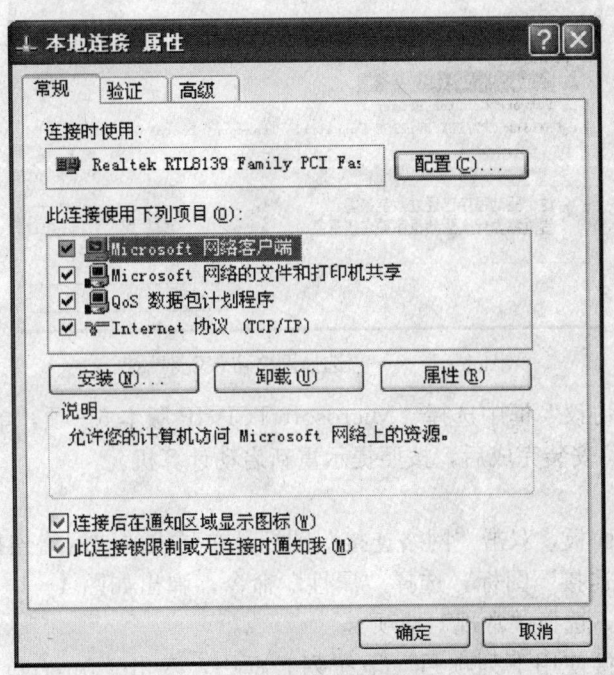

图 4—1—47 "本地连接属性"对话框

（3）单击"安装"按钮，出现如图 4—1—48 所示的"请选择网络组件类型"对话框。

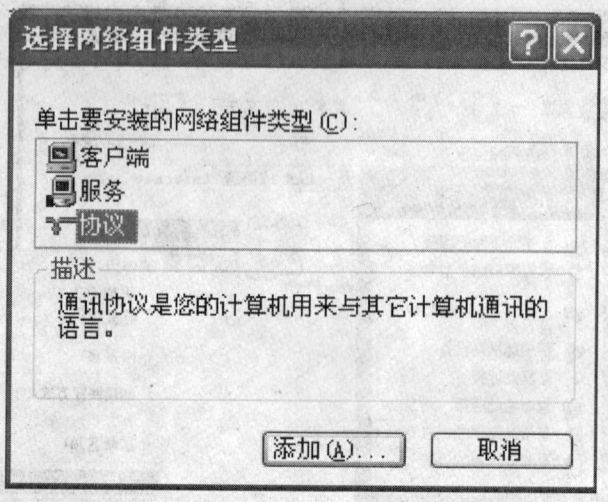

图 4—1—48 "请选择网络组件类型"对话框

（4）选择"单击要安装的网络组件类型"框中的"协议"，单击"添加"按钮，弹出如图 4—1—49 所示的"选择网络协议"对话框。

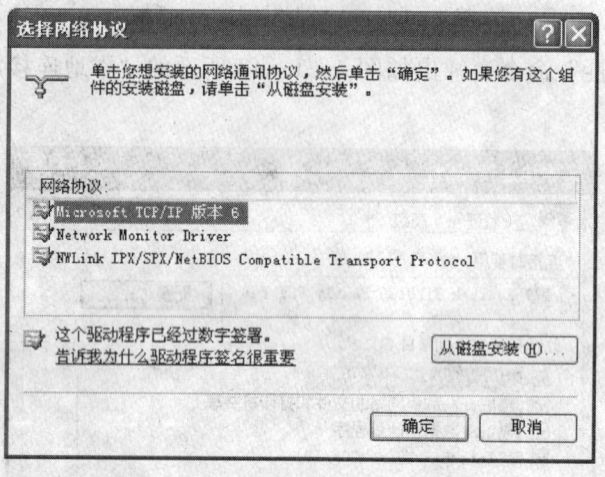

图 4—1—49 "选择网络协议"对话框

（5）在"网络协议"框中选择"Microsoft TCP/IP 版本 6"项，单击"确定"按钮，开始安装 TCP/IP，安装完成后，按照提示重新启动计算机。

3. 设置属性

（1）打开控制面板，双击"网络连接"图标，在弹出的"网络连接"窗口中，用鼠标右键单击"本地连接"图标，选择"属性"命令，弹出如图 4—1—47 所示的"本地连接属性"对话框，选择"常规"选项卡。

（2）在"此连接使用下列项目"下拉列表框中，双击"Internet 协议（TCP/IP）"项，打开如图 4—1—50 所示的"Internet 协议（TCP/IP）属性"对话框，选择"常规"选项卡。

（3）单击"使用下面的 IP 地址"单选按钮，填入本机所属局域网的 IP 地址、子网掩码、网关等信息。

（4）单击"使用下面的 DNS 服务器地址"单选按钮，填入域名解析服务器（DNS）的地址，如图 4—1—51 所示。

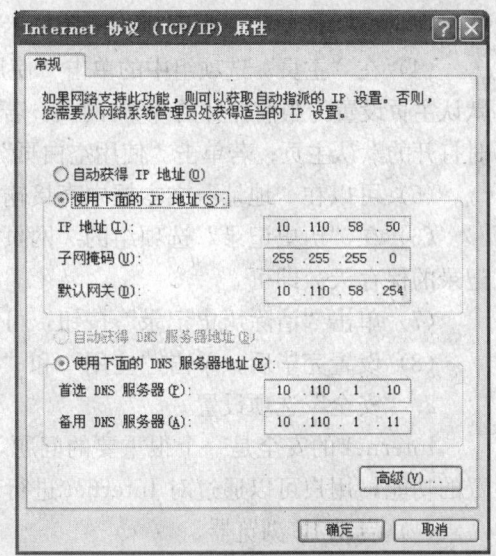

图 4—1—50 "Internet 协议（TCP/IP）属性"对话框

图 4—1—51 设置 IP 和 DNS

本机的 IP 地址、子网掩码、网关、域名解析服务器（DNS）的地址等信息由网络管理员提供，IP 地址在局域网中是唯一的。

（5）单击"确定"按钮后，返回"本地连接 属性"对话框，再单击"确定"按钮，完成设置，此时可以利用 IE 来浏览网页了。

第二节 浏览器操作

→ 能够完成网上信息的查询浏览
→ 能够完成浏览器基本参数的设置
→ 能够完成网上信息的下载

一、浏览器基本参数的设置

在启动 IE 浏览器的同时，IE 浏览器会自动打开默认的主页，通常为 Microsoft 公司的主页，用户可以通过对 IE 浏览器中的 Internet 选项设置，改变启动 IE 浏览器时打开其他的 Web 网页，还可以对 IE 使用时的安全、连接、内容、程序等参数进行设置，如图 4—2—1 所示。

1."常规"选项设置

计算机操作员（中级）

(1) 启动 IE 浏览器。

(2) 打开要设置为默认主页的 Web 网页。

(3) 选择"工具"菜单中的"Internet 选项"命令，打开"Internet 选项"对话框，选择"常规"选项卡，如图 4—2—1 所示。

(4) 在"主页"选项组中的单击"使用当前页"按钮，可将启动 IE 浏览器时打开的默认主页设置为当前打开的 Web 网页；若单击"使用默认页"按钮，可在启动 IE 浏览器时打开的默认主页；若单击"使用空白页"按钮，可在启动 IE 浏览器时不打开任何网页。

(5) 可以在"地址"文本框中直接输入网站的地址，将其设置为默认的主页。

(6) 在"历史记录"选项组的"网页保存在历史记录中的天数"文本框中输入历史记录的保存天数即可。

(7) 单击"清除历史记录"按钮，可清除已有的历史记录。

(8) 设置完毕后，单击"应用"和"确定"按钮即可。

2."安全"选项设置

Internet 的安全是一个很重要的问题，在 IE 浏览器中提供了对 Internet 进行安全设置的功能，用户可以通过对 Internet 进行一些基本的安全设置，具体操作如下：

(1) 启动 IE 浏览器。

(2) 选择"工具"菜单中的"Internet 选项"命令，弹出"Internet 选项"对话框。

(3) 选择"安全"选项卡，如图 4—2—2 所示。

单元 4

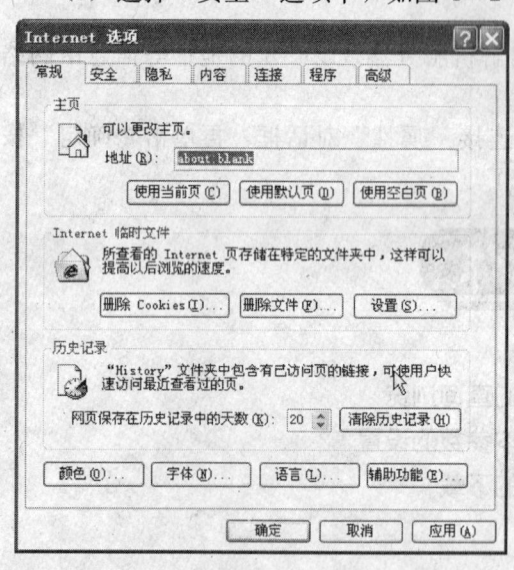
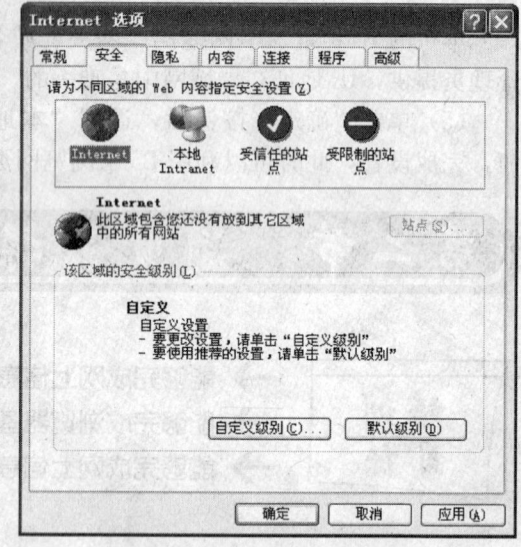

图 4—2—1 "Internet 选项"对话框　　　　图 4—2—2 "安全"选项卡

(4) 在该选项卡中用户可为 Internet 区域、本地 Intranet（企业内部互联网）、受信任的站点及受限制的站点设定安全级别。

(5) 若用户要对 Internet 区域及本地 Intranet（企业内部互联网）设置安全级别，可选中"请为不同区域的 Web 内容指定安全设置"列表框中相应的图标。

(6) 在"该区域的安全级别"选项组中单击"默认级别"按钮，拖动滑块即可调整默认的安全级别。如果调整的安全级别小于其默认级别，则弹出如图4—2—3所示的"错误"对话框。

（7）若用户要自定义安全级别，可在"该区域的安全级别"选项组中单击"自定义级别"按钮，将弹出"安全设置"对话框，如图4—2—4所示。

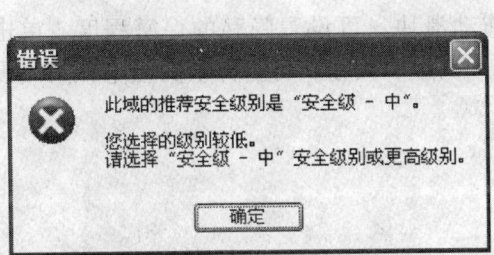

图4—2—3 "错误"对话框

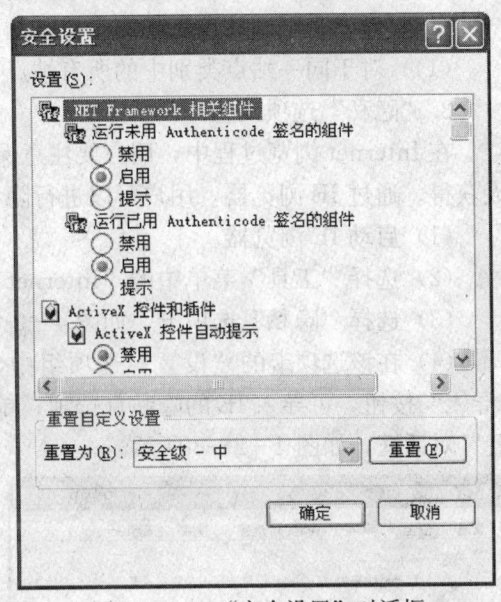

图4—2—4 "安全设置"对话框

（8）在该对话框中的"设置"列表框中用户可对各选项进行设置，在"重置自定义设置"选项组中的"重置为"下拉列表中选择安全级别，单击"重置"按钮，即可更改为重新设置的安全级别，这时将弹出"警告"对话框，如图4—2—5所示。

（9）若用户确定要更改该区域的安全设置，单击"是"按钮即可。

（10）若用户要设置受信任的站点的安全级别，可单击"请为不同区域的Web内容指定安全级别"列表框中相应的图标。单击"站点"按钮，将弹出"可信站点"对话框，如图4—2—6所示。

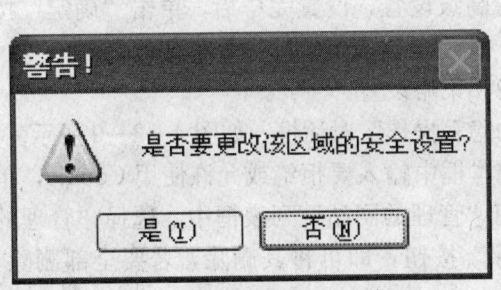

图4—2—5 "警告"对话框

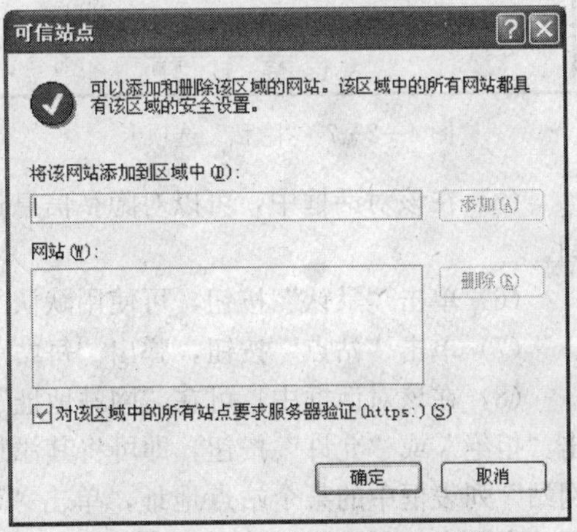

图4—2—6 "可信站点"对话框

(11) 在该对话框中,用户可在"将该 Web 站点添加到区域中"文本框中输入可信站点的网址,单击"添加"按钮,即可将其添加到"Web 站点"列表框中。选中某 Web 站点的网址,单击"删除"按钮,可将其删除。

(12) 设置完毕后,单击"确定"按钮即可。

(13) 对"受限制站点"的安全级别的设置,可参考以上(6)~(9)步操作。

(14) 对于同一站点类别中的所有站点,均使用同一安全级别。

3. "隐私"选项设置

在 Internet 浏览过程中,用户要注意保护自己的隐私,对于个人信息不要轻易让他人获得。通过 IE 浏览器,用户可以进行隐私保密策略的设置,操作如下:

(1) 启动 IE 浏览器。

(2) 选择"工具"菜单中的"Internet 选项"命令,打开"Internet 选项"对话框。

(3) 选择"隐私"选项卡,如图 4—2—7 所示。

(4) 在该选项卡的"设置"选项组中,拖动滑块,可设置隐私的保密程度。单击"导入"按钮,可导入 IE 的隐私首选项;单击"高级"按钮,可打开"高级隐私策略设置"对话框,如图 4—2—8 所示。

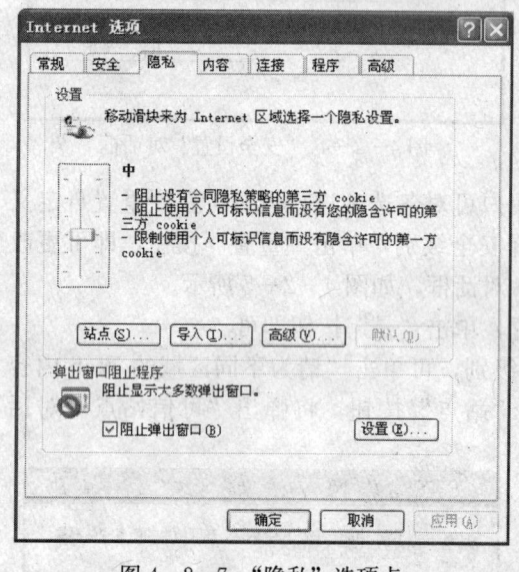
图 4—2—7 "隐私"选项卡

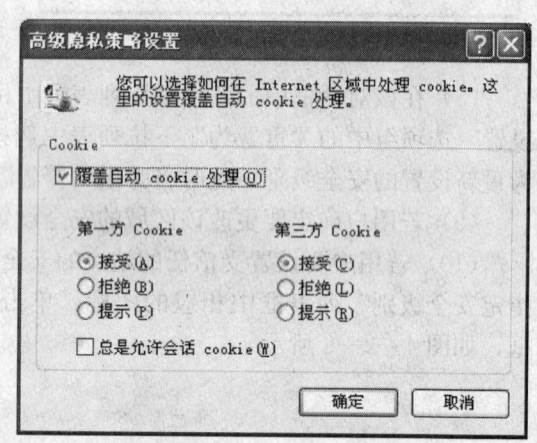
图 4—2—8 "高级隐私策略设置"对话框

(5) 在该对话框中,可以对隐私信息进行高级设置,设置完毕后,单击"确定"按钮。

(6) 单击"默认"按钮,可使用默认的隐私策略设置。

(7) 单击"站点"按钮,弹出"每站点的隐私操作"对话框,如图 4—2—9 所示。

(8) 在该对话框中,可在"网站地址"文本框中输入要拒绝或允许使用 Cookie,单击"拒绝"或"允许"按钮,即可将其添加到"管理的网站"列表框中。选择"管理的网站"列表框中的某个站点地址,单击"删除"按钮,即可将其删除,若要全部删除,可单击"全部删除"按钮。

(9) 在"弹出窗口阻止程序"选项组中,单击"阻止弹出窗口"单选按钮,可以在浏览网页时阻止大多数弹出窗口,单击"设置"按钮,弹出"弹出窗口阻止程序设置"对话框,如图4—2—10所示。

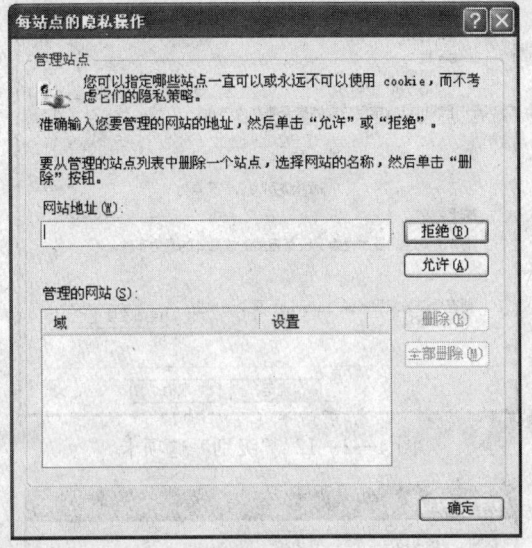
图4—2—9 "每站点的隐私操作"对话框

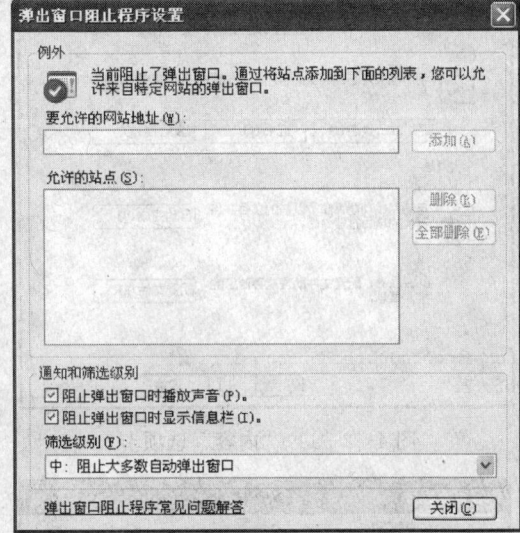
图4—2—10 "弹出窗口阻止程序设置"对话框

(10) 在该对话框中,可在"要允许的网站地址"文本框中输入允许弹出特定网站的窗口,单击"添加"按钮,可将其添加到"允许的网站"列表框中;在"筛选级别"下拉列表中,可选择阻止弹出窗口的级别。

(11) 设置完毕后,单击"关闭"按钮。

4. "内容"选项设置

Internet 是一个开放的网络,其中既有好的、积极向上的内容,也有不好的、消极的内容。Internet 选项中的内容设置,将一些不好的、消极的内容隔离在浏览范围之外。设置浏览内容的操作步骤如下:

(1) 启动 IE 浏览器。

(2) 选择"工具"菜单中的"Internet 选项"命令并打开。

(3) 选择"内容"选项卡,如图4—2—11所示。

(4) 在"分级审查"选项组中,单击"启用"按钮,打开"内容审查程序"对话框。

(5) 在该对话框中选择"级别"选项卡,如图4—2—12所示。

(6) 在该选项卡中的"请选择类别,查看级别"列表框中选择要设置查看级别的类别,拖动滑块指定可以浏览该类别的内容级别,在"描述"框中显示了该级别的描述信息。

(7) 选择"许可站点"选项卡,如图4—2—13所示。

(8) 在该选项卡中,用户可在"允许该网站"文本框中输入网站的地址,单击"始终"或"从不"按钮,将其添加到"许可和未许可的网站列表"列表框中,并指定其在任何时候都可查看或在任何时候都不可以查看。

(9) 选择"常规"选项卡,如图4—2—14所示。

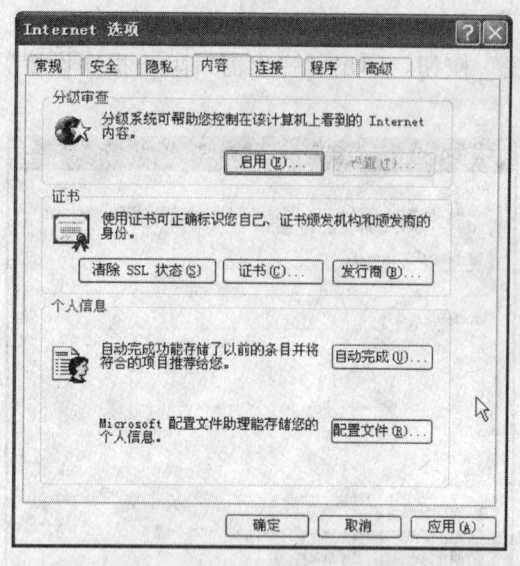

图 4—2—11 "内容"选项卡

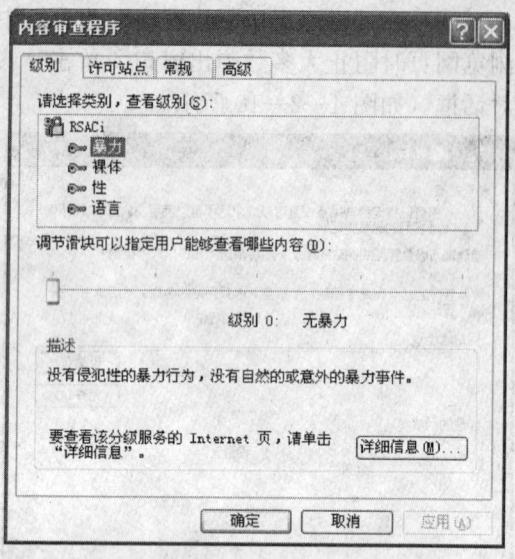

图 4—2—12 "级别"选项卡

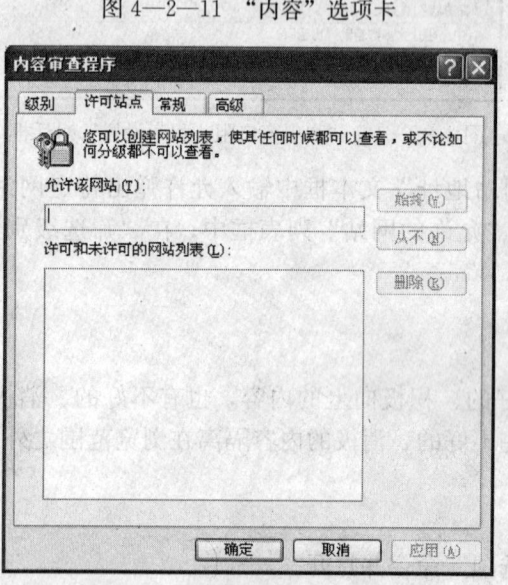

图 4—2—13 "许可站点"选项卡

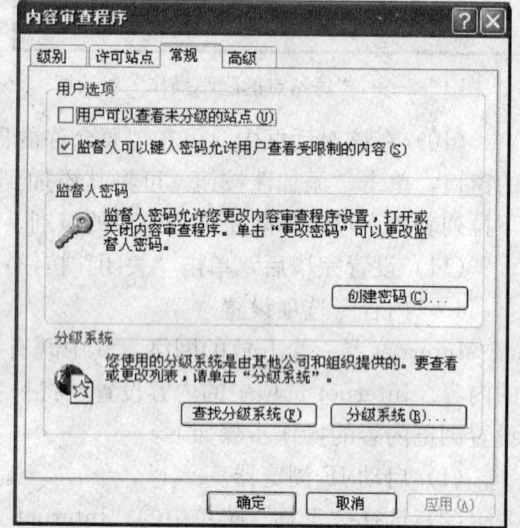

图 4—2—14 "常规"选项卡

（10）单击"监督人密码"项目组中的"创建密码"按钮，这时将弹出"创建监督人密码"对话框，如图 4—2—15 所示。

（11）在该对话框中，用户可输入密码及密码的提示信息，以防止未经授权的用户更改对浏览内容的设置。

（12）单击"确定"按钮，即可启动内容审查程序，对浏览内容进行限制。

5．"连接"选项设置

"连接"选项卡主要是用来进行网络连接的设置，具体操作如下：

（1）启动 IE 浏览器。

（2）选择"工具"菜单中的"Internet 选项"命令，弹出"Internet 选项"对话框。

因特网操作

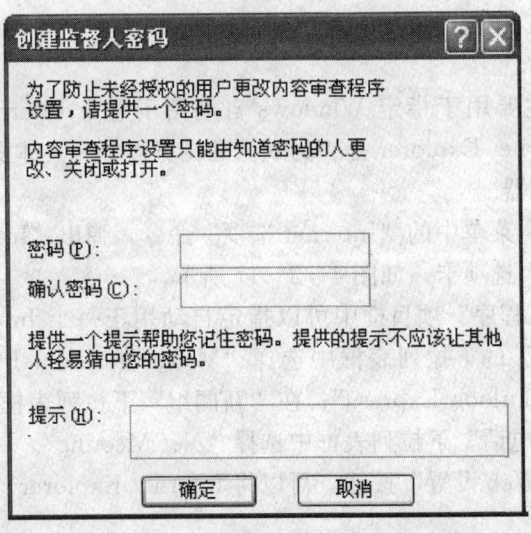

图 4—2—15 "创建监督人密码"对话框

(3) 选择"连接"选项卡，如图 4—2—16 所示。

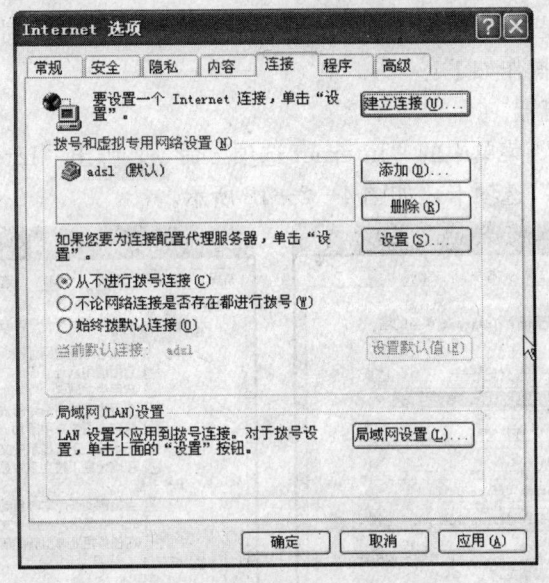

图 4—2—16 "连接"选项卡

(4) 单击"建立连接"按钮，启动"新建连接向导"，使用连接向导可以新建或修改 Internet 的账号信息和连接配置的内容等。

(5) 若在"拨号和虚拟专用网络设置"选项组中选择"从不进行拨号连接"单选按钮，表示不通过拨号连接方式上网，如果需要上网，必须手工启动拨号连接或用其他方式上网；若选择"不论网络连接是否存在都进行拨号"单选按钮，表示自动使用默认拨号网络连接；若选择"始终拨默认连接"单选按钮，表示当需要连接 Internet 时，自动使用默认拨号网络连接进行连接。

(6) 单击"局域网设置"按钮，可以设置指定局域网连接的代理服务器。

（7）设置完毕后，单击"应用"和"确定"按钮。

6．"程序"选项设置

"程序"选项卡主要用于指定 Windows 自动用于每个 Internet 服务的程序，重置 Web 设置，检查 Internet Explorer 是否为默认的浏览器等。具体操作如下：

（1）启动 IE 浏览器。

（2）选择"工具"菜单中的"Internet 选项"命令，弹出"Internet 选项"对话框。

（3）选择"程序"选项卡，如图 4—2—17 所示。

（4）在"Internet 程序"项目框中可以指定自动用于每个 Internet 服务的程序，例如在"HTML 编辑器"的下拉列表框中选择"Microsoft Front Page"；在"电子邮件"下拉列表框中选择"Outlook Express"；在"新闻组"下拉列表框中选择"Outlook Express"；在"Internet 电话"下拉列表框中选择"Net Meeting"。

（5）单击"重置 Web 设置"按钮，可以将 Internet Explorer 设置中的主页和搜索页设置还原为默认值。

（6）设置完毕后，单击"应用"和"确定"按钮。

7．"高级"选项设置

"高级"选项卡提供了很多的选项，可以按用户的不同需要对 Internet Explorer 浏览器进行设置，具体操作如下：

（1）启动 IE 浏览器。

（2）选择"工具"菜单中的"Internet 选项"命令，弹出"Internet 选项"对话框。

（3）选择"高级"选项卡，如图 4—2—18 所示。

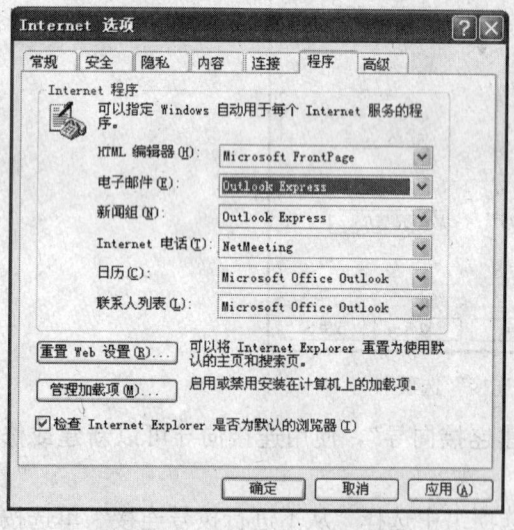

图 4—2—17　"程序"选项卡

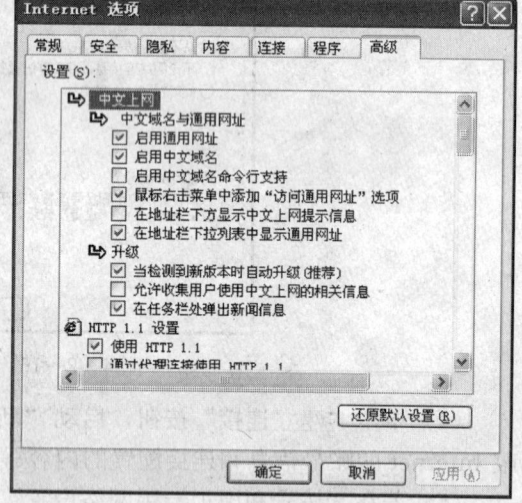

图 4—2—18　"高级"选项卡

（4）"高级"选项卡的下拉列表框中，列出了有关浏览、多媒体、安全、打印、搜索与工具栏设置等选项，用户可根据需要有针对性地对选项进行设置。

（5）要使用默认设置，可以单击"还原默认设置"按钮。

（6）完成设置后，单击"确定"按钮。

二、信息的下载

1. 保存 Web 页的信息

在浏览网页时,对于感兴趣的内容可以随时将其保存起来,可以保存整个网页,也可以仅保存其中感兴趣的文字和图片。

(1)保存整个网页

1)单击"文件"菜单中的"另存为"命令,弹出如图 4—2—19 所示的"保存网页"对话框。

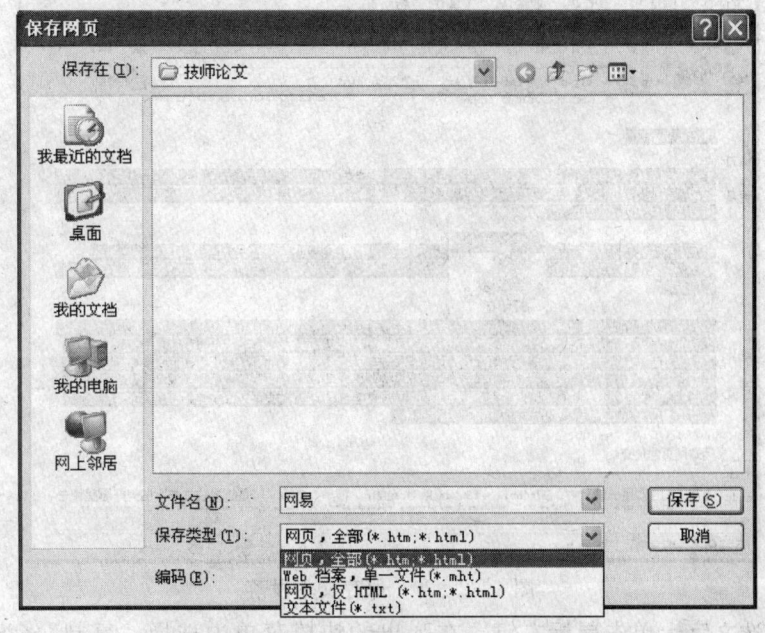

图 4—2—19 "保存网页"对话框

2)在"保存在"下拉列表框中指定要保存的文件夹,在"文件名"下拉文本框中输入保存文件名,在"保存类型"下拉列表框中选择 4 种保存类型之一。

3)若单击"网页,全部"选项,则将该网页所需的全部文件按照原始格式保存到指定的位置,而且 IE 浏览器会自动修改该网页中的链接,可以方便地在离线状态时浏览。

4)若单击"Web 档案,单一文件"选项,将该网页所需的全部信息保存在一个 MHT 格式的文件中,在离线状态下可以浏览保存页面的原貌,而且保存的文件容量很小。

5)若单击"网页,仅 HTML"选项,只保存当前显示的 HTML 网页,不保存该网页中所包含的图片、样式表等文件。这个选项在浏览所保存的网页时,无法看到网页中的图片和样式表所规定的样式。

6)若单击"文本文件"选项,将自动去除要保存的网页中的所有 HTML 标签,以纯文本格式来保存网页内容。如果只是想保存网页中的文字信息,选用这种保存类型最合适。

7）单击"保存"按钮，将当前的网页保存在指定的位置。

（2）保存文本段落

1）对于网页中感兴趣的文章或段落，可随时将其选定，然后利用剪贴板功能将其复制和粘贴到需要的地方。利用"写字板"来保存的操作步骤方法。

2）在当前网页中选择要保存的信息，即按住鼠标左键从要保存信息的左上角拖到右下角，被选中的内容将呈反白显示，如图4—2—20所示。

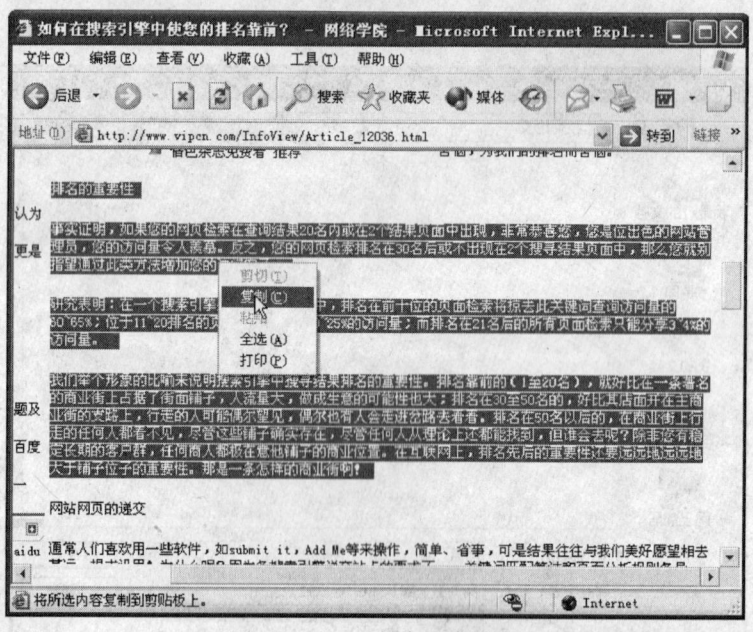

图4—2—20　保存文本段落

3）在所选文字上单击鼠标右键，在弹出的快捷菜单中选择"复制"命令，将所选内容放入剪贴板。

4）单击"开始"按钮，打开"程序"菜单的"附件"级联菜单，选择"写字板"命令，单击并打开"写字板"窗口。

5）单击写字板"编辑"菜单中的"粘贴"命令，将剪贴板内容粘贴到写字板的当前窗口。

6）单击"文件"菜单中的"另存为"命令，将该信息命名后存盘。

（3）保存图片

用户在浏览网页时，若想将一些感兴趣的图片保存起来，可采用以下方法：

1）用鼠标右键单击要保存的图片，选择快捷菜单中的"图片另存为"命令。

2）在弹出的"保存图片"对话框中指定要保存位置和文件名。

3）单击"保存"按钮。

2. 使用下载工具

在下载网上提供的一些资源时，可以用鼠标右击超链接，在快捷菜单中选择"另存为"命令，将其下载到本地计算机上。

这种方法只适用于下载较小文件时用,如果下载的文件较大,使用这种方法下载,速度会很慢,而且如果在下载过程中网络出现断开等异常后又要重新下载。所以在下载较大文件时,可以选用一些专门的下载软件来下载,这些软件都具有下载速度快、支持断点续传等特点。

目前,常见的下载工具有迅雷、FlashGet(网际快车)、NetAnts(网络蚂蚁)等。以下介绍 FlashGet 的使用,其他下载软件的使用方法类似。

(1) FlashGet 的启动与工作界面。要启动 FlashGet,单击"开始/程序/快车(FlashGet)/快车(FlashGet)"命令,启动"网际快车",屏幕上会出现如图 4—2—21 所示的界面。

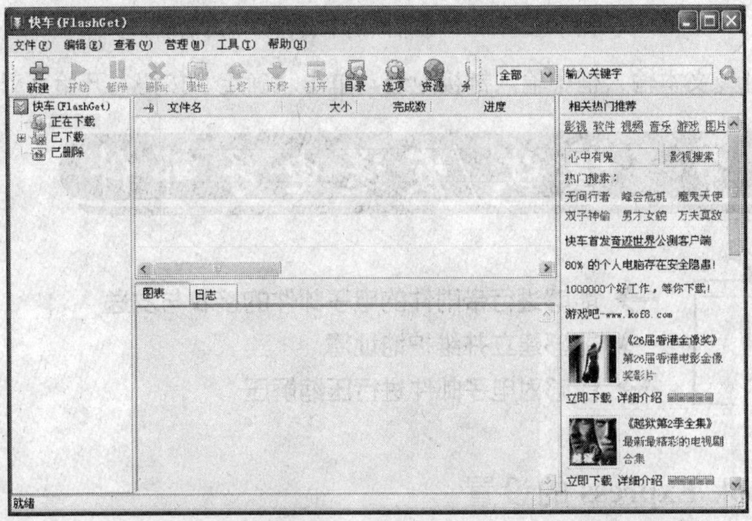

图 4—2—21 FlashGet 的工作界面

(2) 下载文件。在网络上下载文件,常见的操作是直接从浏览器中单击相应的链接进行下载。FlashGet 能监视浏览器中的每个单击动作,自动判断。当用户的单击符合下载要求时,能拦截住该链接,并自动添加至下载任务列表中,如图 4—2—22 所示,单击"确定"按钮,开始下载。

图 4—2—22 自动添加新的下载任务

有时可能会通过其他途径获取了某个下载链接,比如说某杂志中介绍了一种软件,同时附上了下载链接,这时,可通过手工输入方式让 FlashGet 识别并下载。

单击 FlashGet 的"文件"菜单中的"添加下载任务"命令,弹出如图 4—2—23 所示的"添加新的下载任务"对话框。

图 4—2—23 "添加新的下载任务"对话框

在"网址"文本输入框中输入链接地址,单击"确定"按钮,开始下载。

第三节 接收/发送电子邮件

→ 能够进行带附件的电子邮件的接收与发送
→ 能够建立并维护地址簿
→ 能够对电子邮件进行压缩解压

一、Outlook Express 的设置

Outlook Express 为用户提供了对其进行各项设置的菜单命令。可根据需要对 Outlook Express 的设置进行调整,使之提供需要的功能。

启动 Outlook Express 后,单击"工具"菜单中的"选项"命令,弹出项如图 4—3—1所示的"选项"对话框。对话框内有"常规""阅读""回执"等共 10 个选项卡。

1. "常规"设置

(1)单击"启动时,直接转到收件箱文件夹"复选按钮,使每次启动 Outlook Express 时窗口会自动转到收件箱。

(2)单击"如果有新的新闻组请通知我"复选按钮,一旦有新的新闻组,Outlook Express 会及时通知。

(3)单击"自动显示含有未读邮件的文件夹"复选按钮,Outlook Express 启动后会对未读邮件进行提示。

(4)单击"自动登录到 Windows Messenger"复选按钮,Outlook Express 启动后将自动登录到 Windows Messenger。

Windows Messenger 是 Windows XP 附带的一个崭新、功能强大和与 Windows XP 完美集成的实时通信软件,它可以在计算机上与身处各地的朋友或家人进行即时通信,

因特网操作

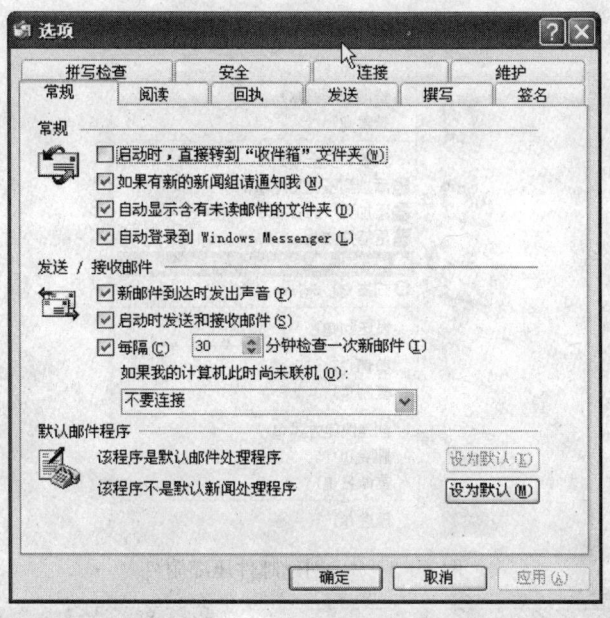

图 4—3—1 "选项"对话框

可以使用文本、语音及视频进行聊天。

2． "发送/接受邮件"设置

（1）单击"新邮件到达时发出声音"复选按钮，Outlook Express 接收到新邮件后计算机会有声音提示。

（2）单击"启动发送和接收邮件"复选按钮，Outlook Express 每次启动后自动接收已设账户的邮件，对"发送箱"中未发送邮件进行发送。

（3）单击"每隔 30 分钟检查一次新邮件"复选按钮，可根据需要调整 Outlook Express 对已设账号邮箱是否有新邮件进行检查的间隔时间。

二、电子邮件的操作

1．电子邮件的附件

在发送需要带附件的电子邮件时，一次只能选择一个文件，要发送多个附件，就要选择多次，而且文件的大小一般都受限制。所以在发送文件夹或发送比较大的文件的时候，一般都需要先将所要发送的内容进行压缩后再将其发送。

（1）压缩附件。例如，将文件夹"fujian"作为电子邮件的附件，操作步骤如下：

1）找到"fujian"文件夹，用鼠标右键单击该文件夹，在弹出的快捷菜单中选择"压缩到'fujian.rar'并 E-mail"命令（只有先安装了压缩软件 WinRar 后才会有此命令），如图 4—3—2 所示。

2）执行该命令后，出现如图 4—3—3 所示的压缩文件对话框。

3）压缩完成后，自动弹出"新建邮件"对话框，该附件已经被添加进来了，如图 4—3—4 所示。

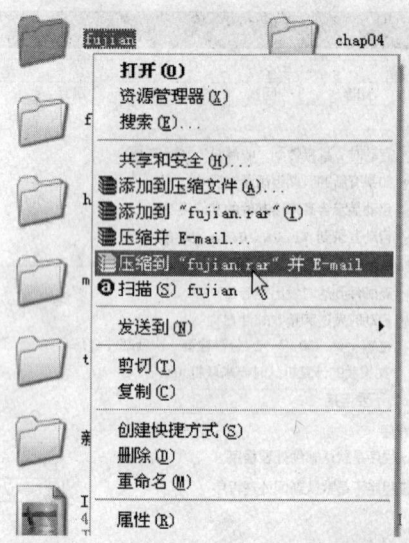

图 4—3—2 创建邮件压缩附件

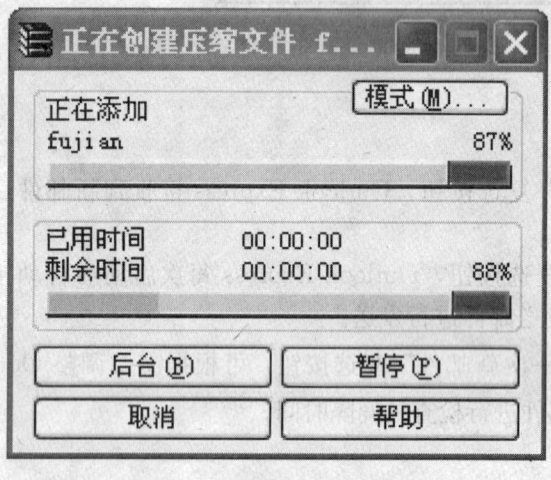

图 4—3—3 压缩文件对话框

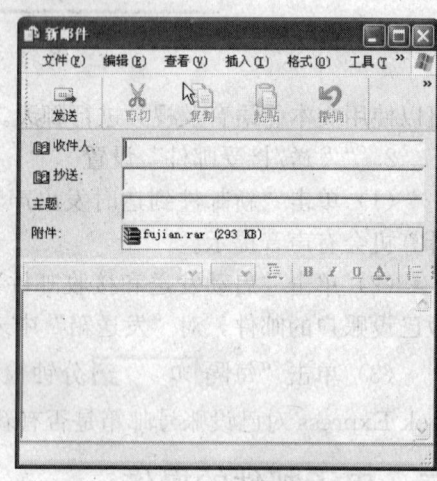

图 4—3—4 "新建邮件"对话框

4）在该对话框中输入其他的一些信息后，单击"发送"按钮，即可发送一个带压缩过的附件的电子邮件。

（2）解压附件。当收到带有压缩附件的电子邮件时，需要先保存该附件，然后再解压缩得到文件内容。

1）打开带有附件的电子邮件，如图 4—3—5 所示。

2）单击邮件窗口右上角的"📎"按钮，选择其中的"保存附件"命令，弹出如图 4—3—6 所示的"保存附件"对话框。

3）单击"浏览"按钮，选择附件保存的位置，单击"保存"按钮，即可将附件保存到磁盘上。

4）找到下载的附件，用鼠标右键单击该附件，在弹出的快捷菜单中选择"解压到'fujian'"命令，可将该附件解压缩，如图 4—3—7 所示。

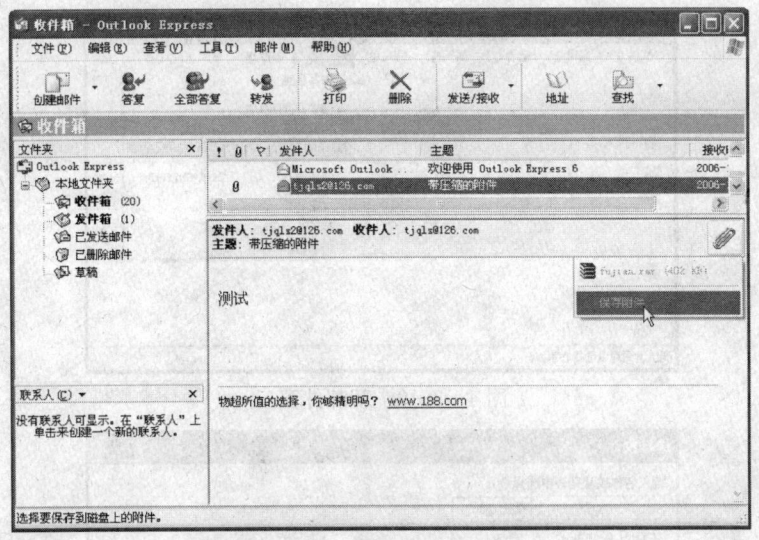

图 4—3—5 打开带有附件的邮件

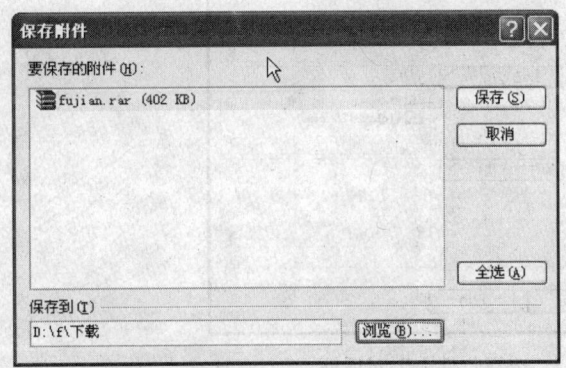

图 4—3—6 "保存附件"对话框

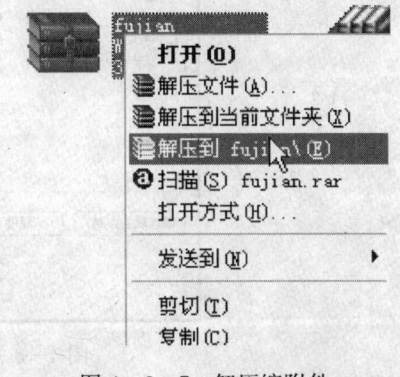

图 4—3—7 解压缩附件

2. 邮件分发（抄送、群发）

（1）邮件抄送。有时需要写一封邮件，同时发送给若干个人，则可在新建邮件窗口中"抄送"文本框中输入要发送的其他人电子邮件地址，每个电子邮件地址中间用分号";"分隔，这样可以大大提高工作效率，如图 4—3—8 所示。

（2）邮件群发

1）若需要群发电子邮件，在撰写新邮件时，单击新邮件窗口中的"工具"→"选择收件人"命令，如图 4—3—9 所示。

2）选择该命令后出现如图 4—3—10 所示的"选择收件人"对话框。

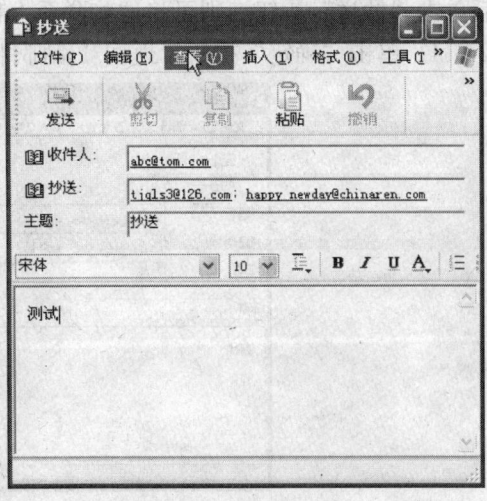

图 4—3—8 邮件抄送

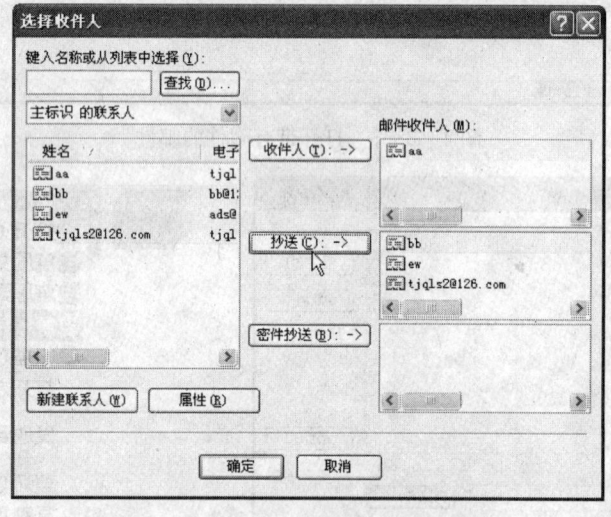

图4—3—9 新邮件窗口

图4—3—10 "选择收件人"对话框

3) 在该对话框中，左边的联系人列表中选择多个联系人到右边的邮件收件人，然后单击"抄送"按钮，则可将这些联系人作为群发对象，如图4—3—10所示。

4) 单击"确定"按钮，返回"新邮件"窗口，如图4—3—11所示，在抄送栏中将

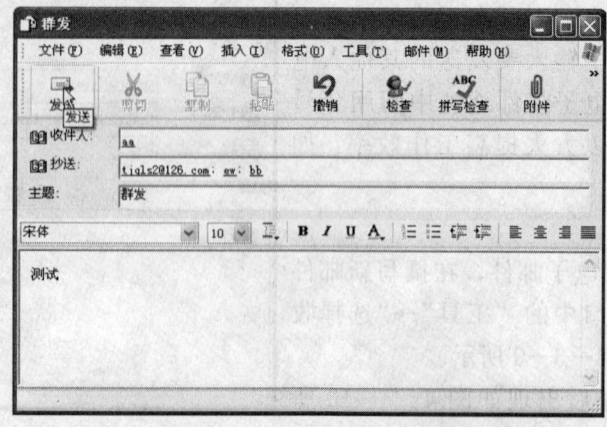

图4—3—11 设置后群发邮件

列出所有要群发的电子邮件地址，可以输入邮件的其他内容，单击"发送"按钮，即可实现群发电子邮件的功能。

三、通讯簿的使用与管理

在 Outlook Express 中收发邮件时，使用其"通讯簿"功能可以为用户带来许多方便。

1. 建立通讯簿

建立通讯簿的方法如下：

（1）选择"工具/通讯簿"菜单命令或单击工具栏上的"地址" 按钮，弹出"通讯簿"窗口，如图 4—3—12 所示。

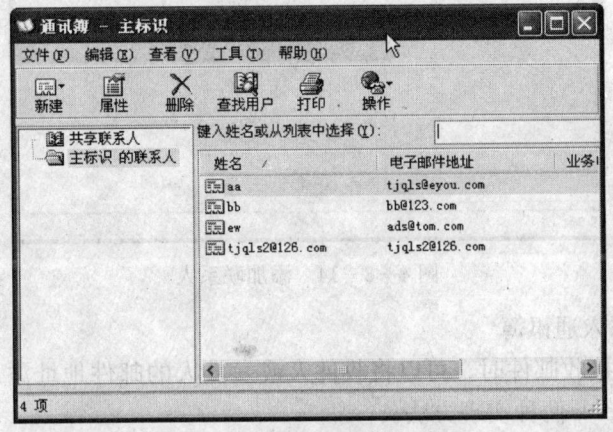

图 4—3—12　"通讯簿"窗口

（2）单击"新建"按钮，再选择"联系人"命令，弹出"联系人"对话框，如图 4—3—13 所示。

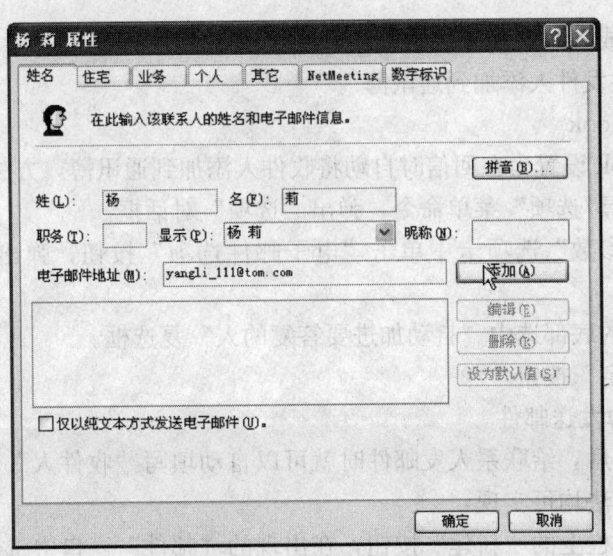

图 4—3—13　联系人信息

(3) 在图 4—3—13 中输入新联系人的"姓名""职务""电话号码"等有关的个人信息及电子邮件地址,单击"添加"按钮。

(4) 单击"确定"按钮,新联系人的邮件地址即可出现在"通讯簿"窗口内,如图 4—3—14 所示。

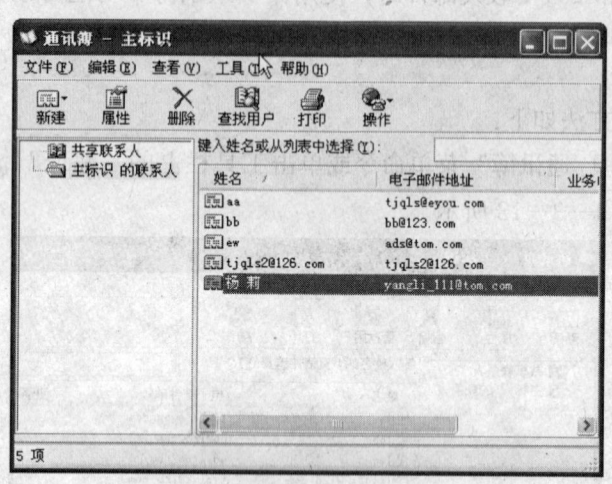

图 4—3—14 添加联系人

2. 地址自动添入通讯簿

在每次发送或接收邮件时,可以将收件人或发件人的邮件地址添加到通讯簿,有直接添加和设置 outlook 两种实现方法。

(1) 直接添加

1) 在查看或回复邮件时,用鼠标右键单击此人姓名,在弹出的快捷菜单中选择"添加到联系人"。

2) 在收件箱或邮件夹的邮件列表中,用鼠标右键单击某个邮件,然后在弹出的快捷菜单中选择"将发件人添加到通讯簿"。

(2) 设置 outlook

可以将 outlook 设置为在回信时自动将收件人添加到通讯簿,方法如下:

1) 选择"工具/选项"菜单命令,弹出"选项"对话框。

2) 在"首选参数"选项卡中单击"电子邮件选项"按钮,弹出"电子邮件选项"对话框。

3) 在对话框的底部选中"自动加进要答复的人"复选框。

4) 单击"确定"按钮。

3. 利用通讯簿发送邮件

建立了通讯簿后,给联系人发邮件时就可以自动填写"收件人"和"抄送"框内的邮件地址,以下方法均可实现:

(1) 单击工具栏上的"新建"按钮,在出现的"邮件"窗口中选择"工具"菜单中的"通讯簿"命令,在弹出的"选择姓名"对话框中可以方便地选择存在于"通讯簿"

中的收件人和抄送者，具体步骤前面已介绍过。

（2）在 outlook 面板中单击"联系人"图标，用鼠标右键单击某个联系人，在弹出的快捷菜单中选择"发送电子邮件"命令，如图 4—3—15 所示，出现的新邮件窗口中即已填写好该收件人的邮件地址。

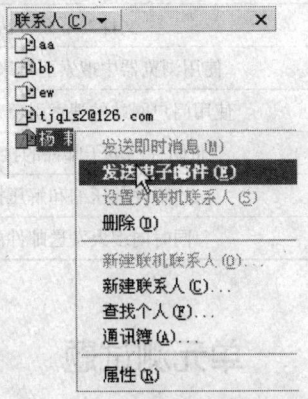

图 4—3—15 "发送电子邮件"命令

单元考核要点

考核类型	考核范围	考 核 点	重要程度
理论知识	拨号上网	ADSL 的设置的方法	★★
		局域网络上网的设置方法	★★
	信息检索与浏览	浏览网上信息的方法	★★★
		浏览器基本参数的设置	★★★
		信息的下载	★★★
		使用搜索引擎查找信息	★★★
	接收/发送电子邮件	电子邮件的操作方法	★★★
		地址簿的操作方法	★★
		对电子邮件进行压缩和解压	★★★
操作技能	拨号上网	通过 ADSL 上网	★★
		通过局域网络上网	★★
	信息检索与浏览	用浏览器浏览 Web 信息	★★★
		使用搜索引擎查询信息	★★★
		停止和刷新 Web 页	★★
		在收藏夹中添加 Web 地址	★★
		用历史记录再次访问 Web 页	★★
		脱机浏览	★★
		设置常规、安全、内容、连接、程序、高级等项	★★

考核类型	考核范围	考核点	重要程度
操作技能	信息检索与浏览	复制局部信息	★★
		保存 Web 页的信息	★★
		文件的下载方法	★★
		使用浏览器中搜索引擎来查找信息	★★
		使用门户网站的搜索引擎来查找信息	★★
	接收/发送电子邮件	带附件的电子邮件的接收/发送	★★
		附件的压缩和解压操作	★★
		同时向多人发送邮件的方法	★★

单元测试题

一、单项选择题（下列每题的选项中，只有1个是正确的，请将其代号填在横线空白处）

1. 安装外置式 Modem 时，以下说法中正确的是_____。
   A. 电话线接入计算机，计算机连接 Modem 和电话机
   B. 电话线接入计算机，计算机连接 Modem，Modem 连接电话机
   C. 电话线接入 Modem，Modem 连接计算机和电话机
   D. 电话线接入 Modem，Modem 连接计算机，计算机连接电话机

2. 为了连接 Internet，需要针对计算机进行一系列设置，以下各项中，在这些设置以外的是_____。
   A. 设置拨号网络适配器　　B. 设置 TCP/IP
   C. 设置 NetBEUI　　D. 设置 Modem

3. 使用 Windows 98 来连接 Internet，应使用的协议是_____。
   A. Microsoft　　B. IPX/SPX 兼容协议
   C. NetBEUI　　D. TCP/IP

4. 一个主页下可能有若干子页，子页地址由主页网址与子页名称组成，两者之间的分割符号是_____。
   A. \　　B. /　　C. 。　　D. _

5. 外置式 Modem 与计算机相连一般需要通过_____。
   A. 串行端口　　B. 并行端口　　C. 电源插头　　D. 鼠标

6. FTP 是实现文件在网上的_____。
   A. 复制　　B. 移动　　C. 查询　　D. 浏览

7. 用电话拨号方式连入 Internet 时，不需要的硬件设备是_____。
   A. PC 机　　B. 网卡　　C. 电话线　　D. ADSL MODEM

8. 如果电子邮件的信纸右上角有"回形别针"标记，则表示该信有_____。

A. 多页文字　　　B. 图片　　　C. 声音文件　　　D. 附件

9. 中国的顶级域名是_____。
   A. CN　　　B. CH　　　C. CHN　　　D. CHINA

10. 一般所说的拨号入网，是指通过_____与 Internet 服务器连接。
    A. 微波　　　　　　　　　　B. 公用电话系统
    C. 专用电缆　　　　　　　　D. 电视线路

11. 安装拨号网络的目的是为了_____。
    A. 使 Windows 完整化　　　　B. 能够以拨号方式联入 Internet
    C. 与局域网中的其他终端互联　D. 管理共享资源

12. 在拨号上网过程中，连接到通话框出现时，填入的用户名和密码应该是_____。
    A. 进入 Windows 是的用户名和密码
    B. 管理员的账号和密码
    C. ISP 提供的账号和密码
    D. 邮箱的用户名和密码

13. Outlook Express 中设置唯一的电子账号：kao@sina.com，现发送一封电子邮件给 shi@sina.com，发送完成后_____。
    A. 发件箱中有 kao@sina.com 邮件
    B. 已发送邮件箱中有 kao@sina.com 邮件
    C. 发件箱中有 shi@sina.com 邮件
    D. 已发送邮件箱中有 shi@sina.com 邮件

14. 使用 Outlook Express 的通讯簿，可以很好管理邮件，下列说法正确的是_____。
    A. 在通讯簿中可以建立地址组
    B. 两个地址组中的信箱地址不能重复
    C. 只能将已收到邮件的发件人地址加入到通讯簿中
    D. 更改某人的信箱地址，其相应的地址组中的地址不会自动更新

15. 如果要控制计算机在 Internet 上可以访问的内容类型，可以使用 IE 的_____功能。
    A. 病毒查杀　　B. 实时监控　　C. 分级审查　　D. 远程控制

16. 关于 Outlook 的通讯簿的描述错误的是_____。
    A. 可以保存收件人姓名
    B. 可以保存收件人的电子邮件地址
    C. 在写新邮件时，可以直接从通讯簿中选择收件人地址
    D. 不能在通讯簿中选择多个"抄送"人地址

17. 以下选项中_____不是设置电子邮件信箱所必需的。
    A. 电子信箱的空间大小　　　B. 账号名
    C. 密码　　　　　　　　　　D. 接收邮件服务器

18. 在OutlookExpress窗口中，新邮件的"抄送"文本框输入的多个电子信箱的地址之间，应用_____作分隔。

　　A. 分号（;）　　　B. 逗号（,）　　　C. 冒号（:）　　　D. 空格

19. 关于发送电子邮件，下列说法中正确的是_____。

　　A. 你必须先接入Internet，别人才可以给你发送电子邮件

　　B. 你只有打开了自己的计算机，别人才可以给你发送电子邮件

　　C. 只要有E-mail地址，别人就可以给你发送电子邮件

　　D. 只要有E-mail地址，就可以收发电子邮件

20. IE浏览器将因特网世界划分为因特网区域、本地Internet区域、可信站点区域和受限站点区域的主要目的是_____。

　　A. 保护自己的计算机　　　　　　B. 验证Web站点

　　C. 避免他人假冒自己的身份　　　D. 避免第三方偷看传输的信息

二、技能题

1. 创建一个拨号连接，名称取为163，连接电话号码为163。

2. 将IE首页设为http：//www.sina.com.cn。

3. 删除Internet临时文件，并清除Internet历史记录。

4. 浏览http：//www.skycn.com/index.html 天空软件站，在该网站上下载一个文件（自定），使用直接单击鼠标右键"目标另存为"或使用NetAnt程序下载。

5. 在Outlook中设置能够每隔20分钟检查一次新邮件。

6. 将一个文件夹压缩作为附件发送给 abc1234@126.com 和 aaaa@tom.com。

7. 在Outlook的通讯簿中增加一个组，组名为单位，并在该组下输入自己的姓名和邮件地址。

单元测试题答案

一、单项选择题

1. C　　2. C　　3. D　　4. A　　5. A　　6. A　　7. B　　8. D　　9. A

10. B　　11. B　　12. C　　13. D　　14. A　　15. C　　16. D　　17. A　　18. A

19. C　　20. A

二、技能题（略）

理论知识考核试卷

题号	一	二	总分	总分人
题型	单选题	判断题		
配分	70	30		
得分				

得分	评阅人

一、单项选择题（下列每题的选项中，只有1个是正确的，请将其代号填在横线空白处。共70题，每题1分，满分70分）

1. 微机在通电情况下，允许插拔的接口是_____。
    A. 并行接口　　　B. USB接口　　　C. 串行接口　　　D. 键盘接口
2. 对话框外形和窗口差不多，_____。
    A. 也有菜单栏　　　　　　　　　　B. 也有标题栏
    C. 也允许用户改变其大小　　　　　D. 也有最大化、最小化按钮
3. 在Windows中，能弹出对话框的操作是_____。
    A. 选择了带省略号的菜单项　　　　B. 选择了带向右三角形箭头的菜单项
    C. 选择了颜色变灰的菜单项　　　　D. 运行了应用程序
4. 文件是计算机中存储信息的基本单位，下列对文件的正确说法是_____。
    A. 文件名可以使用任何字符命名　　B. 文件名不能使用汉字
    C. 文件名的主文件名和扩展名两者必须都有
    D. 文件名必须有主文件名，而扩展名则可有可无
5. 如果给出的文件名是*.*，其含义是_____。
    A. 硬盘上的全部文件　　　　　　　B. 当前盘当前目录中的全部文件
    C. 当前驱动器上的全部文件　　　　D. 根目录中的全部文件
6. USB接口的打印机属于_____。
    A. 软件设备　　　　　　　　　　　B. "热拔插"设备
    C. 输入设备　　　　　　　　　　　D. 以上都不是
7. 下列关于打印机的叙述，不正确的是_____。

A. 打印机有两条线，一条是电源线，另一条是信号线
B. 并行打印机的信号线连接/拔出不必关闭系统
C. USB接口打印机的信号线连接/拔出不必关闭系统
D. 安装打印机，就是为打印机安装驱动程序

8. 计算机病毒的危害性表现在_____。
A. 能造成计算机器件永久性失效
B. 影响程序的执行，破坏用户数据与程序
C. 不影响计算机的运行速度
D. 不影响计算机的运算结果，不必采取措施

9. 计算机病毒是一段程序，以下_____不是病毒的特征。
A. 破坏性　　　B. 传播性　　　C. 无规律性　　　D. 潜伏性

10. 单个微机之间"病毒传染"媒介是_____。
A. 键盘输入　　B. 硬盘　　　C. 移动介质　　　D. 电磁波

11. 目前使用的防杀病毒软件的作用是_____。
A. 检查计算机是否感染病毒，消除已感染的任何病毒
B. 杜绝病毒对计算机的侵害
C. 检查计算机是否感染病毒，消除部分已感染的病毒
D. 查出已感染的任何病毒，消除部分已感染的病毒

12. 防火墙_____。
A. 是在网络服务器所在机房中建立的一栋用于防火的墙
B. 用于限制外界对某特定范围内网络的登录与访问
C. 不限制其保护范围内主机对外界的访问与登录
D. 可以通过在域名服务器中设置参数实现

13. 计算机病毒的破坏性体现在_____。
A. 占用系统资源　　　　　　B. 降低了计算机的工作效率
C. 破坏了计算机中的数据　　D. 其他答案都对

14. 打开 Word 时，_____没有出现在打开的屏幕上。
A. Microsoft Word 帮助主题　　B. 菜单栏
C. 滚动条　　　　　　　　　　D. 工具栏

15. Word 中保存文档的命令出现在_____菜单里。
A. 保存　　　B. 编辑　　　C. 文件　　　D. 实用程序

16. 在 Word 编辑状态下，操作的对象经常是被选择的内容，若鼠标在某行行首的左边，下列_____操作可以仅选择光标所在的行。
A. 双击鼠标左键　　　　　　B. 单击鼠标右键
C. 将鼠标左键击三下　　　　D. 单击鼠标左键

17. 在 Word 中，可以双击状态栏中的_____指示器，通过扩展选取文本的方法来选择任意大小的文本。
A. 插入　　　B. 录制宏　　　C. 扩展　　　D. 改写

18. 要使 Word 能自动更正经常输错的单词，应使用_____功能。
    A. 拼写检查   B. 同义词库   C. 自动拼写   D. 自动更正
19. 在 Word 编辑中，要移动或拷贝文本，可以用_____来选择文本。
    A. 鼠标   B. 键盘   C. 扩展选取   D. 以上方法都可以
20. 在 Word 文档中显示不可打印字符时，抬高的小点表示_____。
    A. 逗号   B. 分号   C. 空格   D. 制表符
21. 在 Word 编辑中，模式匹配查找中能使用的通配符是_____。
    A. ＋和－   B. ＊和，   C. ＊和?   D. /和＊
22. Word 中在文档里查找指定单词或短语的功能是_____。
    A. 搜索   B. 局部   C. 查找   D. 替换
23. 当创建或编辑文档时，可以使用同义词库来找_____。
    A. 同义词   B. 反义词   C. 相关词   D. 以上都对
24. 要插入由 Word 或其他程序生成的文件，需要_____。
    A. 从"插入"菜单中选择"文件"   B. 单击文件名并单击"打开"按钮
    C. 从"文件"菜单中选择该文件   D. 从"窗口"菜单中选择该文件
25. 要复制字符格式而不复制文字，需用_____按钮。
    A. 格式选定   B. 格式刷   C. 格式工具框   D. 复制
26. 如果想增大选定文本的字体大小，应该_____。
    A. 选比默认值小的字体尺寸   B. 单击增加缩进量按钮
    C. 单击缩放按钮   D. 按 Ctrl＋I
27. 等于每行中最大字符高度两倍的行距被称为_____行距。
    A. 两倍   B. 单倍   C. 1.5倍   D. 最小值
28. 当一页已满，而文档仍然继续被输入，Word 将插入_____。
    A. 硬分页符   B. 硬分节符   C. 软分页符   D. 软分节符
29. 在 Word 中可以在文档的每页或一页上打印一图形作为页面背景，这种特殊的文本效果被称为_____。
    A. 图形   B. 艺术字   C. 插入艺术字   D. 水印
30. 可以通过_____菜单来插入或删除行、列和单元格。
    A. 格式   B. 编辑   C. 视图   D. 表格
31. 在 Word 操作时，通过使用_____方法，能在屏幕上看到按所选取的字体和大小显示的全部文本。
    A. 打印预览   B. 自由表格   C. 帮助   D. 缩放
32. 在 Word 中，打开_____模式后，当按下键盘上的一个键时，插入点右边的字符会被替代掉。
    A. 编辑   B. 插入   C. 改写   D. 录制宏
33. 要使单词以粗体显示，应进行_____操作。
    A. 选定单词并单击粗体按钮   B. 选定单词按 Ctrl＋空格键
    C. 单击粗体按钮然后输入单词   D. A 和 C 都对

34. 通过使用_____，可以设置或删除自定义制表位。
    A. 水平标尺和鼠标   B. 制表位对话框
    C. 断字对话框   D. A 和 B

35. 当插入点在表的最后一行最后一单元格时，按 Tab 键，将_____。
    A. 在同一单元格里建立一个文本新行 B. 产生一个新列
    C. 将插入点移到新的一行的第一个单元格
    D. 将插入点多到第一行的第一个单元格

36. 要在表格里的右侧增加一列，首先选择表右侧的所有行结束标记，然后单击常用工具上的_____按钮。
    A. 插入行   B. 插入列   C. 增加行   D. 增加列

37. 有一篇文稿有 50 页，共 4 人去录入，最后要把它们放在一个文档中，正确的命令是_____。
    A. 邮件合并   B. 合并文档   C. 剪切   D. 跨列居中

38. 以下有关常用工具栏上"打印"按钮的说法中，正确的是_____。
    A. 可以选择不同的打印机型号   B. 可以设置不同的打印范围
    C. 可以设置打印份数   D. 文档立即送到打印机

39. 在文件菜单中打印对话框的"页面范围"下的"当前页"项是指_____。
    A. 当前窗口显示的页   B. 插入光标所在的页
    C. 最早打开的页   D. 最后打开的页

40. "数据"菜单中的"排序"命令对数据列表的默认操作过程是_____。
    A. 整列数据在数据列表中左右移动 B. 整行数据在数据列表中上下移动
    C. 指定字段中各个数据项上下移动 D. 指定记录中各个数据项左右移动

41. 在 Excel 的"排序"命令对话框中有三个关键字输入框，其中_____。
    A. 三个关键字都必须指定   B. 三个关键字可任意指定
    C. 一个主要关键字必须指定   D. 主要关键字和次要关键字必须指定

42. 数据列表的筛选操作是_____。
    A. 按指定条件保留若干记录，其余记录被删除
    B. 按指定条件保留若干字段，其余字段被删除
    C. 按指定条件显示若干记录，其余记录被隐藏
    D. 按指定条件显示若干字段，其余字段被隐藏

43. 在 Excel 中，图表是工作表数据的一种视觉表示形式，图表是动态的。改变图表_____后，Excel 会自动更新图表。
    A. X 轴数据   B. Y 轴数据   C. 所依赖的数据   D. 标题

44. 在 Excel 中要选取多个相邻的工作表，需要按住_____键。
    A. Ctrl   B. Tab   C. Alt   D. Shift

45. 如果复制批注，复制的内容将_____目标单元格中原有的批注内容。
    A. 隐藏   B. 增加   C. 替换   D. 以上都可能

46. 在 Excel 工作簿中，有关移动和复制工作表的说法正确的是_____。

A. 工作表只能在所在工作簿内移动不能复制
B. 工作表只能在所在工作簿内复制不能移动
C. 工作表可以移动到所在工作簿内，不能复制到其他工作簿内
D. 工作表可以移动到所在工作簿内，也可复制到其他工作簿内

47. 下列哪个是 Photoshop 图像最基本的组成单元：_____。
    A. 节点   B. 色彩空间
    C. 像素（也可称为栅格）   D. 路径

48. 下面不是图像文件格式的是_____。
    A. JPEG   B. PSD   C. TXT   D. GIF

49. 用于印刷的 Photoshop 图像文件必须设置为_____色彩模式。
    A. RGB   B. 灰度   C. CMYK   D. 黑白位图

50. 如何复制一个图层：_____。
    A. 选择"编辑"＞"复制"   B. 选择"图像"＞"复制"
    C. 选择"文件"＞"复制图层"
    D. 将图层拖放到图层面板下方创建新图层的图标上

51. 工具属性栏的主要功能是方便_____。
    A. 建立选区   B. 精确定位光标
    C. 消除锯齿   D. 图像处理

52. 下面的工具中，不能用于创建选区的是_____。
    A. 磁性套索工具 B. 矩形选取工具 C. 切片   D. 魔术棒工具

53. 使用羽化功能可以使区域边界产生一个_____。
    A. 过渡段   B. 附加区域   C. 锯齿   D. 特殊形状

54. 当前层是指当前工作的图层。在图层调板中以_____色为底色显示。
    A. 白   B. 红   C. 灰   D. 蓝

55. 主要用来绘制直线路径的工具是_____。
    A. 钢笔工具   B. 自由钢笔工具
    C. 路径组件选择工具   D. 直接选择工具

56. 为了连接 Internet，需要针对计算机进行一系列设置，以下各项中，在这些设置以外的是_____。
    A. 设置拨号网络适配器   B. 设置 TCP/IP
    C. 设置 NetBEUI   D. 设置 Modem

57. 使用 Windows XP 来连接 Internet，应使用的协议是_____。
    A. Microsoft   B. IPX/SPX 兼容协议
    C. NetBEUI   D. TCP/IP

58. 一个主页下可能有若干子页，子页地址由主页网址与子页名称组成，两者之间的分割符号是_____。
    A. \   B. /   C. .   D. _

59. 如果电子邮件的信纸右上角有"回形别针"标记，则表示该信有_____。

A. 多页文字　　　B. 图片　　　C. 声音文件　　　D. 附件

60. 中国的顶级域名是_____。
    A. CN　　　B. CH　　　C. CHN　　　D. CHINA

61. 一般所说的拨号入网，是指通过_____与Internet服务器连接。
    A. 微波　　　B. 公用电话系统　　　C. 专用电缆　　　D. 电视线路

62. 安装拨号网络的目的是为了_____。
    A. 使Windows完整化　　　B. 能够以拨号方式联入Internet
    C. 与局域网中的其他终端互联　　　D. 管理共享资源

63. 在拨号上网过程中，连接到通话框出现时，填入的用户名和密码应该是_____。
    A. 进入Windows的用户名和密码　　　B. 管理员的账号和密码
    C. ISP提供的账号和密码　　　D. 邮箱的用户名和密码

64. Outlook Express中设置唯一的电子账号：kao@sina.com，现发送一封电子邮件给shi@sina.com，发送完成后_____。
    A. 发件箱中有kao@sina.com邮件　　　B. 已发送邮件箱中有kao@sina.com邮件
    C. 发件箱中有shi@sina.com邮件　　　D. 已发送邮件箱中有shi@sina.com邮件

65. 使用Outlook Express的通讯簿，可以管理邮件，下列说法正确的是_____。
    A. 在通讯簿中可以建立地址组
    B. 两个地址组中的信箱地址不能重复
    C. 只能将已收到邮件的发件人地址加入到通讯簿中
    D. 更改某人的信箱地址，其相应的地址组中的地址不会自动更新

66. 工具属性栏的主要功能是方便_____。
    A. 建立选区　　　B. 精确定位光标
    C. 清除锯齿　　　D. 图像处理

67. 如果要控制计算机在Internet上可以访问的内容类型，可以使用IE的_____功能。
    A. 病毒查杀　　　B. 实时监控　　　C. 分级审查　　　D. 远程控制

68. 关于Outlook的通讯簿的描述错误的是_____。
    A. 可以保存收件人姓名
    B. 可以保存收件人的电子邮件地址
    C. 在写新邮件时，可以直接从通讯簿中选择收件人地址
    D. 不能在通讯簿中选择多个"抄送"人地址

69. 以下选项中_____不是设置电子邮件信箱所必需的。
    A. 电子信箱的空间大小　　　B. 账号名
    C. 密码　　　D. 接收邮件服务器

70. 在Outlook Express窗口中，新邮件的"抄送"文本框输入的多个电子信箱的地址之间，应用_____作分隔。
    A. 分号（;）　　　B. 逗号（,）　　　C. 冒号（:）　　　D. 空格

二、**判断题**（请将判断结果填在括号内，正确的填"√"，错误的填"×"。共30题，每题1分，满分30分）

1. 如果要关机，直接按主机箱上的电源。（　　）
2. 窗口的宽度和高度，既可分别改变又可同时改变。（　　）
3. 空格不是字符。（　　）
4. 文件的类型是用文件的扩展名标记的。（　　）
5. 在 Windows 中，任务栏的位置是固定在屏幕下面，其宽度是不可以改变的。（　　）
6. 在五笔字型编码方案中，一个汉字编码最多为四码。（　　）
7. 没有外围设备的计算机称为裸机。（　　）
8. 从回收站中，既可以恢复从硬盘上删除的文件或文件夹，也可恢复从 U 盘上删除的文件或文件夹。（　　）
9. Excel 的所有功能都能通过格式栏或工具栏上的按钮实现。（　　）
10. 在 Excel 中，函数的参数可以是已定义的单元格或单元格区域名。（　　）
11. 在 Excel 中，用数字格式改变单元格中数字的外观后，数字本身的值也做相应改变。（　　）
12. 在 Excel 中，双击某单元格，则该单元格被激活。（　　）
13. Excel 2000 没有自动填充和自动保存功能。（　　）
14. Excel 2000 不支持 Internet。（　　）
15. Excel 2000 单元格中的数据可以水平居中，但不能垂直居中。（　　）
16. Excel 2000 可按需要改变单元格的高度和宽度。（　　）
17. 工作表中的列宽和行高是固定不变的。（　　）
18. 按 HOME 键可以使光标回到 A1 单元格。（　　）
19. 双击 Excel 窗口左上角的控制菜单可以快速退出 Excel。（　　）
20. Excel 中制作的表格可以插入到 Word 文档中。（　　）
21. Excel 2003 中每个工作簿包含 1~255 个工作表。（　　）
22. 启动 Excel 2003，若不进行任何设置，则缺省工作表数为 16 个。（　　）
23. Excel 2003 的一张工作表最大有 255 列。（　　）
24. 数字不能作为 Excel 2003 的文本数据。（　　）
25. 在 Excel 2003 中，工作表可以按名存取。（　　）
26. 在 Excel 2003 中，系统默认网格线不打印。（　　）
27. 在 Excel 2003 中，对数据列表进行分类汇总以前，必须先对作为分类依据的字段进行排序操作。（　　）
28. 扫描仪只能慢速地输入平面静止图像，但其图像分辨率比摄像设备高得多。（　　）
29. 电子邮件只能传送文本邮件，不能传送 HTML 格式的邮件。（　　）
30. 建立一个网页的链接，实际上是链接到网页的 URL。（　　）

理论知识考核试卷答案

一、单项选择题

1. B	2. B	3. A	4. D	5. B	6. B	7. B	8. B	9. C	
10. C	11. D	12. B	13. D	14. A	15. C	16. D	17. C	18. D
19. D	20. C	21. C	22. C	23. D	24. A	25. B	26. C	27. A
28. C	29. D	30. D	31. A	32. C	33. D	34. D	35. C	36. B
37. B	38. D	39. B	40. B	41. C	42. C	43. C	44. A	45. C
46. D	47. C	48. C	49. C	50. D	51. D	52. C	53. A	54. D
55. A	56. C	57. D	58. A	59. D	60. A	61. B	62. B	63. C
64. D	65. A	66. D	67. C	68. D	69. A	70. A		

二、判断题

1. ×	2. √	3. ×	4. √	5. ×	6. √	7. ×	8. ×	9. ×
10. √	11. ×	12. ×	13. ×	14. ×	15. ×	16. √	17. ×	18. ×
19. √	20. √	21. √	22. ×	23. ×	24. ×	25. √	26. √	27. ×
28. √	29. ×	30. √						

操作技能考核试卷

题号	一	二	三	四	五		总分	阅卷人
题型	文字录入	文字排版	公式编辑	数据处理	图形图像处理			
配分	10	30	10	25	10	15		
得分								

考试须知：在硬盘的根目录下建立一个文件夹，例如："KSML"，用于存放操作结果。

一、文字录入（10%）

输入附录所示的文章，时间 30 min，将结果以"KS1"文件，保存在硬盘的 KSML 文件夹中。

横线以下为录入内容（900 字）

数据库系统是在文件系统的基础上发展起来的。自二十世纪六十年代以来，社会生产力高速发展，信息量急剧增长，使整个人类社会成为信息化的社会，人们对信息和数据的利用和处理已进入自动化、网络化和社会化的阶段。例如，查找情报资料、处理银行账目、办理航空订票、制定经济规划等。这些任务既要利用大量数据，又要求快速处理，因此，就要借助于计算机的高速度和大容量。

数据库系统正是为解决文件系统的不足，在文件系统的基础上发展起来的一种理想的数据管理技术，用来满足日益发展的数据处理的需要。因此，数据库系统要使数据在统一的控制下，实现数据的共享，同时使应用程序与数据尽可能地相互独立，使应用程序不但较少地依赖于存储介质的种类及数据的物理结构，当数据修改时要求应用程序作较大的改变。同时在数据库技术中，提供了对数据的安全性、完整性、保密性进行统一控制的数据库管理系统。

数据库系统是实现有组织地动态地存储大量关联数据、方便多用户访问的计算机软硬件资源组成的系统。它与文件系统重要区别是数据的充分共享、交叉访问与应用程序的高度独立性。

换句话说，数据库是存储在一起的相关数据库的集合，这些数据无有害的或不必要的冗余，为多种应用服务；数据的存储独立于使用它的程序，数据被结构化；对数据插入新数据、修改或检索原来数据都能通过数据库管理系统按一种公用的和可控制的方法

计算机操作员（中级）

进行。这些特点为应用研究提供了基础。数据库技术是建立在全局数据模型上。各用户对数据的存取与控制统一由数据库管理系统执行，文件管理系统对数据的管理是独立地以文件为单位进行的。

我国职业资格证书分为五个等级：初级、中级、高级、技师和高级技师。职业技能鉴定是一项基于职业技能水平的考核活动，属于标准参照型考试。它是由考试考核机械对劳动者从事某种职业所应掌握的技术理论知识和实际操作能力做出客观的测量和评价。职业技能鉴定是国家职业资格证书制度的重要组成部分。我国的职业技能鉴定实行政府指导下的社会化管理体制。职业技能鉴定社会化管理体系是指按照国家法律政策，在政府劳动保障行政部门领导下，由职业技能鉴定指导中心组织实施，依托职业技能鉴定所（站）对劳动者技能水平实施的评价和认定的工作体制。

二、文字排版（30%）

根据样稿所示，按以下要求进行文档排版，将结果以"KS2"文件名，保存在硬盘的 KSML 文件夹中。

1. 设置艺术字："读者""调查"为艺术字，黑体、加粗、36号、样式：5行1列，形状：普通文字。

2. 设置字体字号：标题第1、2行为宋体、五号；第3行为宋体、三号；第4行为宋体、小三、加粗；正文一至四段为宋体、四号字；正文第五段为仿宋体、四号字；落款为宋体、五号字，其中"地址、通信地址、电话、邮政编码"加粗。

3. 段落缩进：正文第二至五段：首行缩进2个字。

4. 对齐方式：标题居中；落款：右对齐。

5. 格式设置：正文第五段：根据样稿设置着重号、下划线；正文第1行"亲爱的读者朋友"设动态效果：礼花绽放。

6. 首字下沉：正文第四段：首字下沉2行。

7. 制作水印：在样稿所示的位置插入一个图片，并制成水印（图形大小为原来的50%）。

8. 绘图：按样稿分别绘制三条直线。

9. 设置底纹：为"读者调查问卷"设置25%的底纹。

10. 页眉页码：按样稿插入页眉、设置页码。

读者调查

追求朴实深刻敏锐成熟的报纸形象
树立社会性服务性兼备的新型风格

《北京青年科技报》

读者调查问卷

亲爱的读者朋友:

您好！本报自去年 7 月 1 日改出日报以来，已经一年有余。

去年这个时间，本报曾进行过一次大规模的读者调查活动。调查所收到的广大读者对本报的意见、要求和期望，对我们改进报纸工作起了很好的作用。

面临新的任务和新的挑战，本报如何追求朴实、深刻、敏锐、成熟的日报形象，树立社会性、权威性和服务性兼备的新型青年日报的风格，我们很想听听您的意见。诚恳希望您抽空填写这份调查问卷，把自己的真实情况和想法提供给我们。

本次调查特设"热心读者奖"，请您务必按照第一项问题的具体要求逐项填答，并及时将问卷（可复印）装入信封，写明您的地址，贴足邮票，最迟于 6 月 31 日前寄出（以邮戳为准）。最后，再次感谢您给予的合作与支持，我们期望着您的回函。

此致

敬礼

北 京 青 年 科 技 报
北京社会学舆论研究所
一九九五年三月十三日

| 地　　址：北京市南北大街 123 号 | 电　　话：62001452 |
| 通信地址：北京邮政 12354 信箱 | 邮政编码：100023 |

三、公式编辑（10%）

制作以下公式，将结果以"KS3"文件名，保存在硬盘的 KSML 文件夹中。

$$R_N = \frac{\sqrt{X-Y}}{1+2e-3e\sin^2\alpha} \sum_{n=100}^{1} C_m^n e^{\frac{2\pi n}{\lambda}}$$

四、数据处理（25%）

在 Excel 中输入如表卷—1 所示的数据，并按以下要求进行操作，建立如图卷—1 所示的格式化表格和如图卷—2 所示的簇状柱形图。将结果以"KS4"文件名，保存在硬盘的 KSML 文件夹中。

	A	B	C	D	E	F
1						
2	营销决策分析					
3			第一年		第二年	
4	方案	市场情况	概率	利润	概率	利润
5		较好	0.1	5000	0.2	7000
6	乙方案	一般	0.6	3000	0.7	5000
7		较差	0.3	1000	0.1	2000
8						
9		较好	0.3	6000	0.2	8000
10	甲方案	一般	0.5	5000	0.6	6000
11		较差	0.2	4000	0.2	5000

表卷—1　原始数据

营销决策分析					
方案	市场情况	第一年		第二年	
		概率	利润	概率	利润
甲方案	较好	30%	￥6,000	20%	￥8,000
	一般	50%	￥5,000	60%	￥6,000
	较差	20%	￥4,000	20%	￥5,000
乙方案	较好	10%	￥5,000	20%	￥7,000
	一般	60%	￥3,000	70%	￥5,000
	较差	30%	￥1,000	10%	￥2,000

图卷—1　格式化表格

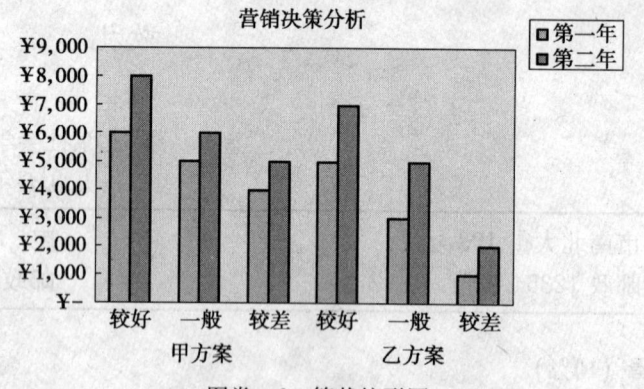

图卷—2　簇状柱形图

1. 设置单元格格式

（1）标题格式：字体：隶书；字号：18，粗体，跨列居中；底纹：浅黄。

（2）表头和表格左端 2 列格式：按样文设置居中或跨列居中；表头 2 行底纹：浅绿。

（3）"甲方案" 3 行设置为：底纹：红色，字体颜色：白色，"乙方案" 3 行设置为：底纹：青绿，字体颜色：深蓝。

(4)数据格式:"概率"2列数据设置为百分比格式,右对齐;"利润"2列数据设置为会计专用格式,应用货币符号,右对齐。

2. 设置表格边框线:按样文为表格设置相应的边框格式。

3. 定义单元格名称:将"甲方案"单元格名称定义为"首选方案"。

4. 添加批注:为"第一年"一栏中"利润"列中的"¥5,000"单元格添加批注"需进一步测算"。

5. 重命名工作表:将Sheet1工作表重命名为"预测分析"。

6. 设置打印标题:在"乙方案"的"较好"一行前插入分页线;设置标题和表头为打印标题。

7. 建立图表:使用表格第1、2列文字和"利润"2列中的数据创建一个簇状柱形图。

五、图形图像处理(25%)

1. 在"画图"中绘制如图卷—3所示的"大风车"图案,图案大小适中,颜色按"样稿_1"所示着色,"大风车"的字体为隶书,72磅,加粗。将结果以"KS5_1"文件名,保存在硬盘的KSML文件夹中。(10%)

2. 在PHOTOSHOP中进行图像处理,有两个如图卷—4、卷—5所示的素材文件"蝴蝶"和"菊花"。(15%)

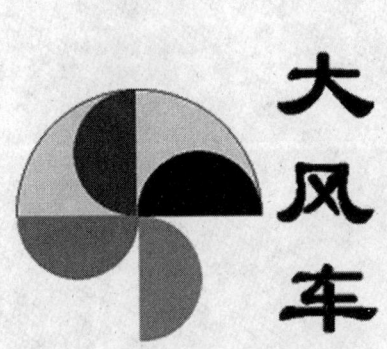

图卷—3 大风车　　　　　　　　图卷—4 蝴蝶

按下列要求,制作出如图卷—6所示的"蝶恋花"效果。

(1)将"蝴蝶"文件中的蝴蝶图案,用椭圆选取工具选中,并进行羽化,羽化参考值为25。

(2)将选中图形添加到"菊花"文件中的相应位置。

(3)将图层1(蝴蝶)设置图层不透明度为60%,并调整大小。

(4)复制图层1的图案,生成图层2,将蝴蝶图案进行变形缩小,旋转一定角度,放置在文件的相应位置上。

(5)文字"蝶恋花"格式:字体为"华文隶书",字号48磅;设置成菊花图案的文字效果,并放置在图像的右上角。

图卷—5 菊花　　　　　　　　　　　图卷—6 蝶恋花

（6）对文字进行描边：边框宽度为 2 像素，颜色为咖啡色（R140，G98，B56），位置"居外"。

（7）设置"蝶恋花"图层有默认的浮雕和外发光效果。

（8）将制作好的图像文件命名为"KS5_2"，保存在硬盘的 KSML 文件夹中。